| 核 科 学 与 工 程 译 丛 |

粒子输运的蒙特卡罗方法

（第 2 版）

Monte Carlo Methods for Particle Transport (2nd Edition)

［美］阿里－礼萨·哈格海亚特 (Alireza Haghighat) 著

刘仕倡 梁金刚 译

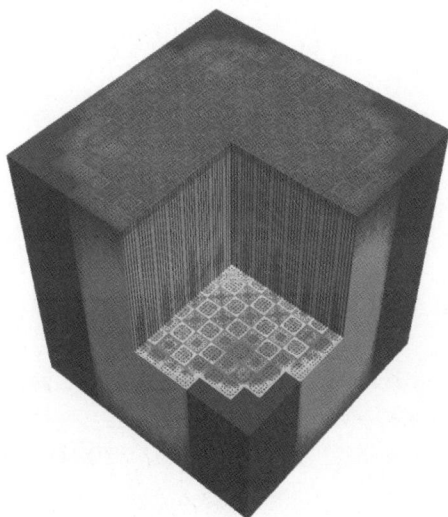

CRC Press
Taylor & Francis Group

清华大学出版社
北 京

北京市版权局著作权合同登记号　图字：01-2023-4462

Translation from English language edition：
Monte Carlo Methods for Particle Transport（2nd Edition）
By Alireza Haghighat
ISBN 9780367538095
Copyright © 2021 Taylor & Francis Group，LLC
Authorized translation from English language edition published by CRC Press，a member of the Taylor & Francis Group. All rights reserved.
本书原版由 Taylor & Francis 出版集团旗下 CRC Press 出版公司出版，并经其授权翻译出版。
版权所有，侵权必究。

本书封面贴有 Taylor & Francis 公司防伪标签，无标签者不得销售。
版权所有，侵权必究。举报：010-62782989，beiqinquan@tup.tsinghua.edu.cn。

图书在版编目（CIP）数据

粒子输运的蒙特卡罗方法：第 2 版 /（美）阿里－礼萨·哈格海亚特
（Alireza Haghighat）著；刘仕倡，梁金刚译. -- 北京：清华大学出版社，
2025. 5. --（核科学与工程译丛）. -- ISBN 978-7-302-69270-6

Ⅰ. O242.28；O572.2
中国国家版本馆 CIP 数据核字第 2025FM2725 号

责任编辑：李双双
封面设计：潘　峰
责任校对：王淑云
责任印制：刘海龙

出版发行：清华大学出版社
　　　　　网　　　址：https://www.tup.com.cn，https://www.wqxuetang.com
　　　　　地　　　址：北京清华大学学研大厦 A 座　　　邮　　编：100084
　　　　　社 总 机：010-83470000　　　　　　　　　　邮　　购：010-62786544
　　　　　投稿与读者服务：010-62776969，c-service@tup.tsinghua.edu.cn
　　　　　质量反馈：010-62772015，zhiliang@tup.tsinghua.edu.cn
印 装 者：涿州市般润文化传播有限公司
经　　销：全国新华书店
开　　本：170mm×240mm　　印　张：13.75　　插　页：2　　字　　数：274 千字
版　　次：2025 年 6 月第 1 版　　　　　　　　　　　　印　　次：2025 年 6 月第 1 次印刷
定　　价：79.00 元

产品编号：103058-01

中文版序言

在当今科技飞速发展的时代,能源领域正经历着前所未有的变革。核能作为一种高效、清洁的能源形式,因其巨大的能量输出与低碳排放特性,在全球能源结构中占据着越来越重要的地位。而粒子输运理论作为核能科学与技术的核心组成部分,对于核反应堆的设计、运行及核燃料循环的研究等都起着至关重要的作用。《粒子输运的蒙特卡罗方法(第 2 版)》这本教材的出版,恰逢其时地为相关领域的学者、工程师及研究人员提供了一本极具价值的参考书。

蒙特卡罗方法因其独特的随机抽样原理与强大的计算能力,在处理复杂的粒子输运问题上展现出了巨大的优势。从核物理的基础研究到实际的核工程应用,蒙特卡罗方法都能够提供精准的模拟结果,帮助我们深入理解粒子与物质相互作用的复杂过程。本书的作者阿里-礼萨·哈格海亚特教授是这一领域的杰出专家,他在书中系统地介绍了蒙特卡罗方法的基本原理、算法实现及其在粒子输运问题中的广泛应用,不仅涵盖了从随机数生成、概率分布抽样到复杂物理问题模拟的各个环节,还深刻阐述了如何通过先进的减方差技术与并行计算手段来提高计算效率,充分体现了他在这一领域的理论深度与实践积累。

本教材对于培养新一代核能科技人才具有重要意义。在当今核能技术快速发展的背景下,我们亟须培养兼具扎实理论基础与先进计算工具应用能力的复合型专业人才,以应对核能领域面临的各种挑战。本教材以其详尽的理论框架与明晰的知识脉络,将有助于读者快速掌握蒙特卡罗方法的核心技术,激发他们对核能科学深入探索的热情,为核能事业的可持续发展注入新的活力。本教材还提供了大量的习题与实例,这些习题与实例涵盖了书中所介绍的各种理论与技术方法,能够帮助读者更好地理解和掌握所学内容。通过完成本教材设计的习题与实例,读者可以深化对蒙特卡罗方法的理解,掌握该方法在粒子输运中的应用,提高自己的计算与分析能力。

核能的发展离不开国际间的合作与交流。随着全球对清洁能源需求的增长,越来越多的国家和地区开始重视核能技术的研究与应用。本教材的出版也为国际核能科技界的学术交流搭建了一个重要平台。它不仅能够帮助国内的学者和工程师更好地了解国际前沿的研究动态和技术进展,还能够促进国内外学术界在核能领域的深度合作,共同推动核能技术的创新与发展。

　　总的来说，《粒子输运的蒙特卡罗方法（第2版）》是一部内容丰富、理论与实践相结合的优秀教材与参考书。它不仅为核工程专业的学生提供了系统的学习材料，也为从事粒子输运模拟研究的学者与工程师提供了宝贵的参考。

　　华北电力大学刘仕倡副教授、清华大学梁金刚副教授组织了本教材的翻译工作，相信本教材的出版将对推动我国核科学与工程学科发展、培养高素质的核专业人才，以及促进核能的安全、高效利用产生积极而深远的影响。

中国工程院院士

2025 年 5 月

目录

第1章

引　言

蒙特卡罗方法是一种能够在计算机上模拟数学或物理实验的统计方法。在数学领域中,它可以求解函数的期望值和积分值;在科学和工程领域中,它能够模拟由各种随机过程组成的复杂问题,这些随机过程具有已知或假设的概率密度函数。蒙特卡罗方法使用随机数或伪随机数来模拟随机过程,即从事件的概率函数中抽样。与任何统计过程一样,蒙特卡罗方法需要重复模拟来实现较小的相对不确定度,因此可能需要大量模拟时间,为了克服这一困难,需要采用并行算法和减方差技术。本书试图解决影响蒙特卡罗算法的开发、利用和性能的主要问题。

1.1　蒙特卡罗模拟的历史

蒙特卡罗模拟的诞生可以追溯到第二次世界大战。当时,由于曼哈顿计划,解析核裂变和生产特殊核材料具有重大紧迫性。来自世界各地的优秀人才聚集在美国,共同致力于完成曼哈顿计划。这与另一项提案不谋而合:建造第一台电子计算机。第一台计算机 ENIAC 在费城宾夕法尼亚大学由物理学家约翰·莫奇利(John Mauchly)和工程师普雷斯珀·埃克特(Presper Eckert)领导建造,该系统包含 17 000 多个真空管和 50 多万个焊点[75]。故事是这样的,莫奇利受到启发,为美国陆军计算射击表(射程相对于弹道)积分的工作建造了一台电子计算机,这些工作原本需要由很多人(足以装满一个大房间),且大多是女性来完成。约翰·冯·诺依曼(John von Neumann)是陆军和洛斯阿拉莫斯国家实验室(Los Alamos National Lab,LANL)的顾问,他很清楚爱德华·泰勒(Edward Teller)在热核能源领域的新提案,于是对使用 ENIAC 测试热核反应模型产生了兴趣。他使美国陆军相信,使用 ENIAC 模拟热核反应对 LANL 的科学家(尼古拉斯·康斯坦丁·梅特罗波利斯(Nicholas Constantine Metropolis)和斯坦·弗兰克尔(Stan Frankel))是有益的。这项工作开始于 1945 年之前,它的初始阶段在 1946 年后结束。除了梅特罗波利斯、弗兰克尔和冯·诺依曼外,另一位名叫斯塔尼斯拉夫·乌拉姆(Stanisław(stan) Ulam)的科学家在 LANL 参加了国家项目审查会议。乌拉姆观察到,新的电子计算机可以用于执行烦琐的统计抽样,然而由于无法进行大量计算,这种抽样方法在某种程度上被放弃了。冯·诺依曼对乌拉姆的建议很感兴趣,并准备了一份求解中子扩散问题的统计方法的初步方案。包括梅特罗波利斯在内的一些人开始对探索新的统计模拟方法感兴趣,并且梅特罗波利斯建议将这种新方法取名为"蒙特卡罗",这个名字的灵感来自乌拉姆的叔叔,他曾经向家人借钱,因为他"必须去蒙特卡罗",这是摩纳哥公国的一个热门赌博场所。在最初的模拟中,冯·诺依曼提出了一个由可裂变物质组成的球形核,核外包裹着一层反射材料,目标是模拟中子经历不同相互作用时的反应过程。为了能够对与这些相互作用相关的概率密度函数进行抽样,他发明了一种伪随机数生成器算法[104],称为中间平方数(后来被雷默(H. Lehmer)提出的更有效的生成器[64]取代)。人们很快意识到,与微分方程相比,蒙特卡罗方法在模拟复杂问题时更为灵活。

然而,由于蒙特卡罗方法是一个统计过程,并且需要实现较小的方差,因此该方法的发展长期受到大量计算需求的制约。值得注意的是,恩里科·费米(Enrico Fermi)早在20世纪30年代初居住在罗马时就已经用机械计算器研究了中子慢化。当然,费米对 ENIAC 的发明感到高兴,同时,他想到了建立一个叫作 FERMIAC 的模拟装置(见图1.1)来研究中子输运。

图 1.1　FERMIAC 实物照片

由新墨西哥哥州洛斯阿拉莫斯国家实验室布拉德伯里科学博物馆的马克-佩莱金尼提供

FERMIAC 装置是由珀西·金(Percy King)建造的,仅限于快群和热群两个能群,以及二维问题。图1.2为该装置的应用演示。与此同时,梅特罗波利斯和冯·诺依曼的妻子克拉里(Klari)为 ENIAC 设计了一个新的控制系统,该系统能够处理一组指令或存储程序,而不是使用插线板。有了这种新的能力,梅特罗波利斯和冯·诺依曼能够解决几个中子输运问题。很快,热核组的其他科学家开始研究不同的几何形状和不同的粒子能量。后来,数学家赫尔曼·哈肯(Herman Khan)、埃弗雷特(C. J. Everett)和卡什威尔(E. Cashwell)对蒙特卡罗方法产生了兴趣,并发表了几篇关于算法和粒子输运模拟方法的使用的文章[22,32-33,56-57]。

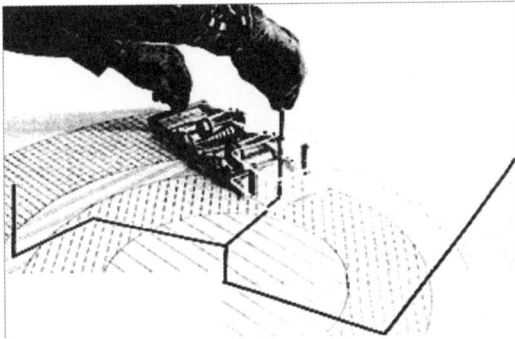

图 1.2   FERMIAC 的应用演示[75]

1.2　蒙特卡罗程序的现状

以上发展简史表明,蒙特卡罗粒子输运技术的早期发展主要是由 LANL 的科学家推动的。因此,LANL 一直是通用蒙特卡罗程序的主要来源,从 1963 年的蒙特卡罗模拟(Monte Carlo simulation,MCS)开始,接着是 1965 年的蒙特卡罗中子(Monte Carlo neutron,MCN),1973 年的蒙特卡罗中子和伽马耦合(Monte Carlo coupled neutron and gamma,MCNG),以及 1977 年的蒙特卡罗中子光子(Monte Carlo neutron photon,MCNP)。MCNP 一直在不断发展,最新版本 MCNP6 于 2013 年发布[80]。过去 60 多年取得的进展表明了 LANL 在开发、改进和维护蒙特卡罗粒子输运程序方面所付出的持续努力。同时核物理参数,即截面,也得到了发展与改进,其形式是被称为评估核数据文件(evaluated nuclear data file,ENDF)的截面库。目前,第 8 版 ENDF/B-Ⅷ正在使用中。

除 LANL 外,美国和国际上的其他研究组也开发了蒙特卡罗程序。本书作者 Alireza Haghighat 的研究组已经开发了 A^{3}MCNP(自动伴随加速 MCNP)程序系统[43],用于使用 CADIS(一致伴随驱动重要性抽样)[46]方法自动减方差。橡树岭国家实验室(ORNL)开发了许多程序,包括 MORSE[31]和 KENO[82],以及最近使用 CADIS 及其替代的"前向"CADIS (FW-CADIS)[109]方法的 ADVANTG 程序系统[78]。国际上有两个通用程序,即 MCBEND[120]和 TRIPOLI[13],以及一些专门程序,包括 EGS[50]、GEANT[1]和 PENELOPE[89]。GEANT 是一个开源程序,是为了支持核物理实验而开发的。另外两个程序——EGS 和 PENELOPE 特别关注医疗应用中的电子-光子输运。

最后,有必要提及的是,在过去的 20 多年中,基于混合确定论-蒙特卡罗技术的程序开发已经有所进展。第 11 章将专门讨论这个问题。

1.3 本书的出版动机

直到 20 世纪 90 年代初，蒙特卡罗方法主要由国家实验室的科学家和工程师用于基准研究，因为他们可以使用先进的计算机。然而，随着高性能计算机（具有快速时钟周期）、并行计算机及 PC 集群的出现，这种情况发生了巨大改变。在1994 年第八届国际辐射屏蔽会议上，超过 70% 的论文利用确定性方法模拟不同的问题或提出新的技术和公式。直到 20 世纪 90 年代末，这种情况发生了逆转，蒙特卡罗方法已成为各种应用中开展粒子输运模拟的首选或在某些情况下是唯一的工具。积极的一面是，该方法使许多具有不同知识水平和储备的人能够进行粒子输运模拟。消极的一面是，新用户可能会得出错误的结果，他们不了解该方法和（或）统计概念的局限性，因此无法区分统计可靠或不可靠结果之间的区别。

这本书是为了解决这些问题而撰写的，并且对与蒙特卡罗方法相关的基本概念和问题进行了相对详细的讨论。虽然这本书主要面向那些对使用蒙特卡罗方法感兴趣的工程师和科学家，但是本书提供了必要的数学推导，以帮助读者理解与当前技术相关的问题，并探索潜在的新技术。这本书应该有助于那些想学习蒙特卡罗方法，以及从事研究和开发的人。

本书的第 2 版侧重于数学推导和相关物理及分析的修正与改进，在第 1 版的基础上增加或精简了一些讨论，删除了冗余信息，对第 4 章和第 10 章进行了重大修改，以及增加了第 11 章，并对许多章节进行了重新组织。第 11 章讨论了最近开发的替代特征值方法，这些方法显著提高了方法的准确性和效率。除学生外，本书第 2 版应该也有利于从事核系统模拟的分析人员，以及那些对先进技术发展感兴趣的人阅读参考。

1.4 作者对教师的留言

作者推荐这本书作为理工科研究生的教科书。在过去的 30 多年里，作者在教授蒙特卡罗方法课程时使用了本书中的材料，这些课程面向来自不同学科的研究生群体，尤其是核、计算机科学、电气、机械和土木工程及物理学。这一宝贵的经验对塑造本书第 1 版和第 2 版的架构和内容方面有很大的帮助。

这本书对不同学生群体的教学是很有效的，因为前 5 章介绍了基本的方法和相关问题。第 6 章介绍了简化的一维单速中子输运模型，并给出了简化的蒙特卡罗粒子输运算法。对于不同的学生群体来说，这个主题相对容易理解，并且为学习与蒙特卡罗方法相关的问题提供了一般的方法。第 7～12 章侧重于各种主题，包括减方差技术、计数、几何、特征值计算和先进技术、并行和矢量计算。虽然第 6～12 章主要关注粒子输运应用，但它们的主题和支持的数学与统计公式可以与其他应用相关。

作者认为,如果学生开发的计算机程序能够有效地应用这些概念,并阐明蒙特卡罗方法的一些巧妙问题,那么学生的学习效果将得到极大的提升。

总之,作者希望第 2 版中包含的修订和补充内容将使本书对学生、从业者和致力于蒙特卡罗方法发展的人更有帮助。

第2章

随机变量和抽样

2.1　本章引言

所有基本的物理过程似乎是随机的,也就是说,无法确定地预测每个个体过程的结果。然而,这种随机过程通常可以通过其平均行为和相关的统计不确定度来表征。

物理过程的结果可以是离散的或连续的,换句话说,这些物理过程可以从离散或连续的事件空间中选择(抽样)。为了能够在计算机上对随机过程的结果进行抽样,必须确定可能的结果(随机变量)及其类型和概率,生成随机数,并获得随机变量与随机数之间的公式。通常情况下,这个公式的解不是直接的,因此针对不同类型的方程已经发展出了不同的方法。获得可靠的平均值需要进行大量抽样,为了解决这个问题,人们投入大量精力开发了许多高效的方法[32-33,58,94,96,104]。

本章讨论了不同的随机变量及其概率函数,并推导出将随机变量与随机数相关联的基本公式。这个公式称为蒙特卡罗的基本公式(FFMC),因为它提供了在计算机上执行蒙特卡罗模拟所需的基本数学框架。此外,本章介绍了求解 FFMC 公式的不同方法,并针对几种常用的分布/函数提供了高效的解决方法。

2.2　随机变量

通常情况下,结果被映射到数值上进行数学处理,这些数值被称为随机变量。因此,就像一个结果一样,随机变量可以是离散的或连续的。抛掷骰子的结果可以用离散随机变量表示,而放射性物质发射的粒子之间的时间间隔可以用连续随机变量表示。

对于任意随机变量(x),定义两个函数:概率密度函数(pdf)和累积分布函数(cdf)。在接下来的章节中,这些函数将描述离散随机变量和连续随机变量。

2.2.1　离散随机变量

概率密度函数($p(x_n)$)是随机过程的结果为 x_n 的概率。例如,对于一个匀称的立方体骰子,任何事件 x_n 的概率可以表示为

$$p(x_n) = \frac{1}{6}, \quad n = 1,6 \tag{2.1}$$

请注意,pdf 被归一化,以确保获取任何可能结果的概率恰好为 1。

累积分布函数($P(x_n)$)是随机过程的结果(随机变量)的值不超过 x_n 的概率。例如,对于立方骰子,有

$$P(x_n) = \sum_{i=1}^{n} p(x_i) \tag{2.2}$$

图 2.1 和图 2.2 分别显示了匀称的立方骰子的 pdf 和 cdf。

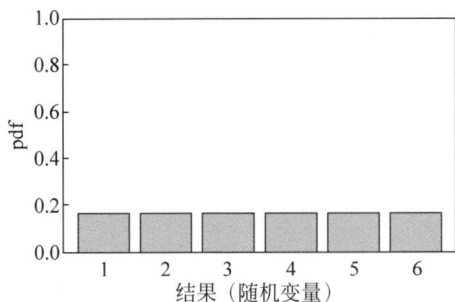

图 2.1　与骰子示例相关的概率密度函数(离散随机变量)

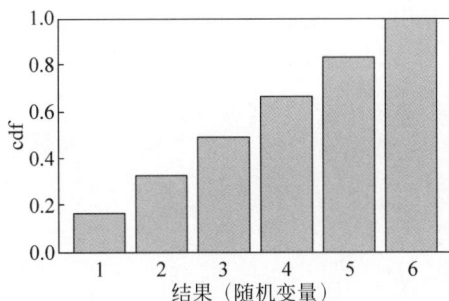

图 2.2　与骰子示例相关的累积分布函数(离散随机变量)

2.2.2　连续随机变量

考虑一个定义在区间 $[a,b]$ 上的连续随机变量(x)。概率密度函数 $p(x)\mathrm{d}x$ 表示随机变量(x)在范围 $x \sim x + \mathrm{d}x$ 取值的概率。请注意,$p(x)$ 的定义使得在区间 $[a,b]$ 上获得任何值 x 的概率等于 1。累积分布函数(cdf,$P(x)$)的定义如下:

$$P(x) = \int_a^x \mathrm{d}x' p(x') \tag{2.3}$$

它表示随机变量取值不超过 x 的概率。

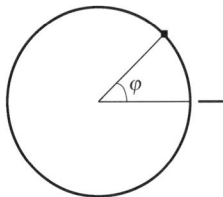

图 2.3　生成连续随机数的圆盘实验

例 2.1　假设旋转一个有标记的圆盘[35]，并测量标记与参考位置之间的角度（φ），如图 2.3 所示。如果重复此过程，每次都会得到一个不同的值 φ。这意味着该过程是一个随机过程，而 φ 是一个在区间 $[0,2\pi]$ 上变化的连续随机变量。

这个过程的 pdf 是什么？对于一个很均匀的圆盘，在 $\mathrm{d}\varphi$ 范围内得到任意 φ 的概率应该与 φ 无关，即为常数。可以定义一个概率密度函数 $p(\varphi)$，如下所示：

$$p(\varphi) = k \tag{2.4}$$

通过将概率密度函数归一化，可以得到常数 k，具体操作如下所示：

$$\int_0^{2\pi} \mathrm{d}\varphi p(\varphi) = 1$$

$$\int_0^{2\pi} \mathrm{d}\varphi k = 1$$

$$2\pi k = 1$$

$$p(\varphi) = k = \frac{1}{2\pi} \tag{2.5}$$

cdf 的定义如下：

$$P(\varphi) = \int_0^\varphi \mathrm{d}\varphi' p(\varphi') = \frac{\varphi}{2\pi} \tag{2.6}$$

2.2.3　关于 pdf 和 cdf 特点的说明

pdf 和 cdf 具有一些重要特征，总结如下：

（1）pdf 总是正数。

（2）cdf 始终是其随机变量的正非递减函数。

（3）pdf 被归一化，以便其对应的 cdf 在 $[0,1]$ 上变化。

2.3　随机数

随机数是一个具有特征的数字序列，它不可能根据序列中前面的数字 η_n 来预测下一个数字 η_{n+1}。为了确保这种不可预测性（随机性），这些数字应该通过随机性测试。第 3 章将详细讨论这个问题。

为了生成一个（真正的）随机数序列，需要一个生成方法（函数）来生成均匀分布在一个范围内的数字（通常为 $[0,1]$）。

例 2.2　2.2 节中的圆盘实验可以用来生成一个随机数序列：旋转圆盘以获取角度 φ，计算 cdf $=\dfrac{\varphi}{2\pi}$，然后设定 $\eta = \dfrac{\varphi}{2\pi}$。这个实验是一个很好的随机数生成器，因为 η 作为随机变量与 φ 作为随机变量一样，其取值在 $[0,1]$ 的范围内。

生成随机数 η 的 pdf 是什么？为了保持上述提到的所需特性，随机数生成器 pdf 可以通过以下方式表示：

$$q(\eta) = 1, \quad 0 \leqslant \eta \leqslant 1 \tag{2.7}$$

因此，相应的 cdf 可以表示为

$$Q(\eta) = \int_0^\eta \mathrm{d}\eta' q(\eta'), \quad 0 \leqslant \eta \leqslant 1 \tag{2.8}$$

现在，让我们推导通过圆盘实验生成的随机数 $\left(\text{等于}\dfrac{\varphi}{2\pi}\right)$ 的 pdf 和 cdf。考虑到

$$\eta = \frac{\varphi}{2\pi} \tag{2.9}$$

由于 η 和 φ 之间存在一一对应的关系，已知 $p(\varphi)$，则可以使用式（2.10）获得 η 的 pdf：

$$\mid q(\eta)\mathrm{d}\eta \mid = \mid p(\varphi)\mathrm{d}\varphi \mid \tag{2.10}$$

由于 $q(\eta)$ 和 $p(\varphi)$ 是正函数，可以使用式（2.11）解出

$$q(\eta) = p(\varphi)\left|\frac{\mathrm{d}\varphi}{\mathrm{d}\eta}\right| = p(\varphi)(2\pi) \tag{2.11}$$

代入 $p(\varphi) = \dfrac{1}{2}\pi$，$q(\eta)$ 化简为

$$q(\eta) = \frac{1}{2\pi} \times 2\pi = 1, \quad 0 \leqslant \eta \leqslant 1 \tag{2.12}$$

相应的 cdf 由式（2.13）给出：

$$Q(\eta) = \int_0^\eta \mathrm{d}\eta' q(\eta'), \quad 0 \leqslant \eta \leqslant 1 \tag{2.13}$$

因此可以得出结论，使用随机变量（φ）的 cdf 公式通过圆盘生成的随机数满足生成随机数的所需条件。第 3 章将进一步讨论随机数的生成问题。

2.4　蒙特卡罗基本公式（FFMC）的推导

到目前为止，本书已经讨论了随机变量和随机数。蒙特卡罗模拟的目标是模拟一个物理过程，在这个过程中，我们会了解基本物理，也就是说，我们知道基本过程的 pdf。假设可以生成随机数，我们希望得到随机变量（x），即用 $p(x)$ 对随机过程 x 的结果进行抽样。我们认为随机变量（x）与随机数（η）相关，因此可以写成以下形式：

$$p(x)\mathrm{d}x = q(\eta)\mathrm{d}\eta, \quad a \leqslant x \leqslant b, \quad 0 \leqslant \eta \leqslant 1 \tag{2.14}$$

然后，可以在范围$[a,x]$和$[0,\eta]$上对式(2.14)两边进行积分，得到

$$\begin{cases} \int_a^x \mathrm{d}x' p(x') = \int_0^\eta \mathrm{d}\eta' \cdot 1 \\ P(x) = \eta \end{cases} \tag{2.15}$$

式(2.15)给出了使用随机数η获取连续随机变量x的关系式。这个关系如图 2.4 所示。剩下的问题是：如何处理离散随机变量？因为随机数η是一个连续变量，而离散的 cdf，$P(n)$只能取特定的值，因此必须设置以下关系：

$$\mathrm{Min}[P(n) \mid P(n) \geqslant \eta] \tag{2.16}$$

其中，$P(n) = \sum_{i=1}^n p_i$。这意味着当$P(n)$的最小值不小于η时选择n。这个关系如图 2.5 所示。

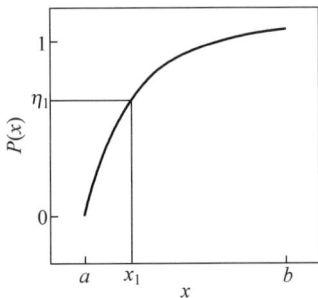

图 2.4　对连续随机变量x进行抽样

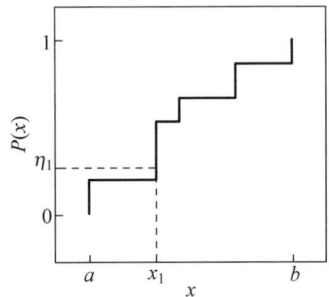

图 2.5　对离散随机变量x_i进行抽样

2.5　一维密度函数抽样

本节将讨论求解具有单个随机变量（一维密度函数）过程的 FFMC 的不同方法[35,58,94]。

2.5.1　解析反演法

对 FFMC 进行反转，得到随机变量x以$\eta \in [0,1]$表示的公式。在数学上，这意味着得到了一个反函数公式，$x = P^{-1}(\eta)$。例如，如果随机变量x的 pdf 为

$$p(x) = \frac{1}{2}, \quad -1 \leqslant x \leqslant 1 \tag{2.17}$$

那么，相应的 FFMC 公式为

$$\int_{-1}^x \mathrm{d}x' \frac{1}{2} = \eta \tag{2.18}$$

并且，x或$P^{-1}(\eta)$由式(2.19)给出：

$$x = 2\eta - 1 \tag{2.19}$$

随着 pdf 变得复杂，$P^{-1}(\eta)$ 的解析计算变得更加复杂甚至不可能实现，因此需要使用其他方法。

2.5.2 数值反演法

如果解析反演难以实现或者根本行不通，则可以采用数值方法。将 pdf 分割为 N 个在 $[a,b]$ 上的等概率区域。这意味着每个区域的概率等于

$$\int_{x_{i-1}}^{x_i} \mathrm{d}x' p(x') = \frac{1}{N} \tag{2.20}$$

图 2.6 演示了这个过程。然后，每个区间内的平均 pdf 可以表示为

$$p_i = \frac{1}{N(x_i - x_{i-1})}, \quad i = 1, N \tag{2.21}$$

首先，使用表 2.1 中所示的步骤来确定 x_i 的值。

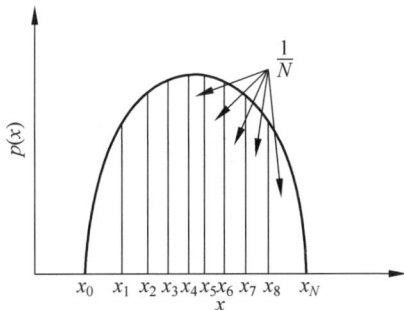

图 2.6 将 pdf 划分为 N 个相等面积区域的演示

表 2.1 将 pdf 划分为 N 个相等面积区域的程序

设置 N（等概率区域的数量）

do $i = 1, N$

    $p_i = p(x_{i-1})$

    $x_i = x_{i-1} + \dfrac{1}{N_{p_i}}$（使用式(2.21)）

    area = area $+ p_i(x_i - x_{i-1})$

end do

relative-difference（%）$= 100 * \mathrm{abs}(\mathrm{area} - 1)$

if(relative-difference$\leqslant \varepsilon$) then

    N 足够了

else

    增加 N，重复该过程

end if

请注意，上述过程针对给定的 pdf 只执行一次。完成此步骤后，可以使用以下两步抽样过程对 pdf 进行抽样。

（1）生成两个随机数（η_1 和 η_2）。

（2）使用以下步骤来抽样一个区间（面积）：

$$i = \text{INT}(N\eta_1) + 1 \tag{2.22}$$

（3）使用以下步骤在第 i 个区间内抽样 x：

$$x = x_{i-1} + \eta_2(x_i - x_{i-1}) \tag{2.23}$$

2.5.3　概率混合法

如果 pdf，$p(x)$ 可以分为 n 个非负函数，即

$$p(x) = \sum_{i=1}^{n} f_i(x), \quad f_i(x) \geqslant 0, \quad a \leqslant x \leqslant b \tag{2.24}$$

那么，可以定义每个 $f_i(x)$ 对应的 pdf 为

$$p_i(x) = \alpha_i f_i(x) \tag{2.25}$$

其中，α_i 是用于归一化 f_i 所需的常数。因此，$p(x)$ 的表达式化简为

$$p(x) = \sum_{i=1}^{n} \frac{1}{\alpha_i} p_i(x) \tag{2.26}$$

考虑到系数之和 $\left(\sum_{i=1}^{n} \dfrac{1}{\alpha_i} \right)$ 等于 1，本节设计了一个两步过程来对随机变量 x 进行抽样，具体步骤如下。

（1）生成一个随机数（η_1），然后使用不等式（2.27）选择第 i 个 pdf，$p_i(x)$：

$$\sum_{i'=1}^{i-1} \frac{1}{\alpha_{i'}} < \eta_1 \leqslant \sum_{i'=1}^{i} \frac{1}{\alpha_{i'}} \tag{2.27}$$

其中，$\dfrac{1}{\alpha_{i'}} = \displaystyle\int_a^b \mathrm{d}x f_i(x)$。

（2）生成一个随机数（η_2），然后通过式（2.28）从所选择的第 i 个 pdf，$p_i(x)$ 中抽样 x：

$$\eta_2 = P_i(x) = \alpha_i \int_a^x \mathrm{d}x' f_i(x') \tag{2.28}$$

请注意，只有当式（2.28）容易求解时，即每个独立的 $f_i(x)$ 都是解析可逆时，这种方法才有用。

2.5.4　舍选抽样法

如果不能直接准确地计算 $P^{-1}(\eta)$，可以考虑采用舍选抽样法（rejection technique），具体步骤如下。

（1）将 $p(x)$ 包围在由 $p_{\max}$、a 和 b 构成的边界框中，如图 2.7 所示。

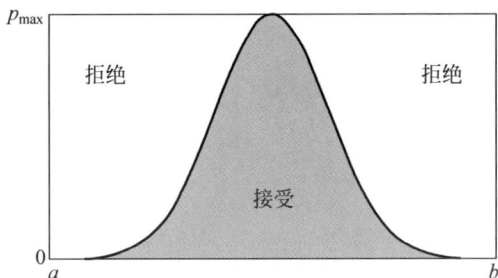

图 2.7　舍选抽样法的演示

（2）生成两个随机数 η_1 和 η_2。

（3）使用式（2.29）对随机变量 x 进行抽样：

$$x = a + \eta_1(b-a) \tag{2.29}$$

（4）如果满足以下条件，则接受 x：

$$\eta_2 p_{max} \leqslant p(x) \tag{2.30}$$

请注意，在这种方法中，只有当 $(x, y = \eta_2 p_{max})$ 这对值被 $p(x)$ 所包围时，它们才被接受，否则会被拒绝。因此，实际上，我们是从 pdf 下的区域进行抽样的，即 cdf。由于该方法是从区域中进行抽样的，因此很容易定义一个效率公式，如下所示：

$$\text{efficiency} = \frac{\int_a^b \mathrm{d}x\, p(x)}{p_{max}(b-a)} = \frac{1}{p_{max}(b-a)} \tag{2.31}$$

这种方法简单易用且有效，但如果效率较低，可能会导致求解速度非常慢。

2.5.5　数值评估法

如果将连续的 pdf 表示为直方图，如图 2.8 所示，则可以使用以下方法来获取其 cdf：

$$P_i = \sum_{i'=1}^{i} p_{i'}(x_{i'} - x_{i'-1}), \quad i=1,n \tag{2.32}$$

图 2.9 展示了 P_i 的表示形式。

为了获得连续随机变量的 FFMC，本书提出了一个插值公式，如下所示：

$$P(x) = \frac{x - x_{i-1}}{x_i - x_{i-1}} P_i + \frac{x_i - x}{x_i - x_{i-1}} P_{i-1} \tag{2.33}$$

然后，x 的 FFMC 表示为

$$\eta = \frac{x - x_{i-1}}{x_i - x_{i-1}} P_i + \frac{x_i - x}{x_i - x_{i-1}} P_{i-1} \tag{2.34}$$

因此，x 被抽样为

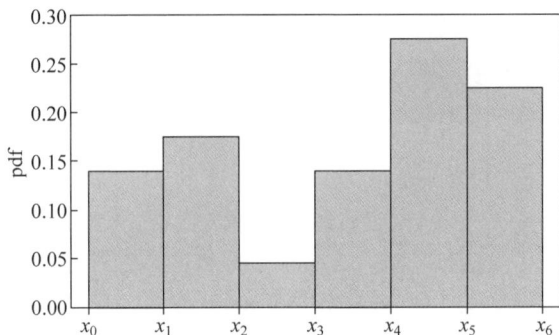

图 2.8　pdf 的直方图表示

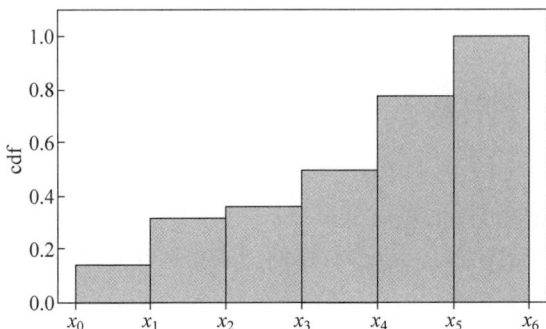

图 2.9　与以直方图格式表示的 pdf 相对应的 cdf

$$x = \frac{(x_i - x_{i-1})\eta - x_i P_{i-1} + x_{i-1} P_i}{P_i - P_{i-1}} \tag{2.35}$$

要实现这个方法,需要使用以下步骤:

（1）生成一个随机数 η。

（2）进行搜索以找到满足 $P_{i-1} < \eta \leqslant P_i$ 的 i 值。

（3）通过式(2.35)求随机变量 x 的值。

这个过程的第(2)步可以使用线性算法或二分算法。在线性算法中,通过从 cdf 的最小值单调递增到最大值的方式进行搜索,直到满足随机变量的必要条件为止。而二分算法使用以下步骤。

（1）生成一个随机变量 η。

（2）从 cdf 列表中确定中间数的 cdf 值。

（3）选择一个半序列:

　　① 对于 $\eta < \mathrm{cdf}$(中间数),选择下半序列;

　　② 对于 $\eta > \mathrm{cdf}$(中间数),选择上半序列。

（4）重复步骤(2)和步骤(3),直到满足随机变量的适当不等式为止。

需要注意的是,线性搜索和二分搜索的计算时间分别为 $O(N)$ 和 $O(\log_2 N)$。

因此,对于较大的 N 值,二分搜索可以显著提高效率。

2.5.6　表格查找法

这种方法创建了一个包含 cdf 与随机变量对应关系的表格,并将其存储在计算机内存中,然后通过生成随机数进行抽样,将随机数与 cdf 进行比较,确定随机变量。根据随机变量的类型,即连续型还是离散型,使用的过程有所不同,如下所示。对于连续型随机变量,表格条目类似于直方图,因此,应该采用 2.5.5 节讨论的步骤。对于离散型随机变量,使用以下过程:

(1)生成一个随机变量 η。

(2)进行搜索,找到满足不等式 $P_{i-1} < \eta \leqslant P_i$ 的 i 值。

注意,在第(2)步中需要使用 2.5.5 节讨论的线性搜索或二分搜索算法。

2.6　多维密度函数的抽样

2.5 节介绍了求解一维密度函数(具有单个随机变量的过程)对应的 FFMC 公式的不同技术。本节将讨论如何为具有多个随机变量的随机过程开发抽样随机变量的 FFMC 公式[94]。考虑一个由式(2.36)表示的一般密度函数:

$$f(x_1, x_2, \cdots, x_n) \tag{2.36}$$

其中,$a_1 \leqslant x_1 \leqslant b_1, a_2 \leqslant x_2 \leqslant b_2, \cdots, a_n \leqslant x_n \leqslant b_n$。

本节对于这个多维度函数,推导出对每个随机变量进行抽样的一维概率密度函数如下所示:

从第 1 个随机变量 (x_1) 开始,其 pdf 为

$$p_1(x_1) = \frac{\int_{a_2}^{b_2} dy_2 \int_{a_3}^{b_3} dy_3 \int_{a_4}^{b_4} dy_4 \cdots \int_{a_n}^{b_n} dy_n f(x_1, y_2, \cdots, y_n)}{\int_{a_1}^{b_1} dy_1 \int_{a_2}^{b_2} dy_2 \int_{a_3}^{b_3} dy_3 \int_{a_4}^{b_4} dy_4 \cdots \int_{a_n}^{b_n} dy_n f(y_1, y_2, \cdots, y_n)} \tag{2.37}$$

对于第 2 个随机变量 (x_2),在给定 x_1 的条件下,其条件 pdf 为

$$p_2(x_2 \mid x_1) = \frac{\int_{a_3}^{b_3} dy_3 \int_{a_4}^{b_4} dy_4 \cdots \int_{a_n}^{b_n} dy_n f(x_1, x_2, \cdots, y_n)}{\int_{a_2}^{b_2} dy_2 \int_{a_3}^{b_3} dy_3 \int_{a_4}^{b_4} dy_4 \cdots \int_{a_n}^{b_n} dy_n f(x_1, y_2, \cdots, y_n)} \tag{2.38}$$

对于第 3 个随机变量 (x_3),在给定 x_1 和 x_2 的条件下,其条件 pdf 为

$$p_3(x_3 \mid x_1, x_2) = \frac{\int_{a_4}^{b_4} dy_4 \cdots \int_{a_n}^{b_n} dy_n f(x_1, x_2, \cdots, y_n)}{\int_{a_3}^{b_3} dy_3 \int_{a_4}^{b_4} dy_4 \cdots \int_{a_n}^{b_n} dy_n f(x_1, x_2, \cdots, y_n)} \tag{2.39}$$

类似地,对于第 n 个随机变量 (x_n),在给定 $x_1, x_2, \cdots, x_{n-1}$ 的条件下,其条件 pdf 为

$$p_n(x_n \mid x_1, x_2, \cdots, x_{n-1}) = \frac{f(x_1, x_2, \cdots, x_n)}{\int_{a_n}^{b_n} \mathrm{d}y_n f(x_1, x_2, \cdots, y_n)} \tag{2.40}$$

因此，多维概率密度函数对应的 FFMC 可以表示为

$$P_1(x_1) = \int_{a_1}^{x_1} \mathrm{d}y_1 p_1(y_1) = \eta_1 \tag{2.41}$$

$$P_2(x_2) = \int_{a_2}^{x_2} \mathrm{d}y_2 p_2(y_2 \mid x_1) = \eta_2 \tag{2.42}$$

$$P_3(x_3) = \int_{a_3}^{x_3} \mathrm{d}y_3 p_3(y_3 \mid x_1, x_2) = \eta_3 \tag{2.43}$$

$$P_n(x_n) = \int_{a_n}^{x_n} \mathrm{d}y_n p_n(y_n \mid x_1, x_2, \cdots, x_{n-1}) = \eta_n \tag{2.44}$$

请注意，可以通过 2.5 节讨论的单变量 pdf 的技术来求解这些公式。

一个简单的多维 pdf 的例子是用于选择极角和方位角的密度函数，可以表示为

$$p(\mu, \varphi) \mathrm{d}\mu \mathrm{d}\varphi = \frac{1}{4\pi} \mathrm{d}\mu \mathrm{d}\varphi, \quad -1 \leqslant \mu \leqslant 1 \tag{2.45}$$

两个随机变量对应的 pdf 如下所示：

$$p_1(x_1) = \frac{\int_{a_2}^{b_2} \mathrm{d}y_2 p(x_1, y_2)}{\int_{a_1}^{b_1} \mathrm{d}y_1 \int_{a_2}^{b_2} \mathrm{d}y_2 p(y_1, y_2)} \tag{2.46}$$

考虑到 $x_1 = \mu, x_2 = \varphi$，式(2.46)可以化简为

$$p_1(\mu) = \frac{\int_0^{2\pi} \mathrm{d}\varphi p(\mu, \varphi)}{\int_1^1 \mathrm{d}\mu \int_0^{2\pi} \mathrm{d}\varphi p(\mu, \varphi)}$$

$$p_1(\mu) = \frac{\int_0^{2\pi} \mathrm{d}\varphi \frac{1}{4\pi}}{1} = \frac{1}{2} \tag{2.47}$$

以及

$$p_2(\varphi \mid \mu) = \frac{p(\mu, \varphi)}{\int_0^{2\pi} \mathrm{d}\varphi p(\mu, \varphi)}$$

$$p_2(\varphi \mid \mu) = \frac{\frac{1}{4\pi}}{\int_0^{2\pi} \mathrm{d}\varphi \frac{1}{4\pi}} = \frac{1}{2\pi} \tag{2.48}$$

因此，相应的 FFMC 可以表示为

$$
\begin{cases}
P_1(\mu) = \displaystyle\int_{-1}^{\mu} \mathrm{d}y_1\, p_1(y_1) = \eta_1 \\[2mm]
\displaystyle\int_{-1}^{\mu} \mathrm{d}y_1\, \frac{1}{2} = \eta_1 \\[2mm]
\mu = 2\eta_1 - 1
\end{cases}
\tag{2.49}
$$

以及

$$
\begin{cases}
P_2(\varphi) = \displaystyle\int_{0}^{\varphi} \mathrm{d}y_2\, p_2(y_2 \mid \mu) = \eta_2 \\[2mm]
\displaystyle\int_{0}^{\varphi} \mathrm{d}y_2\, \frac{1}{2\pi} = \eta_2 \\[2mm]
\varphi = 2\pi\eta_2
\end{cases}
\tag{2.50}
$$

2.7 对一些常用分布进行抽样的示例过程

如前所述,蒙特卡罗模拟的计算时间高度依赖从遇到的不同 pdf 中进行抽样的过程。因此,研究人员已经致力于开发高效的算法。本节将介绍一些针对粒子输运问题中遇到的几个函数所提出的算法。

2.7.1 正态分布

正态分布在大多数物理现象的建模中经常遇到,因此,许多研究者[14,58]已经针对其抽样开发出高效的方法。其中一种最有效的抽样方法称为 Box-Muller 过程[14]。

定义用于抽样正态分布的 Box-Muller 技术,其形式为

$$
\varphi(t) = \frac{1}{\sqrt{2\pi}} \mathrm{e}^{-\frac{t^2}{2}}
\tag{2.51}
$$

考虑两个服从正态分布的独立随机变量 x 和 y。这两个变量的联合概率可以表示为

$$
\varphi(x,y)\,\mathrm{d}x\,\mathrm{d}y = \frac{1}{2\pi} \mathrm{e}^{-\frac{x^2+y^2}{2}} \mathrm{d}x\,\mathrm{d}y
\tag{2.52}
$$

如果将 (x,y) 视为 (x,y) 参考系的分量,则可以用极坐标 (r,θ) 来表示它们,如下所示:

$$
\begin{cases}
x = r\cos\theta \\
y = r\sin\theta
\end{cases}
\tag{2.53}
$$

以及微分面积:

$$\mathrm{d}x\,\mathrm{d}y = r\,\mathrm{d}r\,\mathrm{d}\theta \tag{2.54}$$

因此，分布函数（式（2.54））可以用极坐标表示为

$$f(r,\theta)\,\mathrm{d}r\,\mathrm{d}\theta = \frac{1}{2\pi}\mathrm{e}^{-\frac{r^2}{2}}r\,\mathrm{d}r\,\mathrm{d}\theta \tag{2.55}$$

请注意，式（2.55）的右侧可以写成两个独立的密度函数：

$$f(r,\theta)\,\mathrm{d}r\,\mathrm{d}\theta = (\mathrm{e}^{-\frac{r^2}{2}}r\,\mathrm{d}r)\left(\frac{\mathrm{d}\theta}{2\pi}\right) \tag{2.56}$$

然后，r 和 θ 随机变量可以独立抽样，并用来确定随机变量 x 和 y，如表 2.2 所示。请注意，表 2.2 中的步骤表明，通过生成两个随机数，可以得到两个随机变量（x 和 y）。

表 2.2　正态分布的抽样过程

$p(\theta)=\dfrac{1}{2\pi}$	$\displaystyle\int_0^\theta \mathrm{d}\theta\,\frac{1}{2\pi}=\eta_1$	$\theta=2\pi\eta_1$
$p(r)=r\,\mathrm{e}^{-\frac{r^2}{2}}$	$\displaystyle\int_0^r \mathrm{d}r\,r\,\mathrm{e}^{-\frac{r^2}{2}}=\eta_2$	$r=\sqrt{-2\ln\eta_2}$
抽样 x,y	$x=\sqrt{-2\ln\eta_2}\,\cos(2\pi\eta_1)$	$y=\sqrt{-2\ln\eta_2}\,\sin(2\pi\eta_1)$

2.7.2　Watt 谱

这个分布常用于抽样裂变中子的能量，即裂变中子能谱。该分布可以表示为

$$W(a,b,E') = A\mathrm{e}^{-aE'}\sinh\sqrt{bE'}, \quad 0 < E' < \infty \tag{2.57}$$

其中，

$$A = \frac{\left(\sqrt{\dfrac{\pi b}{4a}}\right)\mathrm{e}^{\frac{b}{4a}}}{a} \tag{2.58}$$

在这里，a 和 b 是与裂变核素有关的变量，并且弱依赖入射中子的能量。文献[32]提出了一个有效抽样 E'（裂变中子能量）的方法，如表 2.3 所示。

表 2.3　Watt 谱的抽样步骤

设置 $L=a^{-1}(k+\sqrt{k^2-1})$	其中 $k=1+\dfrac{b}{8a}$
抽样 x,y	$x=-\ln\eta_1$，$y=-\ln\eta_2$
如果 $[y-M(x+1)]^2 \leqslant bLx$	其中 $M=aL-1$
设置 $E'=Lx$	

2.7.3 余弦函数和正弦函数抽样

在粒子输运模拟中,经常需要从余弦函数和正弦函数中抽样。由于余弦函数和正弦函数的计算成本较高,文献[104]提出了一种更高效的方法,如下所述。

考虑一个半径为 1 cm 的圆的 $\frac{1}{4}$ 部分,其中 x 和 y 都取正值。然后,按照表 2.4 中概述的步骤进行操作,以获得一个角的余弦值和正弦值。

表 2.4 从正弦或余弦函数抽样的过程

生成 η_1,η_2	$x\in[0,1],y\in[0,1]$	$x=\eta_1,y=\eta_2$
$\cos\theta=\dfrac{x}{\sqrt{x^2+y^2}}$	因此 $\cos\theta=\dfrac{\eta_1}{\sqrt{\eta_1^2+\eta_2^2}}$	$\theta\in\left[0,\dfrac{\pi}{2}\right]$
$\sin\theta=\dfrac{y}{\sqrt{x^2+y^2}}$	因此 $\sin\theta=\dfrac{\eta_2}{\sqrt{\eta_1^2+\eta_2^2}}$	$\theta\in\left[0,\dfrac{\pi}{2}\right]$

针对在 $\theta\in[0,2\pi]$ 的范围内抽样正弦函数和余弦函数,冯·诺依曼提出使用 2θ 的方法。对于余弦函数而言,由于 $\cos\theta=\cos(-\theta)$,范围 $[0,\pi]$ 就足够了。利用推导出的 θ 的公式,2θ 的余弦函数公式为

$$\cos(2\theta)=\cos^2\theta-\sin^2\theta=\frac{\eta_1^2}{\eta_1^2+\eta_2^2}-\frac{\eta_2^2}{\eta_1^2+\eta_2^2}=\frac{\eta_1^2-\eta_2^2}{\eta_1^2+\eta_2^2} \tag{2.59}$$

对于正弦函数而言,由于 $\sin\theta=-\sin(-\theta)$,因此需要考虑的范围为 $[-\pi,\pi]$。利用推导出的 θ 的公式,$\pm2\theta$ 的正弦函数公式为

$$\sin(\pm2\theta)=\pm2\sin\theta\cos\theta=\pm2\frac{\eta_1}{\sqrt{\eta_1^2+\eta_2^2}}\frac{\eta_2}{\sqrt{\eta_1^2+\eta_2^2}}=\pm2\frac{\eta_1^2\eta_2^2}{\eta_1^2+\eta_2^2} \tag{2.60}$$

为了抽样正负值,考虑以下步骤:

(1) 生成一个随机数 η_3。

(2) 如果 $\eta_3\leqslant0.5$,则选择正号,否则选择负号。

2.8 本章小结

每个随机变量都有两个相关的函数:pdf 和对应的 cdf。在这些函数的基础上,通过从这些分布中进行抽样,可以预测随机过程的结果。为了在计算机上模拟随机过程,需要对相关的随机变量进行抽样。为了完成这个目标,通常情况下需要生成一组伪随机数,用于获取随机变量。这是通过构建 FFMC 实现的,它提供了随机变量与随机数之间的一对一关系。最后,需要证明,对于每个 FFMC 公式,可能需要考虑不同的方法以在很短的时间内得到无偏的解决方案。

习题

1. 考虑一对匀称的六面体骰子：

（1）绘制一个算法的流程图，该算法根据生成的随机数 η 随机选择一对顶面 (n_1, n_2) 的总和。

（2）使用上述算法编写一个程序来估计两掷骰子的总和（$s = n_1 + n_2$）的 pdf。分别运行 1000 次和 50 000 次骰子投掷的程序，并将结果与真实的 pdf 进行比较。

2. 假设一副标准的纸牌有 52 张牌，4 种花色各有 13 张牌：

（1）绘制一个根据生成的随机数来随机选择 5 张扑克牌的算法的流程图。

（2）使用前面的算法编写一个程序来估计获得同花顺的概率。同花顺是指所有 5 张牌都是同一花色（任何花色）。分别运行该程序 1000 次和 50 000 次，将结果与真实概率进行比较。

3. 随机变量 x 和 y 具有如下一对一关系：

$$y = x^2 + 1, \quad 0 \leqslant x \leqslant 1$$

确定随机变量 x 的 pdf，给定：

$$f(y) = y + 1$$

4. 考虑定义在 $[0, 3]$ 上的连续随机变量 x，其分布函数为 $f(x) = x^2$。

（1）确定该随机变量的 pdf，$p(x)$，$P(x)$ 和 cdf。

（2）编写一个程序，使用一个随机数 $\eta \in [0, 1]$ 来选择 x。分别使用 1000 个和 50 000 个样本计算分布的均值，并将其与理论结果进行比较。

5. 编写计算机程序，从以下分布函数中进行抽样。对于 100 000 个样本，绘制抽样的 x 值的直方图，并将其与 pdf 进行比较。

（1）$f(x) = 1 + x + x^3, x \in [0, 1]$（使用概率混合法）。

（2）$f(x) = 1 + x - x^3, x \in [0, 1]$（使用概率混合法）。

（3）$f(x) = e^{-x}, x \in (0, \infty)$（使用解析的蒙特卡罗基本公式 FFMC）。

6. 使用舍选抽样法，估算在半径为 1 的圆内部但不在内切于圆内的正方形外部的面积。这个面积在图 2.10 中以灰色表示。将这个计算得到的面积与"真实"面积进行比较。

7. 考虑半径分别为 R_1 和 R_2、中心之间距离为 d 的两个圆，如图 2.11 所示。编写一个蒙特卡罗算法来确定以下情况下重叠区域的面积：

（1）$R_1 = d = 1, R_2 = 0.5$。

（2）$R_1 = R_2 = 1, d = 1.5$。

8. 对两个球体重复习题 7 的步骤。

9. 编写一个蒙特卡罗算法来确定图 2.12 中描绘的正方形中的 $\bar{x}$ 和 σ_x。

10. 编写一个蒙特卡罗算法来确定图 2.13 中阴影部分的面积。

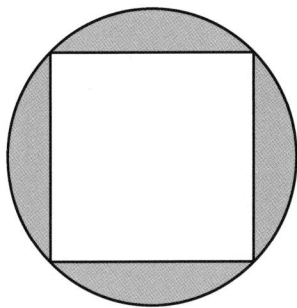

图 2.10　习题 6 中的圆

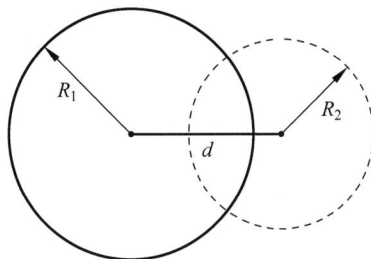

图 2.11　习题 7 中的两个圆

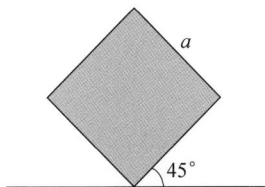

图 2.12　习题 9 中的正方形

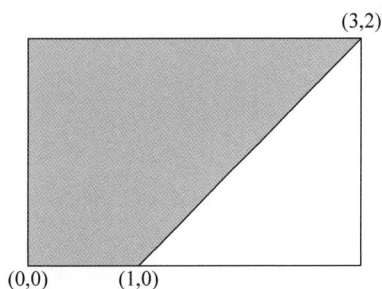

图 2.13　习题 10 中的阴影

11. 编写一个程序,从给定的正态分布中抽样:

$$f(x) = e^{-\frac{x^2}{2}}, \quad x \in (0, \infty)$$

使用数值反演或数值计算方法。对 100 000 个样本的 x 值绘制直方图,并将其与 pdf 进行比较。

12. 对于下面的多维密度函数,推导出每个变量的 FFMC:

(1) $f(x, y) = x^2 + y^2, 0 \leqslant x \leqslant 1, 0 \leqslant y \leqslant 1$。

(2) $f(x, y, z) = xyz, 0 \leqslant x \leqslant 1, 0 \leqslant y \leqslant 1, 0 \leqslant z \leqslant 1$。

(3) $f(x, y, z, w) = x + y^2 + z + w^3, 0 \leqslant x \leqslant 1, 0 \leqslant y \leqslant 1, 0 \leqslant z \leqslant 1, 0 \leqslant w \leqslant 1$。

(4) $f(x, y) = xy\, e^{x^2 + y^2}, 0 \leqslant x \leqslant 1, 0 \leqslant y \leqslant 1$。

13. 编写两个基于数值反演法和舍选抽样法的正态分布抽样算法。将这些算法的效率与在 2.7.1 节中讨论的 Box-Muller 算法进行比较。

14. 编写两个基于数值反演法和舍选抽样法的 Watt 谱抽样算法。将这些算法的效率与在 2.7.2 节中讨论的算法进行比较。

15. 编写一个用于抽样 $\sin x$ 的算法。将这些算法的效率与 2.7.3 节给出的冯·诺依曼公式进行比较。

第3章

随机数生成器

3.1 本章引言

随机数（RNs）是任何蒙特卡罗模拟的重要组成部分。任何蒙特卡罗模拟的质量都取决于所使用随机数的质量（或随机性）。如果随机数均匀分布，则实现了高度的随机性。因此，需要设计出一种方法，生成随机的数字序列，在重复之前有很长的周期，并且不需要耗费大量资源。

计算机上随机数生成器的早期实现可以追溯到冯·诺依曼在与曼哈顿计划（1941—1945 年）相关的蒙特卡罗模拟中使用了随机数生成器。从那时起，许多生成随机数的方法[15,40,58-59,62-64,69-70]被开发出来。L'Ecuyer 指出，一般的计算机用户通常认为计算机生成均匀随机数的问题已经得到解决。尽管在开发"好"生成器方面取得了重大进展，但仍有"坏"或"不合适"的生成器，并产生了不良结果。因此，任何蒙特卡罗用户都应该清楚这些问题及其局限性。

完整起见，本章介绍了实验和算法技术，并讨论了随机性检验的选择，通过实例证明了随机数生成器的随机性和周期高度依赖几个参数的"正确"选择。这些例子表明，参数的微小变化会对估计的随机数产生重大影响。

本章将回顾用于确定随机数的实验和算法，检查随机数生成器的行为，回顾几个随机性检验，并详细说明参数对随机数序列长度和生成随机数随机性的影响。

3.2 随机数生成方法

产生随机数的常见方法有两种：①实验；②算法。

1. 实验（查表，在线）

实验（物理过程）用于生成一系列随机数，这些随机数以表的形式保存在计算机内存中。例如：①抛硬币或掷骰子；②从瓮中抽球，即抽彩票；③旋转第 2 章中介绍的标记圆盘；④在飞镖游戏中从中心测量飞镖的位置。Frigerio 和 Clark[36]

提出了一种方法，记录放射性物质在给定时间间隔内的衰变次数，例如，计数 20 ms，如果数字是奇数，则记录 0 位（bit），否则记录 1 位，然后形成 31 位的数字，这个过程在 1 h 内产生了不到 6000 个数字。显然，在蒙特卡罗模拟中使用这种方法的速度是相当慢的。（阿贡国家实验室（ANL）程序中心有一盘包含 2.5×10^6 个随机数的磁带。）另一种技术是监控计算机部件（如计算机内存）以生成随机数。注意，这是在执行实际模拟时完成的。

2. 算法（或确定性方法）

算法用于生成随机数。这种方法由于其确定性的本质，通常被称为伪随机数生成器（PRNG），所生成的数字被称为伪随机数（PRNs）。

每种方法都有其优缺点，这直接影响到对方法的使用。选择"正确"方法有如下 6 个重要因素。

（1）随机性：随机数应该是真正随机的；也就是说，它们应该均匀分布。在实验方法中，如果过程遵循均匀分布，则实现随机性。在算法方法中，生成的序列必须满足几个统计检验。

（2）再现性：为了测试模拟算法或进行敏感性/扰动研究，有必要能够再现随机数序列。

（3）随机数序列的长度：为了对实际工程问题进行蒙特卡罗模拟，需要数百万个随机数；因此，生成器必须能够产生大量的随机数。

（4）计算机内存：生成器不应占用过多的计算机内存。（请注意，这个问题可能对于下一代计算机而言并不重要。）

（5）生成时间：生成随机数序列所需的时间（工程师/分析师）不是很重要，可以是几天或者几个月。

（6）计算机时间：生成数字所需的计算机时间应该明显短于实际模拟的时间。

表 3.1 基于上述因素对实验随机数生成器和算法随机数生成器进行了比较。

表 3.1　实验随机数生成器与算法随机数生成器的比较

要　素	实　验		算　法
	查表法	在线法	
随机性	好	好	待检验
再现性	可以	不可以	可以
周期*	有限	无限	有限
计算机内存	大	小	小
生成时间**	长	无	无
计算机时间	短	长	短

* 随机数序列的最大长度。

** 生成随机数所需时间。

在实践中，算法方法是首选，主要是因为它的序列是可重复的，并且只需要最小的努力（计算机资源，工程师时间）。在使用任何算法生成器时，都必须进行一系列随机性检验，并确定/测量生成器重复其序列的周期，即随机性的丧失。

下面几节将讨论不同的算法随机（伪随机）数生成器和相关的随机性检验方法。

3.3　伪随机数生成器

一个好的伪随机数生成器必须产生一个在$(0,1)$上均匀分布的随机数序列。此外，它应该有一个很长的周期，并且必须通过一系列的随机性检验。本节将介绍常用的生成器，包括：①同余生成器；②多重递归生成器。

3.3.1　同余生成器

同余生成器是德里克·亨利·莱默（D. H. Lehmer）提出的一种整数生成器。它采用：

$$x_{k+1} = (ax_k + b), \quad \mod M, \quad b < M \tag{3.1}$$

其中，x_0（种子）、a、b、M 是给定的整数；M 是计算机表示的最大整数，例如，在 32 位的二进制机器上，最大的无符号整数是 $2^{32}-1$，最大的有符号整数是 $2^{31}-1$。模函数决定了（$\alpha = ax_k + b$）除以 M 的余数，例如，35 对 16 取模等于 3。（注意，同余一词源于 $\dfrac{\alpha}{M}$ 与 $\dfrac{x_{k+1}}{M}$ 具有相同余数，即 x_{k+1} 在模 M 下与 α 同余）。值得注意的是，式(3.1)被称为线性同余生成器，如果 $b=0$，则称为乘法同余生成器。

这里讨论的方法将给出一个在$[0, M-1]$上的随机整数 x，为了将生成的随机整数转换为$[0,1)$上的随机数，使用关系 $\eta = \dfrac{x}{M-1}$。

用一个简单的例子来讨论同余生成器的细节和相关问题是有指导意义的。考虑由式(3.2)给出的线性同余生成器[20]：

$$x_{k+1} = (5x_k + 1), \quad \mod 16 \tag{3.2}$$

假设种子为1，则随机数序列可以表示为一个随机数循环（顺时针），如图 3.1 所示。

图 3.1 中的循环展示了一个生成器的预期行为。

（1）这个序列的周期是 16，即等效于模量 $M = 2^4$，最大值为 $2^4 - 1$。

（2）选择任何其他数（小于 $M=16$）作为种子将导致上述序列的周期性移位。

检验乘子（a）对上述生成器周期的影响是有指导意义的。表 3.2 给出了选择不同乘子（3~15）时生成器的周期。

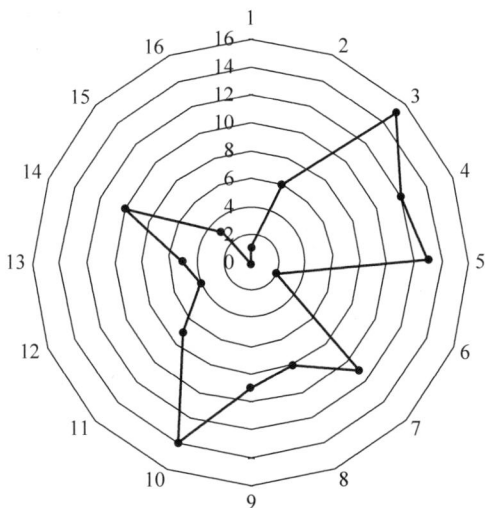

图 3.1 由式(3.2)给出的生成器随机循环示意

注意：等高线给出了随机数值，径向索引指的是序列中随机数的顺序

表 3.2 乘子(a)对伪随机数生成器周期的影响(式(3.2))

参数	值												
乘子(a)	3	4	5	6	7	8	9	10	11	12	13	14	15
周期	8	2	16	4	4	2	16	4	8	2	16	4	2

表 3.2 表明，如果乘子(a)等于 5、9 或 13，则得到完整周期为 16，否则得到部分周期为 2、4 或 8。更具体地说，图 3.2 给出了乘子 9(实线)和乘子 13(虚线)的随机数序列。

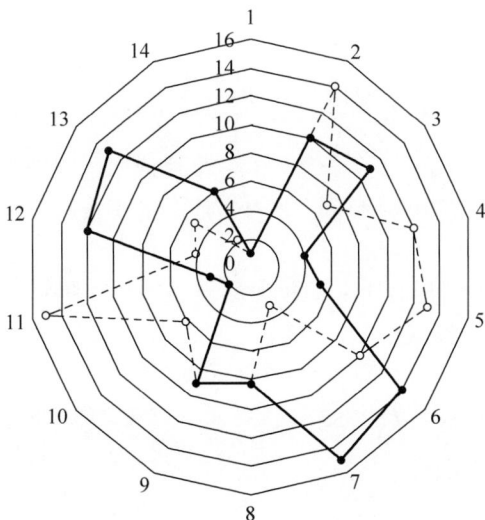

图 3.2 乘子 9(实线)和乘子 13(虚线)的随机数序列

图 3.3 给出了导致得到部分周期的乘子 8（实线）和乘子 12（虚线）的随机数序列。

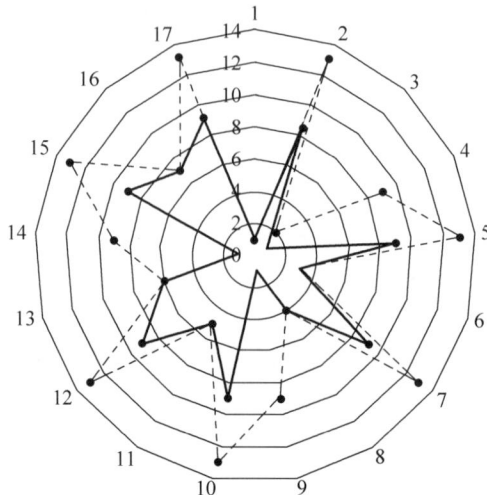

图 3.3 乘子 8（实线）和乘子 12（虚线）的随机数序列

正如预期的那样，在具有完整周期的情况下，随机数形成具有不同值的形状，而所有部分周期的情况都呈现重复的形状。接下来，检验常数（b）的影响是有指导意义的，对于乘子为 5 的情况，本节分析了常数（b）对生成器周期的影响。表 3.3 比较了不同 b 值（2～8）时的生成器的周期。

表 3.3 表明，奇数 b 能得到一个完整的周期，而偶数 b 只能得到部分周期。

表 3.3 常数（b）对 PRNG 周期的影响（见式（3.2））

参数	值						
常数（b）	2	3	4	5	6	7	8
周期	8	16	2	16	8	16	4

考虑到上述观察结果，对于任意 n，生成器 $x_{k+1} = (5x_k + 1) \bmod 2^n$ 应该实现一个完整的周期。图 3.4 和图 3.5 分别给出了 $n=5$ 和 $n=6$ 时的随机数序列。

由图 3.4 和图 3.5 可知，正如期望的那样，$M=32$ 和 $M=64$ 分别对应生成 32 个和 64 个随机数，即全周期。

为了实现线性同余生成器的全周期，可以使用 Hull 和 Dobell[53] 定理的推论，该定理设置了不同参数的性质，包括乘子、常数和模。表 3.4 给出了这些属性。

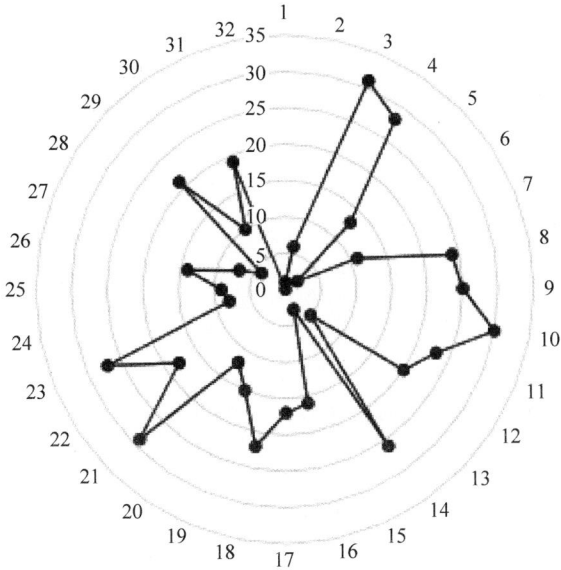

图 3.4 $M=2^5$ 时的式(3.2)PRNG 的随机数序列

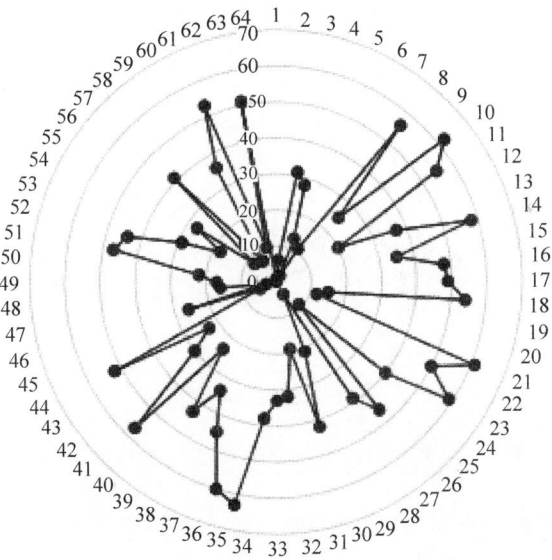

图 3.5 $M=2^6$ 时的式(3.2)PRNG 的随机数序列

表 3.4 实现全周期的线性同余生成器参数的性质

参 数	值	注 释
乘子(a)	$4N+1$	$N>0$
常数(b)	奇数	
模(M)	2^k	$k>1$

现在,设置常数参数(b)为0来考虑一个乘法同余生成器,即

$$x_{k+1} = (ax_k) \bmod 16 \qquad (3.3)$$

假设种子为1,表3.5给出了不同乘子$(2\sim15)$的不同随机数序列的周期。

表3.5　乘子(a)对PRNG周期的影响(见式(3.3))

参数	值													
乘子(a)	2	3	4	5	6	7	8	9	10	11	12	13	14	15
周期	—	4	—	4	—	2	—	2	—	4	—	4	—	2

图3.6显示了乘法生成器(见式(3.3))对乘子3和乘子11生成的随机数序列。这演示了生成器的部分周期,因为每种情况都会导致多边形通过重复种子而终止。

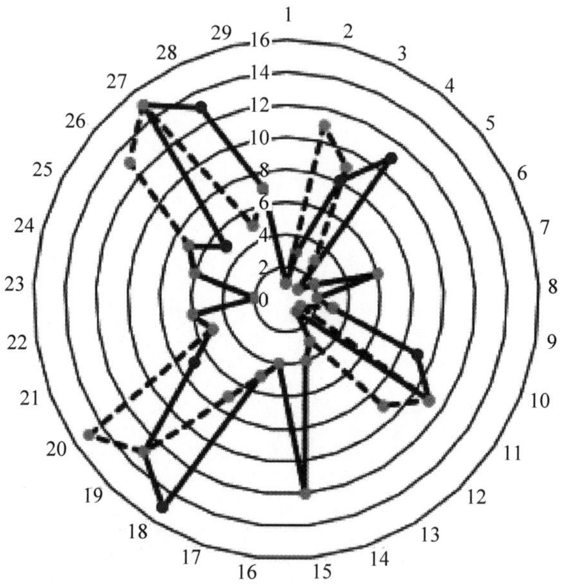

图3.6　乘子3(实线)和乘子11(虚线)的随机数序列,式(3.3)PRNG

同理可以得到乘子分别为5和13的结果。这些结果表明,若$N \geqslant 0$,则当$a = 8N+3$或$a = 8N+5$时,乘法同余生成器的周期为2^{k-2},其中k对应于模的指数,如$16 = 2^4$。现在,考虑一个具有奇数乘数(16 339)和偶数模2^k的生成器,使用表3.6中给出的算法确定在任意幂N下的周期。

表3.6　线性同余随机数生成器的一个算法

算　　法	注　　释
readt, * , multi, const, imod	读取种子、乘子、常量和模数
$ixx(1) = x_0$	初始化随机数数组

续表

算　　法	注　　释
do $i=2,i\,\mathrm{mod}$ 　$iab=\mathrm{multi}\ *\ ixx(i-1)+\mathrm{const}$ 　$ixx(i)=\mathrm{mod}(iab,i\,\mathrm{mod})$	循环生成随机数， 计算 $ax_{i-1}+b$ 用"mod"函数得到新的随机数
if $(ixx(i).\,lt.\,0)$then 　$ixx(i)=ixr(i)+i\,\mathrm{mod}$ 　end if	检查随机数是否为正

if $(ixx(i).\,\mathrm{eq}.\,xo)$then
　　$i\,\mathrm{period}=i-1$
　　go to 10
　else
　　$i\,\mathrm{period}=i$
　　end if
　end do
　10 continue
	确定周期

注意，mod 函数可以用式(3.4)代替：

$$ixx(i)=iab-\mathrm{INT}(iab/\mathrm{mod})i\,\mathrm{mod} \qquad (3.4)$$

注意，该算法的实现依赖特定系统的整数运算知识。（有关这方面的讨论，见附录 A。）

如果考虑 2^k 的模(mod)的不同幂 k，可以证明，每个序列的周期是模的 25%。

为了实现乘法同余生成器的大周期(大于模量的 25%)，已经证明[20]，如果考虑以下几点，可以实现 $M-1$ 的周期：

(1) M 是质数。

(2) 乘子 a 是 M 的基本因子。

Park 和 Miller[79]证明了模数为 $2^{31}-1$，乘子为 16 807 时，周期为 $M-1$。关于最佳随机数生成器更进一步的信息，读者可以参考以下文献：Bratley、Fox 和 Schrage[15]、Park 和 Miller[79]、Zeeb 和 Burns[121]、L'Ecuyer[63]、Gentle[39] 及 Marsaglia[69]。

总之，具有合理周期的同余生成器对于大多数物理模拟可以产生令人满意的结果，因为物理系统通过将相同的随机数应用于不同的物理过程来引入随机性。然而，对于解决数学问题，这种说法并不总是正确的。

3.3.2　多重递归生成器

一组伪随机数生成器称为多重递归生成器[39]，可以表示为

$$x_{k+1}=(a_0x_k+a_1x_{k-1}+\cdots+a_jx_{k-j}+b),\quad \mathrm{mod}\,M \qquad (3.5)$$

其通过选择 $j+1$ 个随机数（可能来自更简单的生成器）来初始化生成器。生成器的长度和随机性（或统计属性）取决于 a_j、b 和 M 的值。这类生成器的一个特例是斐波那契生成器。

斐波那契生成器是一个浮点数生成器。它的特点是通过前两个数字的组合（差、和或积）计算出一个新数字。如式（3.6）所示[55]：

$$x_k = x_{k-17} - x_{k-5} \tag{3.6}$$

是一个 17 和 5 滞后的斐波那契生成器，所生成的序列取决于初始 x_k 的选择，如 17。由于上面的斐波那契公式 $x_k + 1$ 依赖前面的 17 个值，所以它的周期（p）可以很大，即 $p = (2^{17} - 1)2^n$，其中 n 是 x_i 的小数部分的位数。例如，对于 32 位的浮点运算，$n = 24$，因此，p 约为 2^{41} 或 10^{12}。由于预期周期大，因此对于一些大型问题，斐波那契生成器是一个很好的选择。超级计算机上更大的问题使用了滞后 97 和 33 的斐波那契生成器。

要启动斐波那契生成器，必须生成初始随机数，如 17 个数字。一种方法是以二进制形式表示每个初始随机数：

$$r = \frac{r_1}{2} + \frac{r_2}{2^2} + \cdots + \frac{r_m}{2^m}, \quad \text{对于其中 } m \leqslant n \text{（尾数）} \tag{3.7}$$

其中，r_i 是二进制数，即 0 或 1。需要一个更简单的同余生成器来设置每个位 r_i 为 0 或 1。例如，我们可以根据整数同余生成器的输出是大于 0 还是小于 0，将 r_i 设置为 0 或 1。因此，斐波那契公式的质量确实取决于初始数字的质量，或者更简单的整数生成器的质量。表 3.7 给出了推荐的斐波那契生成器列表。

表 3.7　推荐的斐波那契生成器列表

生　成　器	期　望　周　期
$x_k = x_{k-17} - x_{k-5}$	$(2^{17} - 1) \times 2^{24} = 2.2 \times 10^{12}$
$x_k = x_{k-31} - x_{k-13}$	$(2^{31} - 1) \times 2^{24} = 3.6 \times 10^{16}$
$x_k = x_{k-97} - x_{k-33}$	$(2^{97} - 1) \times 2^{24} = 2.7 \times 10^{36}$

请注意，当使用 32 位整数时，同余生成器可以拥有的最大周期是 2^{32}，或 4.3×10^9，这比表 3.7 中的任何一个建议都要小得多（至少是其 $\frac{1}{500}$）。

3.4　随机性检验

如果伪随机数生成器通过了一系列随机性检验，那么它就是一个可以被接受的生成器。许多随机性检验[59,68]通过考察各种参数来检验随机数序列的独立性和一致性。本节的其余部分将讨论一组检验，这些检验根据随机数的位数和整数来检查随机数[77]。

3.4.1　χ^2-检验

χ^2-检验测量样本与假定概率分布(假设)之间的偏差。χ^2-检验的公式由式(3.8)给出:

$$\chi^2 = \sum_{i=1}^{n} \frac{(N_i - Np_i)^2}{Np_i} \tag{3.8}$$

其中,$\{p_1, p_2, \cdots, p_n\}$是与 N 个事件相关的假设概率集合,这些事件属于 N 个类别,观测频率为 $N_1, N_2, \cdots, N_n$。请注意,与假设分布相比,该检验一次检查整个抽样分布,并且在这个意义上比检查样本均值、样本方差等更普遍。对于较大的 N 值,随机变量 χ^2 近似服从自由度为 $n-1$ 的 χ^2-分布密度函数。

3.4.1.1　χ^2-分布

如果随机变量 $\omega = \chi^2$ 具有 χ^2-分布[19],且遵循如下概率密度函数:

$$f_m(w)\mathrm{d}w = w^{\frac{m}{2}-1} 2^{\frac{m}{2}} \Gamma\left(\frac{m}{2}\right) \mathrm{e}^{-\frac{w}{2}} \mathrm{d}w \tag{3.9}$$

其中,m 为正整数,表示自由度;Γ 为伽马函数,$\omega > 0$。一般来说,我们感兴趣的是找到 $\omega = \chi^2$ 小于给定值 χ_0^2 的概率,但可用的 χ^2 分布表通常给出 $\chi^2 \geqslant \chi_0^2$ 的概率。因此,有必要使用概率的补集,即

$$P(\chi^2 \leqslant \chi_0^2) = 1 - P(\chi^2 \geqslant \chi_0^2) \tag{3.10}$$

其中,

$$P(\chi^2 \geqslant \chi_0^2) = \int_{\chi_0^2}^{\infty} \mathrm{d}w f_m(w) \tag{3.11}$$

值得注意的是,随着 m 的增大,χ^2-分布趋于正态分布,分布的均值和方差分别等于 m 和 $2m$。

3.4.1.2　χ^2-检验的流程

根据式(3.8)得到卡方(χ^2)值,然后将这些值与 χ^2 分布表中给出的确定值进行比较,如表3.8所示。

表3.8　一个 χ^2 分布表的例子($P(\chi^2 \geqslant \chi_0^2)$)

自由度	0.990	0.950	0.050	0.010	0.001
1	0.000	0.004	3.840	6.640	10.830
2	0.020	0.103	5.990	9.210	13.820
3	0.115	0.352	7.820	11.350	16.270
4	0.297	0.711	9.490	13.280	18.470
5	0.554	1.145	11.070	15.090	20.520
6	0.872	1.635	12.590	16.810	22.460
7	1.239	2.167	14.070	18.480	24.320

自由度	0.990	0.950	0.050	0.010	0.001
8	1.646	2.733	15.510	20.090	26.130
9	2.088	3.325	16.920	21.670	27.880
10	2.558	3.940	18.310	23.210	29.590

通常,我们将估计值(式(3.8))与对应于 5% 和 95% 概率的预测 χ_0^2 值进行比较。例如,将 (0,1) 空间划分为 10 个等间隔的箱子,即 0.0~0.1、0.1~0.2 等。对于 RNG,我们期望每个箱的概率为 0.1,即 $p_i = 0.1$。随机取 N 个样本后,每个箱中得到 N_i 个结果。如果计算 χ^2,如式(3.8)所示,预计具有 9 个自由度的 χ^2 的估计值将分别以 5% 和 95% 的概率分布在预测值 3.325~16.919 上。如果 χ^2 值小于 3.325,则随机数生成器无法通过检验,因为它提供的值比"真实值"(即假设预测)更接近。相反,如果 χ^2 值大于 16.919,则意味着生成器生成的数字太"多变",超出了预期水平。

3.4.2 频率检验

这个检验通过解析生成器生成的每个随机数中的数字来计算每个数字(0~9)出现的次数,知道 $\frac{1}{10}$ 的预期出现率,就可以计算 χ^2 值来确定生成器的随机性程度。

3.4.3 序列检验

序列检验是将频率测试扩展到数字对,对于任何选定的数字,计算在选定数字之后的每一个其他数字的出现次数。同样,期望发生的概率是 $\frac{1}{10}$,χ^2 值提供了关于生成器随机程度的信息。

3.4.4 间隙检验

间隙检验会选择一个特定的数字,如 0,并确定连续的 0 之间非零数字出现的频率。

对于单个间隙,期望频率为 $\frac{9}{100}$。同样,计算 χ^2 值以测量生成器的质量。

3.4.5 扑克检验

扑克检验将数字分成 5 组,并确定"5 个都是同一组""4 个都是同一组"等的相对频率。同样,计算 χ^2 值以检验生成器的质量。

3.4.6　矩检验

随机变量 y 的 k 阶矩的定义为

$$\mu_k = \int_a^b \mathrm{d}y\, y^k\, p(y) \tag{3.12}$$

由于随机数序列应在单位区间 $[0,1]$ 上均匀分布,因此,对于概率密度 $p(\eta)=1$ 的随机变量 η,η 的第 k 阶矩为

$$\int_0^1 \mathrm{d}\eta\, \eta^k = \frac{1}{k+1} \tag{3.13}$$

因此,随机数序列 η 的随机性可以通过式(3.14)来检验:

$$\sum_{i=1}^N \eta_i^k \simeq \frac{1}{k+1} \tag{3.14}$$

注意,当 $k=1$ 时,式(3.14)化简为随机数的简单平均值,等于 0.5。

3.4.7　序列相关检验

长度为 N,滞后为 j 的随机数序列 x_i 的序列相关系数由式(3.15)给出:

$$\rho_{N,j} = \frac{\dfrac{1}{N}\sum_{i=1}^N x_i x_{i+j} - \left[\dfrac{1}{N}\sum_{i=1}^N x_i\right]^2}{\dfrac{1}{N-1}\sum_{i=1}^N x_i^2 - \left[\dfrac{1}{N}\sum_{i=1}^N x_i\right]^2} \tag{3.15}$$

若 x_i 与 x_{i+j} 独立,且 N 较大,则相关系数 $(\rho_N, _j)$ 服从均值 $\left(-\dfrac{1}{N}\right)$、标准差 $\left(\dfrac{1}{\sqrt{N}}\right)$ 的正态分布。除了与正态分布进行比较外,还可以使用 χ^2 值来衡量随机性的程度。

3.4.8　绘图序列检验

当随机数生成时,它们被组合起来,如成对或二元组,(x_1,x_2),(x_3,x_4),$\cdots$,每一对(或组合)被绘制为单位正方形中的一个点。如果有任何明显的图案,如条纹,则可以得出结论,这些数字是序列相关的。

3.5　检验伪随机数生成器的示例

对于式(3.16)的线性同余生成器:

$$x_{k+1} = (ax_k + b)\bmod M \tag{3.16}$$

目标是检验种子(x_0)、乘子(a)和常数(b)对生成器随机性的影响。本节通过确定序列的周期、平均值(随机数的第一矩),以及在三维域内绘制位置来比较不同

的参数集。

3.5.1 基于周期和平均值的伪随机数生成器评估

首先,检查带有奇数乘子(65 539)的乘法同余生成器中种子变化所产生的影响,如表 3.9 所示。

表 3.9 种子对乘法同余生成器的影响

参数	例子	种子	a	b	M	周期	$\dfrac{周期}{M}$/%	平均值
种子	1	1	65 539	0	2^{24}	4 194 303	25.000	0.500
	2	69 069	65 539	0	2^{24}	4 194 303	25.00	0.500
	3	16 806	65 539	0	2^{24}	2 097 152	12.50	0.500
	4	1024	65 539	0	2^{24}	4096	0.024	0.500
	5	4096	65 539	0	2^{24}	1024	0.006	0.500

由表 3.9 可知,种子对序列周期的影响较大,这证实了之前的结果,对于偶数模的奇乘子,可以实现 25% 的周期。表 3.9 例 3 中使用偶数种子,但不是 2 的幂,可以观察到周期达到 12.5%,而对于例 4 和例 5,使用幂 2 种子,预计会出现较差的周期。尽管在这些情况下,平均值也是正确的。为了更好地阐述种子的影响,表 3.10 确定了随机数在 [0,1] 上的分布。

表 3.9 和表 3.10 表明,例 4 和例 5 不仅周期很短,而且会导致随机数的有偏分布。

表 3.10 随机数在 [0,1] 上分布,种子对乘法同余生成器的影响

间隔	例 1/%	例 2/%	例 3/%	例 4/%	例 5/%
0.0～0.1	10	10	10	10.01	10.06
0.1～0.2	10	10	10	10.01	10.06
0.2～0.3	10	10	10	10.01	9.96
0.3～0.4	10	10	10	9.99	9.96
0.4～0.5	10	10	10	9.99	9.96
0.5～0.6	10	10	10	10.01	10.06
0.6～0.7	10	10	10	10.01	10.06
0.7～0.8	10	10	10	10.01	9.96
0.8～0.9	10	10	10	9.99	9.96
0.9～1.0	10	10	10	9.99	9.96

其次,本节检验了乘子(a)的变化对一个固定奇数种子 1 的影响。表 3.11 比较了奇偶乘子的周期和平均值。表 3.11 表明,乘子对生成器的性能有很大的影响。基本上,如果乘子是 2 的幂(类似于模,见例 7 和例 9),则生成器失败;否则,对于较大的奇数乘子,生成器的表现与预期一致。最后,本节检验常数(b)对固定种子和乘子的影响,如表 3.12 所示。显然,常数(b)产生的影响不如乘子或种子显著。

表 3.11 乘子对乘法同余生成器的影响

参数	例子	种子	a	b	M	周期	$\dfrac{周期}{M}$/%	平均值
乘子	6	1	69 069	0	2^{24}	4 194 303	25	0.500
	7	1	1024	0	2^{24}	3	0	0.021
	8	1	1 812 433 253	0	2^{24}	4 194 303	25	0.500
	9	1	4096	0	2^{24}	2	0	0.000
	10	1	1	0	2^{24}	1	0	0.000

表 3.12 常数对线性同余生成器的影响

参数	例子	种子	a	b	M	周期	$\dfrac{周期}{M}$/%	平均值
常数	11	1	65 539	1	2^{24}	4 194 304	25	0.500
	12	1	65 539	1024	2^{24}	4 194 304	25	0.500
	13	1	65 539	4096	2^{24}	4 194 304	25	0.500
	14	1	65 539	65 539	2^{24}	8 388 608	50	0.500
	15	1	65 539	69 069	2^{24}	8 388 608	50	0.500
	16	1	65 539	$2^{24}-1$	2^{24}	8 388 608	50	0.500

然而结果表明,在给定乘子与种子的情况下,常数可以显著影响周期。为了进一步探讨这一点,表 3.13 检查了乘子从 65 539 到 65 549 的微小变化的情况,增量为 2,即只有奇数乘子,并且固定种子和常数为 1。表 3.13 表明,生成器对乘子存在显著的依赖性,因为例 18、例 20 和例 22 显示的是完整周期,而其余例子显示的则是部分周期。满周期的例子也有类似的特征;它们的乘子可以用下面的式子表示。

例 18:乘子=65 539=4×16 385+1。

例 20:乘子=65 541=4×16 385+3。

例 22:乘子=65 543=4×16 385+5。

表 3.13 乘子的微小变化对线性同余生成器的影响

参数	例子	种子	a	b	M	周期	$\dfrac{周期}{M}$/%	平均值
乘子	17	1	65 539	1	2^{24}	4 194 304	25	0.500
	18	1	65 541	1	2^{24}	16 777 216	100	0.500
	19	1	65 543	1	2^{24}	4 194 303	25	0.500
	20	1	65 545	1	2^{24}	16 777 216	100	0.500
	21	1	65 547	1	2^{24}	8 388 608	50	0.500
	22	1	65 549	1	2^{24}	16 777 216	100	0.500

上述对例 18 的观察为实现完整周期提供了必要条件,因为例 18 的性质与赫尔-多贝尔理论推论(Hull and Dobell theorem corollary)中所述的性质相似(见表 3.4)。

3.5.2 绘图序列检验

本节考察两个具有不同乘子的线性生成器。目的是演示绘图法的潜在优势，它可以显示随机数之间的相关性。

首先，本节考察表 3.13 中的两个生成器案例，如下所示。

例 17：$a = 65\,539$，种子 $= 1$，$b = 1$，$\mathrm{mod} = 2^{24}$。

例 18：$a = 65\,541$，种子 $= 1$，$b = 1$，$\mathrm{mod} = 2^{24}$。

如表 3.13 所示，例 17 导致的周期为模的 25%，例 18 导致的周期等于模。为了通过绘图检验随机性，本节使用每 3 个连续的随机数生成三元组位置 (x, y, z)，然后在三维坐标中标记位置。图 3.7 和图 3.8 分别对应于例 17 和例 18，表明无论是否达到完整的周期，两个生成器都会产生相关的随机数集（特别是例 17，见表 3.13）。

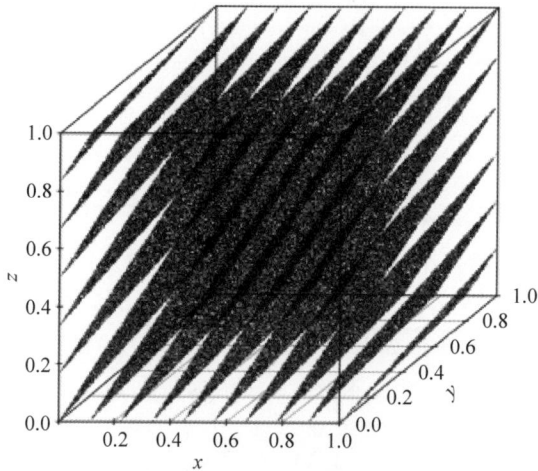

图 3.7　例 17 对应的随机数的三元组图分布

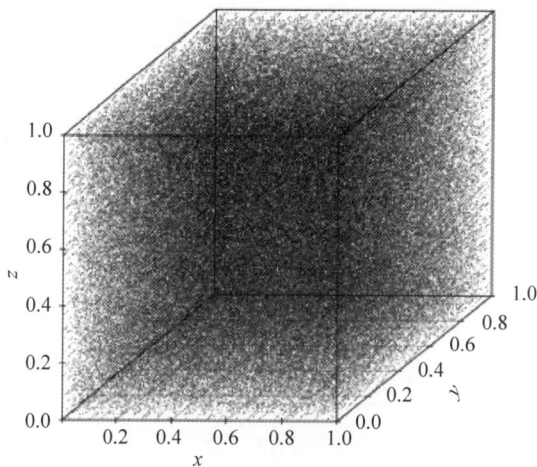

图 3.8　例 18 对应的随机数的三元组图分布

最后,本节考察例 23,其乘子为 16 333,而其他参数保持与例 17 和例 18 相同。这个乘子的结果是周期等于模,图 3.9 显示了它的三元组图,没有明显的相关性。

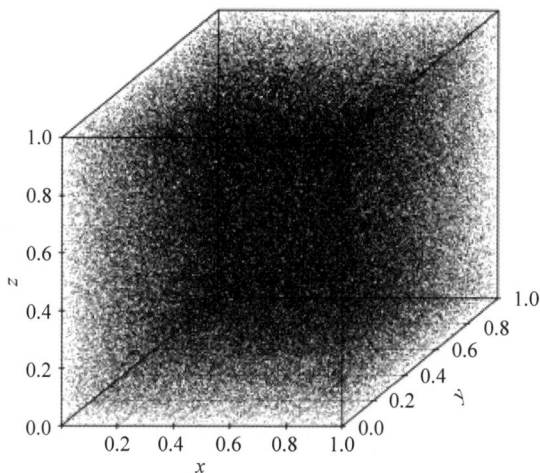

图 3.9　例 23 对应的随机数的三元组图分布

3.6　本章小结

通过算法生成的伪随机数在实际应用中是常用的。这是因为算法生成器具有几个有利的特点,包括再现性、易于生成和使用的计算机资源最少。然而,正如本章所展示的,通过执行大量的随机性检验来考察这些生成器是必要的,因为伪随机数生成器的质量高度依赖使用"正确"的参数。在本章结束时,我们不妨引用这一领域两位先驱的话。

任何考虑用算术手段来生成随机数的人自然是有原罪的。

——约翰·冯·诺依曼(1951 年)

随机数生成器不应该随机选择。

——高德纳(1986 年)

习题

1. 证明同余生成器的最大可能周期等于模,并且滞后 l 和 $k(l > k)$ 的斐波那契生成器的最大周期等于 $(2^l - 1) \times 2^N$,其中 N 等于实际计算机字长的尾数。

2. 写一个程序来证明,对于一个模 $(m = 2N)$、常数 (b) 等于 1 的线性同余生成器,为了实现一个完整的周期,它的乘子 (a) 必须等于 $4K + 1$。假设 $N = 5, 6, 7$;$K = 2, 9$。

3. 确定表 3.14 中最后 3 个生成器的周期长度,并为每个生成器准备二元组图和三元组图。

表 3.14　参数组合

案例	a	b	x_0
(a)	1 812 433 253	1	69 069
(b)	1 812 433 253	69 069	69 069
(c)	69 069	69 069	69 069
(d)	65 539	0	69 069
(e)	65 539	0	1024
(f)	1024	0	69 069

4. 编写一个如下式所示的线性同余随机数生成器的程序:

$$x_{k+1} = (ax_k + b) \bmod M$$

测量表 3.14 中不同参数 a、b、x_0 组合的随机数生成器的质量。

取模 $M = 2^{31}$。确定每个生成器的周期,并通过绘图检验进行"频率""矩"和序列检验。将结果制成表格、绘图并讨论。对于频率检验,选择 5 位数字进行检验。

5. 蒙特卡罗方法领域的先驱之———约翰·冯·诺依曼,在从事曼哈顿计划时,提出了以下随机数生成器:

$$x_{k+1} = \text{middle digits}(x_k \cdot x_k)$$

通过准备二元组图和三元组图来考察该生成器的质量,并确定不同种子的周期。对 x_k 使用 4 位数字,使用中间数字函数提取结果 8 位数字的中间 4 位数字(如果 x_{k+1} 小于 8 位数字,则在其后补 0)。

6. 通过准备二元组图并确定给定种子的每个生成器的周期,检查表 3.15[83] 中给出的不同同余生成器的质量。

表 3.15　同余随机数生成器

a	b	M	作者
23	0	$10^8 + 1$	Lehmer
$2^7 + 1$	1	2^{35}	Rotenberg
7^5	0	$2^{31} - 1$	GGL
131	0	2^{35}	Neave
16 333	25 887	2^{15}	Oakenfull
3432	6789	9973	Oakenfull
171	0	30 269	Wichmann-Hill

资料来源：Rade,L,and B. Westergren. 1990,BETA mathematics handbook,2nd ed.(经许可)。

7. 编写一个程序来估计在介质中运动的粒子的平均自由程(mfp),其中路径长度从概率密度函数 $p(r) = \sum e^{-\Sigma r}$ (其中 $\sum = 1.00$ cm^{-1}) 中采样。为了检验解的收敛性,考虑模拟结果与理论预测间的相对偏差为 0.1%。

对于这个模拟,考虑 3.5.2 节中讨论的 3 个随机数生成器案例。

8. 说明在 32 位的计算机上,其中 1 位用作符号,最大的整数等于 $2^{31} - 1$。

第4章

概率与统计基础

4.1 本章引言

本章致力于讨论概率和统计中的一组概念和公式,在作者看来,这些概念和公式对于执行和理解蒙特卡罗模拟的结果非常重要。读者应该查阅有关概率和统计的权威书籍,以便更深入地了解本章所介绍的内容。

在处理任何随机过程时都需要统计程序。这些程序提供了一种描述和指示趋势或期望(平均值)的方法,这些趋势或期望通常具有相关的可靠性程度(标准差、置信水平)。简言之,统计学利用科学的抽样方法,即在总体(概率密度函数)未知的情况下收集、分析和解释数据。

统计学理论以概率论为基础,后者通常为前者提供了许多基础知识或底层结构。概率论用于确定未知样本具有既定特征的可能性,此时,假设总体是已知的。相比之下,统计理论用于对未知总体进行抽样,以估计其组成,即总体或概率密度[19,39,83]。如前几章所述,蒙特卡罗方法是一种统计方法,它利用随机数对未知总体(如粒子历史)进行抽样,从而评估物理过程的预期结果。

为了呈现统计分析/模拟的结果,通常需要尝试估计以下 3 个量:

(1) 样本平均值。

(2) 样本方差/标准差和相对不确定度。

(3) 置信水平。

本章将讨论概率的基本原理及其在统计公式推导中的应用,如样本平均值和样本方差;还将讨论精度和准确度的概念,介绍一些标准概率密度函数,并研究它们之间的关系;此外,还会介绍用于检验样本平均值精度的两个重要极限定理(棣莫弗-拉普拉斯中心极限定理和中心极限定理),并讨论它们的用途。这些定理基于大样本量和收敛到正态分布;但是,需要注意的是,我们通常处理的是有限的样本量,因此,需要介绍和详细说明测试结果"正态性"的方法,如学生 t-分布。

4.2 期望值

4.2.1 单变量

给定一个连续随机变量 x，其概率密度函数 $p(x)$ 在 $[a,b]$ 的范围内，则函数 $g(x)$ 的期望值（或真实平均值）由式（4.1）给出：

$$E[g(x)] = \frac{\int_a^b \mathrm{d}x\, p(x)g(x)}{\int_a^b \mathrm{d}x\, p(x)} \tag{4.1}$$

由于 pdf 是一个标准化函数，因此上述方程的分母等于 1。因此，期望值公式化简为

$$E[g(x)] = \int_a^b \mathrm{d}x\, p(x)g(x) \tag{4.2}$$

对于 N 个结果的离散随机变量 x_i，期望值公式可化简为

$$E[g(x_i)] = \sum_{i=1}^N p(x_i)g(x_i) \tag{4.3}$$

如果 $g(x)=x$，则随机变量 x 的期望值或真实平均值由式（4.4）给出：

$$m_x = E[x] = \int_a^b \mathrm{d}x\, p(x)x, \quad a \leqslant x \leqslant b \tag{4.4}$$

对于 N 个结果的离散随机变量 x_i，式（4.4）可化简为

$$m_x = E[x_i] = \sum_{i=1}^N p(x_i)x_i, \quad i=1,N \tag{4.5}$$

现在定义随机变量 x 的更高 (k^{th}) 次幂的期望值，称为 x 的第 k 阶矩，有

$$m_x^k = E[x^k] = \int_a^b \mathrm{d}x\, p(x)x^k \tag{4.6}$$

同样，对于 N 个结果的离散随机变量 x_i，第 k 阶矩化简为

$$m_x^k = E[x_i^k] = \sum_{i=1}^N p(x_i)x_i^k \tag{4.7}$$

此外，本节将连续随机变量 x 的第 k 阶中心矩定义为

$$E[(x-m_x)^k] = \int_a^b \mathrm{d}x\, p(x)(x-m_x)^k \tag{4.8}$$

同样，对于离散随机变量 x_i 的 N 个结果，k 的中心矩阵表示为

$$E[(x_i-m_x)^k] = \sum_{i=1}^N p(x_i)(x_i-m_x)^k \tag{4.9}$$

2 阶的中心矩，即 $k=2$，被称为 x 的真实方差，表示为

$$\sigma_x^2 = E[(x-m_x)^2] = \int_a^b \mathrm{d}x\, p(x)(x-m_x)^2 \tag{4.10}$$

因此，对于离散随机变量，方差由式（4.11）给出：

$$\sigma_x^2 = \boldsymbol{E}[(x_i - m_x)^2] = \sum_{i=1}^{N} p(x_i)(x_i - m_x)^2 \qquad (4.11)$$

如果将二次项展开如下，则方差的公式可以写成更方便的形式：

$$\sigma_x^2 = \int_a^b \mathrm{d}x\, p(x)(x^2 + m_x^2 - 2xm_x) = \int_a^b \mathrm{d}x\, p(x)x^2 + m_x^2 - 2m_x \int_a^b \mathrm{d}x\, p(x)x$$

$$\sigma_x^2 = \boldsymbol{E}[x^2] + m_x^2 - 2m_x^2$$

$$\sigma_x^2 = \boldsymbol{E}[x^2] - (\boldsymbol{E}[x])^2 \qquad (4.12)$$

另一个有用的量是方差的平方根，称为真实标准差，即

$$x \equiv \sigma_x = \sqrt{\sigma_x^2} \qquad (4.13)$$

标准差表示随机变量 x 相对于其平均值（m_x）的离散程度。

真实均值和真实方差也称为总体参数，因为它们是基于已知的概率密度函数（总体）获得的。

4.2.2 对期望算子有用的公式

由于期望算子（即积分算子）是一个线性算子，我们可以推导出一些有用的恒等式，当人们对评估感兴趣时，这些恒等式是有益的：

（1）随机变量或随机变量函数的期望乘以一个常数。

（2）一些随机变量或随机变量的函数的线性组合的期望。

（3）随机变量或随机变量函数的方差乘以一个常数。

（4）一些随机变量或随机变量的函数的线性组合的方差。

下面列出了解决上述情况的有用公式：

$$\boldsymbol{E}[ag(x) + b] = a\boldsymbol{E}[g(x)] + b \qquad (4.14)$$

其中，a 和 b 是常数系数。

$$\boldsymbol{E}[ag(x_1) + bg(x_2)] = a\boldsymbol{E}[g(x_1)] + b\boldsymbol{E}[g(x_2)] \qquad (4.15)$$

其中，x_1 和 x_2 是两个不同的随机变量；a 和 b 是常数系数。

对于离散随机变量 x_i 的 N 个结果：

$$\boldsymbol{E}\left[\sum_{i=1}^{N} a_i g(x_i)\right] = \sum_{i=1}^{N} a_i \boldsymbol{E}[g(x_i)] \qquad (4.16)$$

连续随机变量的方差公式由式（4.17）给出：

$$\sigma^2[ag(x)] = \int_a^b \mathrm{d}x\, p(x)(ag(x) - a\langle g(x)\rangle)^2 = a^2 \int_a^b \mathrm{d}x\, p(x)(g(x) - \langle g(x)\rangle)^2$$

$$\sigma^2[ag(x)] = a^2 \sigma^2[g(x)] \qquad (4.17)$$

其中，$\langle\ \rangle$ 符号是指函数的平均值。同样，对于 N 个结果的离散随机变量 x_i，方差由式（4.18）给出：

$$\sigma^2 \Big[\sum_{i=1}^{N} a_i g(x_i) \Big] = \sum_{i=1}^{N} \sigma^2 [a_i g(x_i)] = \sum_{i=1}^{N} a_i^2 \sigma^2 [g(x_i)] \tag{4.18}$$

4.2.3　多变量

如果一个随机变量是由其他随机变量的组合组成的,例如,两个随机变量的线性组合,即

$$x_3 = c_1 x_1 + c_2 x_2 \tag{4.19}$$

然后推导出 x_3 的方差如下:

$$\sigma^2(c_1 x_1 + c_2 x_2) = \boldsymbol{E}\big[(c_1 x_1 + c_2 x_2 - c_1 m_{x_1} - c_2 m_{x_2})^2\big]$$

$$\sigma^2(c_1 x_1 + c_2 x_2) = \boldsymbol{E}\big[(c_1 x_1 - c_1 m_{x_1})^2\big] + \boldsymbol{E}\big[(c_2 x_2 - c_2 m_{x_2})^2\big] +$$
$$2\boldsymbol{E}\big[(c_1 x_1 - c_1 m_{x_1})(c_2 x_2 - c_2 m_{x_2})\big]$$

$$\sigma^2(c_1 x_1 + c_2 x_2) = c_1^2 \boldsymbol{E}\big[(x_1 - m_{x_1})^2\big] + c_2^2 \boldsymbol{E}\big[(x_2 - m_{x_2})^2\big] +$$
$$2c_1 c_2 \boldsymbol{E}\big[(x_1 - m_{x_1})(x_2 - m_{x_2})\big]$$

$$\sigma^2(c_1 x_1 + c_2 x_2) = c_1^2 \sigma_{x_1}^2 + c_2^2 \sigma_{x_2}^2 + 2c_1 c_2 \text{cov}(x_1, x_2) \tag{4.20}$$

其中,$\text{cov}(x_1, x_2) = \boldsymbol{E}\big[(x_1 - m_{x_1})(x_2 - m_{x_2})\big]$。

现在可以定义两个随机变量之间的相关系数,如下所示:

$$\rho_{x_1, x_2} = \frac{\text{cov}(x_1, x_2)}{\sigma_{x_1} \sigma_{x_2}}$$

$$\rho_{x_1, x_2} = \frac{\int_{a_1}^{b_1} \mathrm{d}x_1 \int_{a_2}^{b_2} \mathrm{d}x_2\, p(x_1, x_2)(x_1 - m_{x_1})(x_2 - m_{x_2})}{\sigma_{x_1} \sigma_{x_2}} \tag{4.21}$$

两个随机变量 x_1 和 x_2 有两种可能的关系:独立的和相关的。如果 x_1 和 x_2 是独立的,那么它们的组合 pdf,$p(x_1, x_2)$ 由式(4.22)给出:

$$p(x_1, x_2) = p_1(x_1) p_2(x_2) \tag{4.22}$$

因此,相关系数公式为

$$\rho_{x_1, x_2} = \frac{\Big[\int_{a_1}^{b_1} \mathrm{d}x_1\, p_1(x_1)(x_1 - m_{x_1})\Big] \Big[\int_{a_2}^{b_2} \mathrm{d}x_2\, p_2(x_2)(x_2 - m_{x_2})\Big]}{\sigma_{x_1} \sigma_{x_2}}$$

$$\rho_{x_1, x_2} = \frac{\int_{a_1}^{b_1} \mathrm{d}x_1\, p_1(x_1) x_1 - \int_{a_1}^{b_1} \mathrm{d}x_1\, p_1(x_1) m_{x_1}}{\sigma_{x_1}} \times$$

$$\frac{\int_{a_2}^{b_2} \mathrm{d}x_2\, p_2(x_2) x_2 - \int_{a_2}^{b_2} \mathrm{d}x_2\, p_2(x_2) m_{x_2}}{\sigma_{x_2}}$$

$$\rho_{x_1, x_2} = \frac{(m_{x_1} - m_{x_1})(m_{x_2} - m_{x_2})}{\sigma_{x_1}\sigma_{x_2}} = 0$$

$$\rho_{x_1, x_2} = \frac{\left[\int_{a_1}^{b_1} dx_1 p_1(x_1)(x_1 - m_{x_1})\right]\left[\int_{a_2}^{b_2} dx_2 p_2(x_2)(x_2 - m_{x_2})\right]}{\sigma_{x_1}\sigma_{x_2}}$$

$$\rho_{x_1, x_2} = \frac{\int_{a_1}^{b_1} dx_1 p_1(x_1) x_1 - \int_{a_1}^{b_1} dx_1 p_1(x_1) m_{x_1}}{\sigma_{x_1}} \times$$

$$\frac{\int_{a_2}^{b_2} dx_2 p_2(x_2) x_2 - \int_{a_2}^{b_2} dx_2 p_2(x_2) m_{x_2}}{\sigma_{x_2}}$$

$$\rho_{x_1, x_2} = \frac{(m_{x_1} - m_{x_1})(m_{x_2} - m_{x_2})}{\sigma_{x_1}\sigma_{x_2}} = 0 \tag{4.23}$$

这意味着 x_3（见式(4.19)）的方差公式化简为

$$\sigma^2(c_1 x_1 + c_2 x_2) = c_1^2 \sigma_{x_1}^2 + c_2^2 \sigma_{x_2}^2 \tag{4.24}$$

现在，如果 x_1 和 x_2 是相关的，例如：

$$x_1 = \alpha x_2 \tag{4.25}$$

然后，相关系数公式化简为

$$\rho_{x_1, x_2} = \frac{E\left[(\alpha x_2 - \alpha m_{x_2})(x_2 - m_{x_2})\right]}{\sigma_{x_1}\sigma_{x_2}}$$

$$\rho_{x_1, x_2} = \frac{\alpha \sigma_{x_2}^2}{\alpha \sigma_{x_2}\sigma_{x_2}} = 1 \tag{4.26}$$

因此，如果 x_1 和 x_2 彼此相关，则它们的线性组合，即 x_3（见式(4.19)）的方差公式可化简为

$$\sigma^2(c_1 x_1 + c_2 x_2) = c_1^2 \alpha^2 \sigma_{x_2}^2 + c_2^2 \sigma_{x_2}^2 + 2c_1 c_2 \alpha \sigma_{x_2}^2$$

$$\sigma^2(c_1 x_1 + c_2 x_2) = (c_1^2 \alpha^2 + c_2^2 + 2\alpha c_1 c_2)\sigma_{x_2}^2$$

$$\sigma^2(c_1 x_1 + c_2 x_2) = (\alpha c_1 + c_2)^2 \sigma_{x_2}^2 \tag{4.27}$$

4.3　统计中的样本期望值

任何统计方法的目标都是在抽样过程的基础上估计平均值和相关的方差与置信水平。本节推导了样本均值和样本方差的公式。

4.3.1　样本均值

根据真实均值的定义，本节定义了样本量为 N 的样本均值的公式（见式(4.28)），

如下：

$$\bar{x} = \frac{1}{N} \sum_{i=1}^{N} x_i \qquad (4.28)$$

在无限个样本的极限下，上述公式必须接近真实平均值。这意味着必须对其期望进行如下检查：

$$\begin{cases} \boldsymbol{E}[\boldsymbol{x}] = \boldsymbol{E}\left[\dfrac{1}{N} \sum_{i=1}^{N} x_i\right] \\[2mm] \boldsymbol{E}[\boldsymbol{x}] = \dfrac{1}{N} \sum_{i=1}^{N} \boldsymbol{E}[x_i] \\[2mm] \boldsymbol{E}[\boldsymbol{x}] = \dfrac{1}{N} \sum_{i=1}^{N} m_x = \dfrac{1}{N} N m_x = m_x \end{cases} \qquad (4.29)$$

上述等式表明，式(4.28)提供了对真实均值的较好估计。

4.3.2　样本方差

根据式(4.11)对方差的定义，可以将样本方差定义为

$$s_x^2 = \frac{1}{N} \sum_{i=1}^{N} (x_i - \bar{x})^2 \qquad (4.30)$$

同样，为了验证上述表述的有效性，可以推导出其期望值如下：

$$\boldsymbol{E}[s_x^2] = \boldsymbol{E}\left[\frac{1}{N} \sum_{i=1}^{N} (x_i - \bar{x})^2\right] \qquad (4.31)$$

现在，如果在式(4.31)的右边加减 m_x，可以得到

$$\boldsymbol{E}[s_x^2] = \boldsymbol{E}\left[\frac{1}{N} \sum_{i=1}^{N} (x_i - m_x + m_x - \bar{x})^2\right]$$

$$= \frac{1}{N} \sum_{i=1}^{N} \boldsymbol{E}[(x_i - m_x)^2] + \frac{1}{N} \sum_{i=1}^{N} \boldsymbol{E}[(\bar{x} - m_x)^2] +$$

$$2\boldsymbol{E}\left[(m_x - \bar{x}) \frac{1}{N} \sum_{i=1}^{N} (x_i - m_x)\right]$$

或者

$$\boldsymbol{E}[s_x^2] = \boldsymbol{E}\left[\frac{1}{N} \sum_{i=1}^{N} (x_i - m_x + m_x - \bar{x})^2\right]$$

$$= \frac{1}{N} \sum_{i=1}^{N} \boldsymbol{E}\left[(x_i - m_x)^2\right] + \frac{1}{N} \sum_{i=1}^{N} \boldsymbol{E}\left[(\bar{x} - m_x)^2\right] +$$

$$2\boldsymbol{E}\left[(m_x - \bar{x}) \frac{1}{N} \sum_{i=1}^{N} (x_i - m_x)\right]$$

或者

$$E[s_x^2] = \frac{1}{N}\sum_{i=1}^{N}\sigma_x^2 + \frac{1}{N}NE[(\bar{x} - m_x)^2] - 2E[(\bar{x} - m_x)^2]$$

或者

$$E[s_x^2] = \sigma_x^2 - E[(\bar{x} - m_x)^2] \tag{4.32}$$

式(4.32)右侧的第二项是样本平均值 x 的方差。因此，可以得到它的表达式为

$$\sigma_{\bar{x}}^2 = \sigma^2(\bar{x}) = \sigma^2\left(\frac{1}{N}\sum_{i=1}^{N}x_i\right) = \sum_{i=1}^{N}\frac{1}{N^2}\sigma^2(x_i)$$

$$\sigma_{\bar{x}}^2 = \frac{1}{N^2}N\sigma_x^2 = \frac{\sigma_x^2}{N} \tag{4.33}$$

式(4.33)提供了一个重要信息，即平均值的方差随着样本数量的增加而减小。本章后续将对此进一步讨论。

现在，如果将式(4.33)代入式(4.32)，可以得到

$$E[s_x^2] = \frac{N-1}{N}\sigma_x^2 \tag{4.34}$$

式(4.34)表明，样本方差公式(式(4.28))是对真实方差的有偏估计。因此，为了定义样本方差的无偏公式，可以将式(4.34)改写为

$$E\left[\frac{N}{N-1}s_x^2\right] = \sigma_x^2 \tag{4.35}$$

这意味着式(4.35)左侧方括号中的项确实产生了对真实方差的无偏估计。因此，无偏样本方差(S_x^2)由式(4.36)给出：

$$S_x^2 = \frac{N}{N-1}s_x^2 \tag{4.36}$$

然后，将式(4.28)代入式(4.36)，则无偏样本方差公式化简为

$$S_x^2 = \frac{N}{N-1}\frac{1}{N}\sum_{i=1}^{N}(x_i - \bar{x})^2 = \frac{1}{N-1}\sum_{i=1}^{N}(x_i - \bar{x})^2 \tag{4.37}$$

4.4　样本平均值的精度和准确度

为了确定统计过程结果的置信水平，有必要确定与样本平均值相关联的精度和准确度。精度由相对统计不确定度衡量，该不确定度由式(4.38)定义：

$$R_x = \frac{\sigma_x}{\bar{x}} \tag{4.38}$$

请注意，标准差(σ_x)也称为统计不确定度。

准确度是指测量值与真实值的偏离程度，即精确平均值与真实平均值相差多大。通常，为了估计准确度，有必要进行实验或与已知准确的另一种配方或技术的结果进行比较。

到目前为止，本章已经介绍了真实均值和方差及样本均值和方差的公式。本

章的其余部分将介绍估计样本平均值置信水平的技术。为此,本章将引入一些常用于表示大多数随机物理过程的密度函数,以及它们用于估计置信水平的相关极限定理。

4.5 常用的密度函数

本节将介绍一些处理各种随机物理过程时常见的密度函数。

4.5.1 均匀密度函数

均匀密度函数 $f(x)$ 在随机变量 x 的范围内是常数。例如,如果 x 定义在 $[a,b]$ 上,则 $f(x)$ 由式(4.39)给出:

$$f(x) = k \tag{4.39}$$

然后,推导出相应的 pdf 如下所示:

$$p(x) = \frac{f(x)}{\int_a^b \mathrm{d}x f(x)} = \frac{k}{k(b-a)} = \frac{1}{b-a} \tag{4.40}$$

进而,随机变量 x 的真实平均值由式(4.41)给出:

$$m_x = \int_a^b \mathrm{d}x\, x\, p(x) = \int_a^b \mathrm{d}x\, \frac{1}{b-a} x = \frac{a+b}{2} \tag{4.41}$$

类似地,真实方差推导如下:

$$\sigma_x^2 = \boldsymbol{E}[x^2] - m_x^2 = \int_a^b \mathrm{d}x\, p(x) x^2 - \left(\frac{a+b}{2}\right)^2$$

$$= \int_a^b \mathrm{d}x\, \frac{1}{b-a} x^2 - \left(\frac{a+b}{2}\right)^2 = \frac{(b-a)^2}{12} \tag{4.42}$$

4.5.2 二项式密度函数

为了引入二项式密度函数,有必要引入伯努利随机过程及其相关的 pdf。

4.5.2.1 伯努利过程

伯努利过程是指一个只有两个结果的随机过程,并且这些结果的概率在整个实验中保持不变。伯努利过程的概率密度函数由式(4.43)给出:

$$p(n) = p^n (1-p)^{1-p}, \quad n = 0,1 \tag{4.43}$$

其中,n 指结果(或随机变量);p 表示其中一种结果发生的概率,如成功。伯努利过程有很多例子,抛硬币是一个伯努利过程。

伯努利随机变量的真实平均值由式(4.44)给出:

$$m_n = \boldsymbol{E}[n] = \sum_{n=0}^{1} n p(n) = \sum_{n=0}^{1} n p^n (1-p)^{1-n} = 0 + p = p \tag{4.44}$$

伯努利随机变量的真实方差由式(4.45)给出：

$$\sigma_n^2 = \boldsymbol{E}[n^2] - m_n^2 = \sum_{n=0}^{1} n^2 p^n (1-p)^{1-n} - p^2$$

$$= p - p^2 = p(1-p) = pq \tag{4.45}$$

其中，$q = 1 - p$ 表示失败的概率。

4.5.2.2　二项式密度函数的推导

考虑一个伯努利随机过程重复 N 次，结果为 (n_i)，那么这些结果的总和 $\left(n = \sum_{i}^{N} n_i \right)$ 服从二项分布。本节推导出二项分布的公式，假设成功的概率（或感兴趣的结果）为 p，则 N 个实验中 n 次成功的概率由式(4.46)给出：

$$p(n) = C_N(n) p^n q^{N-n} \tag{4.46}$$

其中，$C_N(n)$ 是指 N 个伯努利实验（$n_i = 0$ 或 1）的组合数，其总和等于 $n = \sum_{i=1}^{N} n_i$，与成功实验的顺序无关。求和等于 n 的实验组合个数确定如下。

求和等于 n 的 N 个结果的排列次数等于：

$$N(N-1)(N-1)\cdots(N-n+1) = \frac{N!}{(N-n)!} \tag{4.47}$$

由于实现 n 的总和与 N 个实验中成功结果的顺序无关，因此，唯一组合的数量是通过去除 n 个成功结果的排列数量来获得的，即

$$C_N(n) = \frac{N!}{(N-n)!} \frac{1}{n!} = \frac{N!}{(N-n)!n!} \tag{4.48}$$

因此，二项式密度函数表示为

$$p(n) = \frac{N!}{(N-n)!n!} p^n q^{N-n}, \quad n = 1, N \tag{4.49}$$

上述密度函数决定了从 N 个实验（试验）中获得 n 个成功结果的概率。n 的期望值或真实平均值由式(4.50)给出：

$$m_n = \boldsymbol{E}[n] = \boldsymbol{E}\left[\sum_{i=1}^{N} n_i \right] = \sum_{i=1}^{N} \boldsymbol{E}[n_i] = Np \tag{4.50}$$

n 的方差，或真正方差由式(4.51)给出：

$$\sigma_n^2 = \sigma^2(n) = \sigma^2 \left[\sum_{i=1}^{N} n_i \right] = \sum_{i=1}^{N} \sigma^2[n_i] = Npq \tag{4.51}$$

因此，相对不确定度由式(4.52)给出：

$$R_n = \frac{\sigma_n}{m_n} = \frac{\sqrt{Npq}}{Np} = \sqrt{\frac{q}{Np}} \tag{4.52}$$

上述公式表明,相对不确定度随着实验次数的增加而减小。为了确定二项分布的 $p(n)$ 或 $P(n)$,可以利用表 4.1 中给出的递归公式。现在,使用表 4.2 中给出的算法,可以确定 $p=0.7$ 的二项分布的 pdf 和 cdf。图 4.1 和图 4.2 分别显示了 N 等于 20 和 100 的分布情况。值得注意的是,正如预期的那样,pdf 的最大值出现在平均值($m=Np$)处,即 14 和 70,分别对应于 N 等于 20 和 100。

表 4.1 确定二项式分布及其累积密度函数的递归公式

pdf	cdf
$p(0)=(1-p)^n$	$P(0)=p(0)$
$p(n)=\dfrac{p}{1-p}\dfrac{N-n+1}{n}p(n-1)$	$P(n)=\displaystyle\sum_{n'=0}^{n}p(n')$

表 4.2 确定二项分布 pdf 和 cdf 的算法

算　　法	描　　　述
$f(1)=(1-p)^n$	零次成功的概率
DO $i=1,N+1$	成功次数为 1～N 的概率
$f(i)=\dfrac{p}{1-p}\dfrac{n-i+2}{i-1}f(i-1)$	
END DO	
$tf(1)=f(1)$	零次成功的 cdf
DO $i=2,N+1$	
$tf(i)=tf(i-1)+f(i)$	成功次数为 1～N 的 cdf
END DO	

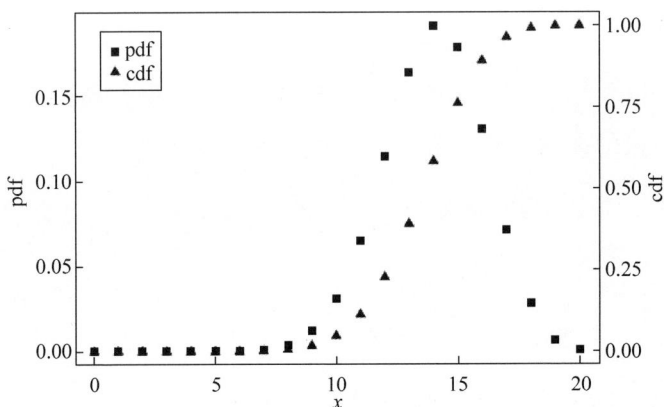

图 4.1　$p=0.7$ 且 $N=20$ 的二项式 pdf 和 cdf

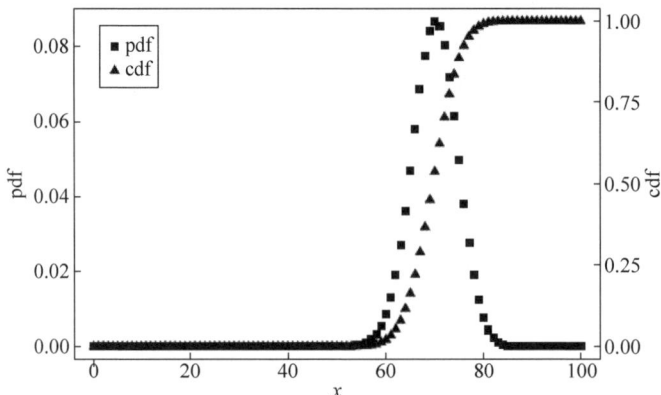

图 4.2　$p=0.7$ 且 $N=100$ 的二项式 pdf 和 cdf

4.5.3　几何密度函数

几何分布给出了 $n-1$ 次失败后获得成功的概率。几何分布表示为

$$p(n)=q^{n-1}p \tag{4.53}$$

其中，n 表示实验次数；q 表示失败的概率；p 表示成功的概率。几何密度函数结果的真实平均值推导如下：

$$m_n=\boldsymbol{E}[n]=\sum_{n=1}^{\infty}nq^{n-1}p=n(1+2q+3q^2+4q^3+\cdots)$$

$$m_n=p\left[\sum_{n=1}^{\infty}q^{n-1}+\sum_{n=2}^{\infty}q^{n-1}+\sum_{n=3}^{\infty}q^{n-1}+\cdots\right]$$

$$m_n=p\left[1+\frac{1}{1-q}+\frac{q}{1-q}+\frac{q^2}{1-q}+\cdots\right]$$

$$m_n=1+q+q^2+\cdots=\frac{1}{1-q}=\frac{1}{p} \tag{4.54}$$

而 n 的方差的计算公式如下：

$$\sigma_n^2=\boldsymbol{E}[n^2]-m^2=\sum_{n=1}^{\infty}n^2pq^{n-1}-\frac{1}{p^2}=\sum_{n=1}^{\infty}n(n+1)pq^{n-1}-\sum_{n=1}^{\infty}npq^{n-1}-\frac{1}{p^2}$$

$$\sigma_n^2=p\frac{\partial^2}{\partial q^2}\sum_{n=1}^{\infty}q^{n+1}-\frac{1}{P}-\frac{1}{P^2}$$

$$\sigma_n^2=p\frac{\partial^2}{\partial q^2}\left[\frac{1}{1-q}-1-q\right]-\frac{1}{p}-\frac{1}{p^2}=\frac{2}{p^2}-\frac{1}{p}-\frac{1}{p^2}$$

$$\sigma_n^2=\frac{1}{p^2}-\frac{1}{p}$$

$$\sigma_n^2 = p\,\frac{\partial^2}{\partial q^2}\sum_{n=1}^{\infty} q^{n+1} - \frac{1}{P} - \frac{1}{P^2}$$

$$\sigma_n^2 = p\,\frac{\partial^2}{\partial q^2}\left[\frac{1}{1-q}-1-q\right] - \frac{1}{p} - \frac{1}{p^2} = \frac{2}{p^2} - \frac{1}{p} - \frac{1}{p^2}$$

$$\sigma_n^2 = \frac{1}{p^2} - \frac{1}{p} \tag{4.55}$$

假设不同结果的相对概率是恒定的,这个分布可以用来估计粒子在均匀的无限介质中发生特定相互作用前可能经历的平均碰撞次数。

4.5.4 泊松密度函数

如果满足以下条件,则二项分布接近泊松分布:

$$p \ll 1 \tag{4.56}$$

$$N \gg 1 \tag{4.57}$$

$$n \ll N \tag{4.58}$$

现在,可以将上述条件应用于二项分布,以获得泊松分布。二项分布(见式(4.49))可以重写为

$$p(n) = \frac{N \times (N-1) \times (N-2) \times \cdots \times (N-n+1)}{n!}\,p^n(1-p)^{N-n} \tag{4.59}$$

如果应用式(4.58),简单起见,将 m_n 替换为 m,并将 p 替换为 $\frac{m}{N}$,则式(4.60)化简为

$$p(n) = \frac{N^n}{n!}\left(\frac{m}{N}\right)^n\left(1-\frac{m}{N}\right)$$

$$p(n)^{N-n} = \frac{N^n}{n!}\left(1-\frac{m}{N}\right)^{-n}\left(1-\frac{m}{N}\right)^N \tag{4.60}$$

同样,使用式(4.58),式(4.60)右侧的第二项可以化简为

$$\left(1-\frac{m}{N}\right)^{-n} = 1 + n\left(\frac{m}{N}\right) + \frac{-n(-n-1)}{2!}\left(\frac{m}{N}\right)^2 + \cdots$$

$$\left(1-\frac{m}{N}\right)^{-n} = 1 + m\left(\frac{n}{N}\right) + \frac{m^2}{2!}\left(\frac{n(n+1)}{N^2}\right) + \cdots = 1 \tag{4.61}$$

根据式(4.57),式(4.60)右侧的第三项化简为

$$\lim_{N\to\infty}\left(1-\frac{m}{N}\right)^N = \mathrm{e}^{-m} \tag{4.62}$$

因此, $p(n)$ 化简为

$$p(n) = \frac{m^n}{n!}\mathrm{e}^{-m} \tag{4.63}$$

上述方程称为泊松密度函数。现在,推导出 n 的真实平均值的公式如下:

$$E[n] = \sum_{n=0}^{N} n p(n) = \sum_{n=0}^{N} n \frac{m^n}{n!} e^{-m} = m e^{-m} \sum_{n=1}^{N} \frac{m^{n-1}}{(n-1)!} \tag{4.64}$$

请注意，上述求和的最小值设置为 1，因为当 $n = 0$ 时，该项为 0。通过改变变量，即 $k = n-1$，可以得到

$$E[n] = m e^{-m} \sum_{k=0}^{N} \frac{m^k}{k!} \tag{4.65}$$

现在，如果考虑到上述序列的较高项可以忽略，则其上限可以设置为无穷大，那么序列就是一个指数函数，因此，期望值减小为

$$E[n] = m e^{-m} \sum_{k=0}^{N} \frac{m^k}{k!} = m e^{-m} e^m = m \tag{4.66}$$

现在可以推导出 n 的方差公式如下：

$$\sigma_n^2 = E[n^2] - m^2 = \sum_{n=0}^{\infty} \frac{m^n}{n!} e^{-m} n^2 - m^2 = e^{-m} \sum_{n=0}^{\infty} \frac{m^n}{n!} n^2 - m^2$$

$$\sigma_n^2 = m e^{-m} \sum_{n=0}^{\infty} \frac{m^{n-1}}{(n-1)!} n - m^2 = m \tag{4.67}$$

因此，相对不确定度由式(4.68)给出：

$$R_n = \frac{\sqrt{m}}{m} = \frac{1}{\sqrt{m}} \tag{4.68}$$

为了确定泊松密度函数的 $p(n)$ 或 $P(n)$，可以利用表 4.3 中给出的递归公式。

表 4.3　确定泊松分布及其累积密度函数的递归公式

pdf	cdf
$p(0) = e^{-m}$	$P(0) = p(0)$
$p(n) = \dfrac{m}{n} p(n-1)$	$P(n) = \displaystyle\sum_{n'=0}^{n} p(n')$

4.5.5　正态（高斯）密度函数

对于大量实验(N)，拉普拉斯(de Moivre-Laplace)中心极限定理指出，二项式密度函数接近作为连续函数的正态（高斯）密度函数。为了推导出正态分布，可以找到二项式密度函数的对数：

$$\ln p(n) = \ln(N!) - \ln(n!) - \ln[(N-n)!] + n\ln(p) + (N-n)\ln(q) \tag{4.69}$$

现在，找出使 $\ln[p(n)]$ 为最大值的 n 值，即

$$\frac{d(p(n))}{dn} = 0 \tag{4.70}$$

然后，考虑以下等式：

$$\frac{\mathrm{d}(\ln(n!))}{\mathrm{d}n} \simeq \ln(n), \quad n \geqslant 1 \tag{4.71}$$

式(4.69)化简为

$$-\ln(n) + \ln(N-n) + \ln(p) - \ln(q) = 0$$

$$\ln\left[\frac{(N-n)p}{nq}\right] = 0 \tag{4.72}$$

这意味着

$$\frac{(N-n)p}{nq} = 1 \tag{4.73}$$

因此,意味着

$$(N-n)p = nq$$

$$Np = n(p+q) \tag{4.74}$$

由于 $p+q=1$,则 n 的值由式(4.75)给出:

$$\tilde{n} = Np \tag{4.75}$$

现在,本节研究 $\ln[p(n)]$ 在其最大值 $\tilde{n}$ 附近的行为。为此,本节将 $\ln[p(n)]$ 展开成一个关于 $\tilde{n}$ 的泰勒级数。这意味着

$$\ln[p(n)] = \ln[p(\bar{n})] + \frac{\mathrm{d}(\ln(p(n)))}{\mathrm{d}n}\bigg|_{\bar{n}}(n-\tilde{n}) +$$

$$\frac{1}{2!}\left[\frac{\mathrm{d}^2(\ln(p(n)))}{\mathrm{d}n^2}\right]_{\bar{n}}(n-\tilde{n})^2 +$$

$$\frac{1}{3!}\left[\frac{\mathrm{d}^3(\ln(p(n)))}{\mathrm{d}n^3}\right]_{\bar{n}}(n-\tilde{n})^3 + \cdots \tag{4.76}$$

式(4.76)中,$\tilde{n}$ 处的一阶导数等于 0,涉及 $(n-\tilde{n})^3$ 和更高幂的项可以忽略不计。这意味着式(4.76)可化简为

$$\ln[p(n)] = \ln[p(\tilde{n})] + \frac{1}{2!}\left[\frac{\mathrm{d}^2(\ln(p(n)))}{\mathrm{d}n^2}\right]_{\tilde{n}}(n-\tilde{n})^2 \tag{4.77}$$

现在,通过查找式(4.69)的导数来确定二阶导数项:

$$\frac{\mathrm{d}^2(\ln(p(n)))}{\mathrm{d}n^2} = \frac{1}{n} + \frac{1}{N-n} = -\frac{N}{n(N-n)} \tag{4.78}$$

当 $n=\tilde{n}$ 时,式(4.78)可化简为

$$\left[\frac{\mathrm{d}^2(\ln(p(n)))}{\mathrm{d}n^2}\right]_{\tilde{n}} = -\frac{N}{\tilde{n}(N-\tilde{n})} = -\frac{N}{Np(N-Np)} = -\frac{1}{Npq} \tag{4.79}$$

则式(4.77)化简为

$$\ln\left[\frac{p(n)}{p(\tilde{n})}\right] = -\frac{(n-\tilde{n})^2}{2Npq}$$

$$p(n) = p(\tilde{n})\mathrm{e}^{-\frac{(n-\tilde{n})^2}{2Npq}} \tag{4.80}$$

为了求常数系数 $p(\tilde{n})$，要求

$$\sum_{i=1}^{N} p(n) = 1 \qquad (4.81)$$

由于 $p(n)$ 在 n 的连续积分值之间变化很小，因此该和可以用如下积分代替：

$$\int_{-\infty}^{\infty} \mathrm{d}n\, p(\tilde{n}) \mathrm{e}^{-\frac{(n-\tilde{n})^2}{2Npq}} = 1 \qquad (4.82)$$

现在，考虑以下等式：

$$\int_{-\infty}^{\infty} \mathrm{d}x\, \mathrm{e}^{-\alpha x^2} = \sqrt{\pi}\, \alpha^{-\frac{1}{2}} \qquad (4.83)$$

在式(4.82)中利用上述恒等式，可以得到

$$p(\tilde{n}) \sqrt{\pi} \sqrt{2Npq} = 1$$

$$p(\tilde{n}) = \frac{1}{\sqrt{2\pi Npq}} \qquad (4.84)$$

因此，正态密度函数的表达式为

$$p(n) = \frac{1}{\sqrt{2\pi Npq}} \mathrm{e}^{-\frac{(n-Np)^2}{2Npq}} \qquad (4.85)$$

对于二项式密度函数，真实均值和方差分别由 $m = Np$ 和 $\sigma^2 = Npq$ 给出。在式(4.85)中使用这些公式，可以得到随机变量 x 的正态密度函数的表达式如下：

$$p(x) = \frac{1}{\sqrt{2\pi\sigma^2}} \mathrm{e}^{-\frac{(x-m)^2}{2\sigma^2}} \qquad (4.86)$$

为了检验正态密度函数近似二项式密度函数的准确性，考虑一个成功概率 (p) 等于 0.1 的伯努利过程。图 4.3 比较了 5 次试验的二项式和正态密度函数预测的概率。正如预期的那样，对于如此少的试验，两个分布的结果非常不同，当寻求更大的成功数时，这种差异变得越来越小。

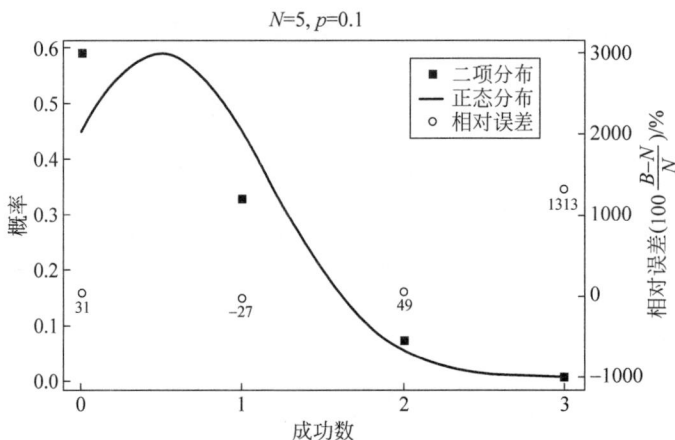

图 4.3　5 次试验的正态分布和二项分布比较

如果增加试验的次数,可以观察到两个分布的预测更接近一致。例如,图 4.4 显示了一个有 100 次试验的案例,结果明显更接近一致,在成功数为 4～16 时的差异小于 11%。

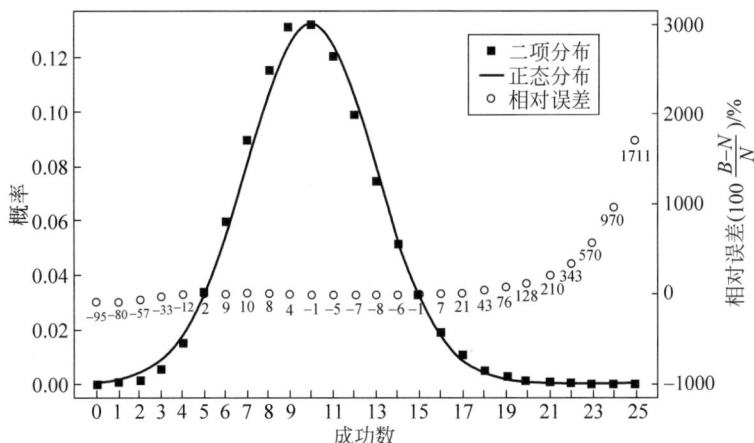

图 4.4　100 次试验的正态分布和二项分布比较

图 4.3 和图 4.4 表明,正如预期的那样,随着试验次数的增加,正态分布更适合表示二项分布。为了讨论正态密度函数的特征,图 4.5 中展示了一个正态分布,其 cdf 的平均值(m)为 40,标准差(σ)为 10。正态密度函数(见图 4.5)的主要特征如下:

(1)峰值位于平均值处。

(2)它是关于平均值对称的。

(3)最大斜率点,即 $\dfrac{\mathrm{d}^2(p(x))}{\mathrm{d}x^2}=0$,拐点出现在相对于平均值的 $\pm\sigma$ 处。在这些点上,分布的值是其最大值的约 60%。$\left(\text{请注意,该斜率等于}\dfrac{0.242}{2\sigma^2}\text{。}\right)$

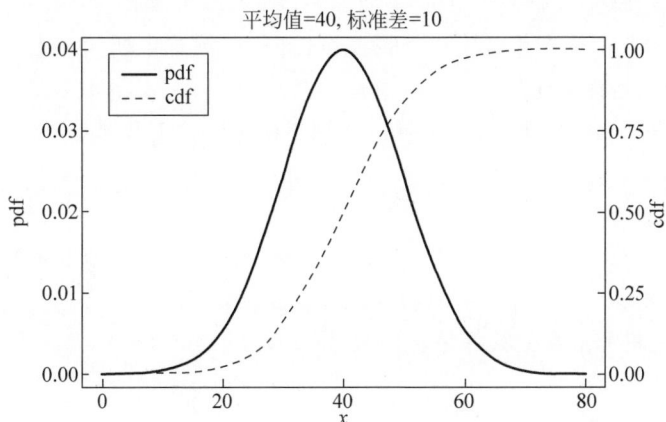

图 4.5　正态密度函数及其 cdf

（4）分布曲线在拐点处的切线与 x 轴相交于 $x = m_x \pm 2\sigma$ 处。

（5）半最大值出现在 $x = 1.177\sigma$ 处。

（6）最大值的 $\dfrac{1}{e}$ 出现在 $x = 1.414\sigma$ 处。

任何统计分析的一个常见问题是：估计样本均值在不确定度范围内的概率（置信水平）是多少？如果随机变量服从正态密度函数，则可以利用其对称性，并在 $\pm\sigma$ 的范围内确定该概率，如式（4.87）所示：

$$\Pr[m_x - n\sigma_x \leqslant x \leqslant m_x + n\sigma_x] \tag{4.87}$$

其中，n 是标准差的个数。上述概率相当于正态密度函数下相对于平均值（m_x）在 $\pm n\sigma_x$ 范围内的面积，如下所示：

$$\Pr[m_x - n\sigma_x \leqslant x \leqslant m_x + n\sigma_x] = \frac{1}{\sqrt{2\pi\sigma_x^2}}\left[\int_{-\infty}^{m_x+n\sigma_x} \mathrm{d}x\,\mathrm{e}^{-\frac{(x-m_x)^2}{2\sigma_x^2}} - \int_{-\infty}^{m_x-n\sigma_x} \mathrm{d}x\,\mathrm{e}^{-\frac{(x-m_x)^2}{2\sigma_x^2}}\right]$$

$$\tag{4.88}$$

请注意，上述积分本质上分别是 cdf、$P(m_x + n\sigma_x)$ 和 $P(m_x - n\sigma_x)$。考虑到对称性条件，可以写为

$$P(m_x - n\sigma_x) = 1 - P(m_x + n\sigma_x) \tag{4.89}$$

因此，式（4.88）化简为

$$\Pr[m_x - n\sigma_x \leqslant x \leqslant m_x + n\sigma_x] = P(m_x + n\sigma_x) - 1 + P(m_x + n\sigma_x)$$

$$\Pr[m_x - n\sigma_x \leqslant x \leqslant m_x + n\sigma_x] = 2P(m_x + n\sigma_x) - 1 \tag{4.90}$$

利用正态分布值表，可以确定 n 等于 1、2 和 3 的概率（见式（4.90））分别如下所示：

$$\text{当 } n = 1 \text{ 时，即 } 1 - \sigma,\ \Pr = 68.3\%$$
$$\text{当 } n = 2 \text{ 时，即 } 2 - \sigma,\ \Pr = 95.4\%$$
$$\text{当 } n = 3 \text{ 时，即 } 3 - \sigma,\ \Pr = 99.7\%$$

以上概率值表明，随机变量的约 68.3%、约 95.4% 和约 99.7% 分别位于离均值 1 个、2 个和 3 个标准差范围内。请注意，这些比例对于任何正态分布都是正确的，因为该分布是标准化的。

如果考虑变量的变化，可以推导出一种更简单的正态分布形式：

$$t = \frac{x - m_x}{\sigma_x} \tag{4.91}$$

然后，由于 t 和 x 有一对一的关系，可以推导出变量 t 的密度函数，如下所示：

$$|\ \phi(t)\mathrm{d}t\ | = |\ p(x)\mathrm{d}x\ | \tag{4.92}$$

考虑到这两个密度函数都是正的量，则 $\phi(t)$ 的解如下：

$$\phi(t) = p(x)\left|\frac{\mathrm{d}x}{\mathrm{d}t}\right| = p(x)\sigma$$

$$\phi(t) = \frac{1}{\sqrt{2\pi}} e^{-\frac{t^2}{2}} \tag{4.93}$$

现在,可以确定新的随机变量 t 的真实均值和真实方差如下所示。

随机变量 t 的真实平均值:

$$m_t = E[t] = E\left[\frac{x - m_x}{\sigma_x}\right] = \frac{(E[X] - m_x)}{\sigma_x} = \frac{m_x - m_x}{\sigma_x} = 0 \tag{4.94}$$

随机变量 t 的真实方差:

$$\sigma_t^2 = \sigma^2\left[\frac{x - m_x}{\sigma_x}\right] = \frac{1}{\sigma_x^2}\sigma_x^2 = 1 \tag{4.95}$$

4.6 极限定理及其应用

本节将讨论两个常用于估计统计分析结果置信水平的极限定理。

4.6.1 棣莫弗-拉普拉斯中心极限定理的推论

为了推导出这个推论,要确定伯努利过程成功的抽样概率(p')在真实成功概率(p)的一定范围(ε)内的概率($\Pr$),如下所示:

$$\Pr[\mid p' - p \mid \leqslant \varepsilon] = ? \tag{4.96}$$

为了得出式(4.96)中的问号,将上述不等式展开如下:

$$\left|\frac{x}{N}\right| \leqslant \varepsilon \tag{4.97}$$

其中,x 指 N 次实验中成功的次数。现在,将式(4.97)的两边除以 $\sqrt{Npq}$,并重新排列项得到

$$\left|\frac{x - Np}{\sqrt{Npq}}\right| \leqslant \varepsilon\sqrt{\frac{N}{pq}} \tag{4.98}$$

请注意,棣莫弗-拉普拉斯中心极限定理指出,在大量实验(N)的极限下,x 随机变量的二项分布由正态分布表示,其中真实均值为 $m_x = Np$,真实方差为 $\sigma_x^2 = Npq$。因此,式(4.98)可以写为

$$\left|\frac{x - m_x}{\sigma_x}\right| \leqslant \varepsilon\sqrt{\frac{N}{pq}} \tag{4.99}$$

由于随机变量 $t = \frac{(x - m_x)}{\sigma_x}$,则式(4.99)可以写成

$$\mid t \mid \leqslant \varepsilon\sqrt{\frac{N}{pq}} \tag{4.100}$$

那么利用随机变量 t 的正态密度函数,可以获得上述不等式成立的概率如下:

$$\Pr\left[\,|\,t\,| \leqslant \varepsilon\sqrt{\frac{N}{pq}}\,\right] = 2\Phi\sqrt{\frac{N}{pq}} \tag{4.101}$$

因此，棣莫弗-拉普拉斯中心极限定理的推论，即式(4.96)，表示为

$$\Pr[\,|\,p'-p\,|\,] \leqslant \varepsilon = 2\Phi\sqrt{\frac{N}{pq}} - 1 \tag{4.102}$$

为了证明这个推论的有用性，考虑以下示例。

例 4.1　对于伯努利随机变量，在 $N=100$ 次实验后，获得 $x=8$ 次成功。抽样概率在 $\varepsilon=\pm1.0\%$ 的真实概率范围内的置信度是多少？对于 $p'=\dfrac{8}{100}$，用式(4.102)可以估计 Pr 如下：

$$\Pr[\,|\,0.08-p\,|\leqslant0.01] = 2\Phi\left[0.01\times\sqrt{\frac{100}{0.08\times0.92}}\right] - 1 = 2\times0.644-1 = 0.29 \tag{4.103}$$

这意味着推论表明该实验的置信水平仅为 29%！

例 4.2　对于一个伯努利随机变量，为了在 $\varepsilon=0.2\%$ 时达到 95% 置信度，需要进行多少次实验(N)？这意味着：

$$\Pr[\,|\,p'-p\,|\,] \leqslant 0.002 = 0.95$$

$$2\Phi\left[\varepsilon\sqrt{\frac{N}{pq}}\right] - 1 = 0.95$$

$$\Phi\left[\varepsilon\sqrt{\frac{N}{pq}}\right] = 0.975 \tag{4.104}$$

使用正态密度函数的表，有

$$\varepsilon\sqrt{\frac{N}{pq}} = 1.96 \tag{4.105}$$

因此，N 由式(4.106)给出：

$$N = \left(\frac{1.96}{\varepsilon}\right)^2 pq \approx 10^6\,pq \tag{4.106}$$

保守起见，认为 pq 的最大值为 $\dfrac{1}{4}$，对应 $p=q=\dfrac{1}{2}$，因此

$$N = 250\,000 \tag{4.107}$$

假设 pq 的最大值会导致需要进行大量实验(250 000 次)，因此可能需要大量的计算时间。但是，建议进行初始抽样来估计 p'，从而避免不必要的资源浪费。例如，如果估计的 $p'=0.01$，则该推论预测实验次数减少，仅为 10 000 次左右，减少为原来的 4%！对于基于抽样成功概率和真实成功概率的绝对误差得出的推论而言，这是正确的。

然而，为了检查样本平均值的精度，有必要检查其定义为 $\dfrac{s_x}{x}$ 的相对不确定度。

在例 4.2 中,所考虑的两个案例的相对不确定度(或精度)分别为 0.4% 和 20%。这意味着对于精度相差 50 倍的上述两种情况,我们仍能保持相同的 95% 置信度。

为了避免出现例 4.2 中观察到的情况,可以根据样本和真实均值的相对误差推导出如下表达式:

$$\left| \frac{p' - p}{p} \leqslant \varepsilon \right| \tag{4.108}$$

然后,如果将上述不等式的两边除以 $\sqrt{Npq}$,并重新排列项,可以得到以下结果:

$$\left| \frac{x - m_x}{\sigma_x} \right| \leqslant \varepsilon \sqrt{\frac{Np}{q}} \tag{4.109}$$

因此,抽样成功概率和真实成功概率的相对误差的概率表示为

$$\mathrm{Pr}\left[\left| \frac{p' - p}{p} \leqslant \varepsilon \right| \right] = 2\Phi\left(\sqrt{\frac{Np}{q}} \right) - 1 \tag{4.110}$$

例 4.3 现在,如果使用式(4.110),则预测的实验次数由式(4.111)给出:

$$N \simeq 10^6 \times \frac{p}{q} \tag{4.111}$$

因此,对于两个估计的成功概率,预测的实验次数为

$$\begin{cases} p' = \dfrac{1}{2}, \quad N \simeq 10^6 \times \dfrac{0.5}{0.5} = 10^6 \\ p' = 0.01, \quad N \simeq 10^6 \times \dfrac{0.99}{0.01} = 10^8 \end{cases}$$

以上预测的实验次数更为现实,因为直觉上,当成功的概率较小时,需要进行更多的实验。

4.6.2 中心极限定理

考虑 $x_1, x_2, \cdots, x_N$ 是来自一个公共密度函数的 N 个独立样本的结果,并且存在分布的平均值 (m_x) 和方差 (σ_x^2);那么,对于每次试验的 N 个历史的任意固定值,就有一个 $\mathrm{pdf}(f_N(\bar{x}))$,它描述了由重复试验产生的 $\bar{x}$ 的分布。当 N 接近无穷大时,中心极限定理指出对于 x 存在一个极限密度函数,它是由式(4.112)给出的正态密度函数:

$$f_N(\bar{x}) = \frac{1}{\sqrt{2\pi\sigma_{\bar{x}}^2}} \mathrm{e}^{-\frac{(\bar{x} - m_x)}{2\sigma_{\bar{x}}^2}}, \quad \text{当 } N \to \infty \text{ 时} \tag{4.112}$$

其中,$\sigma_{\bar{x}}^2 = \dfrac{\sigma_x^2}{N}$(见式(4.33))。

如果 N 足够大,则可以使用式(4.112)来估计 $\bar{x}$ 的约化方差。通常情况下,σ_x^2

无法被准确估计,因此,可以通过计算样本方差(S_x^2)来近似它。同样,可以按如下方式估计不确定性($\sigma_{\bar{x}}$)的置信水平。

(1) 考虑变量 $\bar{t} = \dfrac{\bar{x} - m_x}{\sigma_{\bar{x}}}$ 的变化。

(2) $\bar{t}$ 在 n 个标准差($\sigma_{\bar{x}}$)范围内的概率由式(4.113)给出:

$$\Pr[-n \leqslant \bar{t} \leqslant n] = 2\Phi(n) - 1 \tag{4.113}$$

同样,$n = 1,2,3$ 的置信水平分别为 68.3%、95.4% 和 99.7%。

中心极限定理的意义在于,它适用于任何具有明确定义的 m_x 和 σ_x^2 的随机变量。此外,它强调的是样本平均值($\bar{x}$)的不确定度,而不是随机变量(x)本身。

4.6.3 中心极限定理的证明

假设进行了由 T 次试验(每次试验包含 N 次实验)组成的蒙特卡罗模拟,那么样本均值和样本方差是多少? 样本均值可以通过以下两个步骤得到。

(1) 每 k 次试验的样本平均值为

$$\bar{x}_k = \frac{1}{N} \sum_{i=1}^{N} x_{ki} \tag{4.114}$$

(2) 所有试验的样本均值由式(4.115)给出:

$$\langle \bar{x}_k \rangle = \frac{1}{T} \sum_{k=1}^{T} \bar{x}_k, \quad k = 1, T \tag{4.115}$$

样本方差由式(4.116)给出:

$$S_x^2 = \frac{1}{T-1} \sum_{k=1}^{T} (\bar{x}_k - \langle \bar{x}_k \rangle)^2 \tag{4.116}$$

现在,如果假设 $\bar{x}_k$ 是关于 $\langle \bar{x}_k \rangle$ 的正态分布,那么可以说真实均值(m_x)在式(4.117)的范围内:

$$|\langle \bar{x}_k \rangle - m_x| \leqslant n S_x \tag{4.117}$$

当 $n = 1,2,3$ 时,置信水平分别为 68.3%、95.4% 和 99.7%。

如果随机变量 $\bar{x}_k$ 是样本均值的正态分布,则根据中心极限定理,期望 $\langle \bar{x} \rangle$ 是真实均值的正态分布,方差为 $\dfrac{S_x^2}{T}$。即使只计算了 $\langle \bar{x} \rangle$ 的一个值,也可以说真正的平均值(m_x)在式(4.118)的范围内:

$$|\langle \bar{x}_k \rangle - m_x| \leqslant n \frac{S_x}{\sqrt{T}} \tag{4.118}$$

当 $n = 1,2,3$ 时,置信水平分别为 68.3%、95.4% 和 99.7%。

上面的讨论可以通过使用以下简单的示例来说明。

例 4.4 考虑一个随机变量 x，其中 $m_x = 0.5$ 且 $\sigma_x^2 = 0.25$。如果对应的 FFMC 为

$$x = -\frac{\ln\eta}{2} \tag{4.119}$$

则使用计算机程序执行 x 的 1000 个样本，然后估计 1000 次实验不同分组的样本数均值和样本方差，如表 4.4 所示的每次试验的"实验数"和"试验数"。

表 4.4　中心极限定理的证明

试验数(T)	实验数(N)	样本均值($\bar{x}$)	样本方差(S_x^2)
1	1000	0.498	0.249 000
2	500	0.498	0.119 000
4	250	0.498	0.060 000
8	125	0.498	0.030 700
10	100	0.498	0.025 200
40	25	0.498	0.009 580
100	10	0.498	0.003 440
200	5	0.498	0.000 780
500	2	0.498	0.000 061

由表 4.4 可以看出，对于 N 和 T 的所有组合，样本均值是相同的，并且确实接近 0.5 的真实平均值。然而，随着每次试验的实验次数(N)增加，样本方差发生变化(减少)，正如中心极限定理预期的那样，它近似等于 $\dfrac{S_x^2}{N}$！

4.7　相对不确定度的一般公式

对于具有结果 x_i 的随机变量 x，使用式(4.37)可以推导出相对不确定度的一般公式如下：

$$S_x^2 = \frac{1}{N-1}\sum_{i=1}^{N}(x_i - \bar{x})^2 = \frac{1}{N-1}\sum_{i=1}^{N}(x_i^2 + \bar{x}^2 - 2x_i\bar{x})$$

$$= \frac{1}{N-1}\sum_{i=1}^{N}x_i^2 + \frac{1}{N-1}\sum_{i=1}^{N}\bar{x}^2 - \frac{2}{N-1}\bar{x}\sum_{i=1}^{N}x_i$$

$$S_x^2 = \frac{N}{N-1}\frac{1}{N}\sum_{i=1}^{N}x_i^2 + \frac{N}{N-1}\bar{x}^2 - \frac{2N}{N-1}\bar{x}\frac{1}{N}\sum_{i=1}^{N}x$$

$$S_x^2 = \frac{N}{N-1}\overline{x^2} + \frac{N}{N-1}\bar{x}^2 - \frac{2N}{N-1}\bar{x}^2$$

$$S_x^2 = \frac{N}{N-1}(\overline{x^2} - \bar{x}^2) \tag{4.120}$$

然后，相对不确定度由式(4.121)给出：

$$R_x = \frac{\sqrt{\dfrac{N}{N-1}(\overline{x^2} - \overline{x}^2)}}{\overline{x}} = \sqrt{\frac{N}{N-1}\left[\frac{\overline{x^2}}{\overline{x}^2} - 1\right]} \tag{4.121}$$

现在，如果认为中心极限定理是有效的，则式(4.121)可以化简为

$$R_{\overline{x}} = \frac{R_x}{\sqrt{N}} = \sqrt{\frac{1}{N-1}\left[\frac{\overline{x^2}}{\overline{x}^2} - 1\right]} \tag{4.122}$$

如果展开式(4.121)中的平均项，可以得到

$$R_{\overline{x}} = \sqrt{\frac{\dfrac{1}{N}\displaystyle\sum_{i=1}^{N} x_i^2}{(N-1)\left[\displaystyle\sum_{i=1}^{N} x_i\right]^2} - \frac{1}{N-1}} \tag{4.123}$$

由于 N 远大于 1，则可以用 N 替换 $N-1$，式(4.123)可化简为

$$R_{\overline{x}} = \sqrt{\frac{\displaystyle\sum_{i=1}^{N} x_i^2}{\left[\displaystyle\sum_{i=1}^{N} x_i\right]^2} - \frac{1}{N}} \tag{4.124}$$

在这里，检验式(4.124)对伯努利随机过程的使用是很有趣的。考虑伯努利过程的结果为 1 或 0，则可以确定式(4.124)中的总和如下：

$$\sum_{i=1}^{N} x_i^2 = c$$

$$\left[\sum_{i=1}^{N} x_i\right]^2 = c^2$$

其中，c 表示计数（成功）的次数。

利用式(4.124)中两个求和的值，伯努利随机变量的相对不确定度的公式可化简为

$$R_{\overline{x}} = \sqrt{\frac{c}{c^2} - \frac{1}{N}} = \sqrt{\frac{1}{c} - \frac{1}{N}} \tag{4.125}$$

伯努利随机过程的特例

本节将使用之前推导出的伯努利过程的均值和方差来推导出相对不确定度的公式，这将会是很有趣的。

考虑对伯努利过程进行 N 次抽样后,成功的次数为 c,则成功的概率等于

$$p' = \frac{c}{N} \tag{4.126}$$

如果知道伯努利过程的真实均值和方差分别为 p 和 pq,那么可以推导出样本相对不确定度为

$$R_x = \frac{S_x}{p'} = \frac{\sqrt{\frac{c}{N}\left(1 - \frac{c}{N}\right)}}{\frac{c}{N}} = \sqrt{\frac{N}{c} - 1} \tag{4.127}$$

现在,考虑到中心极限定理成立,式(4.127)可化简为

$$R_{\bar{x}} = \frac{R_x}{\sqrt{N}} = \sqrt{\frac{1}{c} - \frac{1}{N}} \tag{4.128}$$

令人欣慰的是,式(4.128)与由相对不确定度的一般公式(见式(4.124))推导出的式(4.125)是一致的。

4.8 有限抽样的置信水平

本节将讨论一种在有限抽样情况下估计置信水平的方法,首先介绍学生 t-分布,然后讨论它在估计置信水平中的应用。

4.8.1 学生 t-分布

中心极限定理指出,对于无限数量的历史或每次试验的实验数(N),平均值与真实平均值的偏差,即 $t = \dfrac{\bar{x} - m_x}{\sigma_x}$ 服从单位正态分布。然而,对于有限的 N 值,这种行为可能不会发生。学生 t-分布是由 William Gossett[95] 开发的,用于估计有限 N 的一个"更好的"方差。Gossett 观察到,对于有限(或相对较小的)N,通常是正态分布会高估接近均值的值,而低估远离均值的值。因此,他推导出了一个分布,考虑:①拟合有限 N 个抽样的结果,以及②包括可调参数或自由度。具有 k 个自由度的学生 t-分布的概率密度函数由式(4.129)表示:

$$p_k(t) = \frac{\Gamma\left(\frac{k+1}{2}\right)}{\sqrt{\pi k}\,\Gamma\left(\frac{k}{2}\right)}\left(1 + \frac{t^2}{k}\right)^{-\frac{k+1}{2}}, \quad -\infty < t < \infty, k = 1, 2, \cdots \tag{4.129}$$

t 的期望值由式(4.130)给出:

$$m_t = \boldsymbol{E}[t] = \int_{-\infty}^{\infty} \mathrm{d}t\, t\, p_k(t) = 0 \tag{4.130}$$

当矩的阶数 (n) 小于自由度 (k) 时，存在 t 的较高矩。由于对称性，奇数矩等于 0，偶数矩由式 (4.131) 给出：

$$E[t^n] = \frac{k^n \Gamma\left(n + \frac{1}{2}\right) \Gamma\left(\frac{k}{2} - n\right)}{\Gamma\left(\frac{1}{2}\right) \Gamma\left(\frac{k}{2}\right)}, \quad n \text{ 为偶数且 } n < k \qquad (4.131)$$

t-分布的第 2 个矩或方差由式 (4.132) 给出：

$$\sigma_t^2 = E[t^2] - (E[t])^2 = \frac{k}{k-2} \qquad (4.132)$$

当自由度数 k 趋近 ∞ 时，t-分布接近单位正态分布，即

$$\lim_{k \to \infty} [p_k(t)] = \phi(t) = \frac{1}{\sqrt{2\pi}} e^{-\frac{t^2}{2}} \qquad (4.133)$$

注意，在实际应用中，当 $k > 30$ 时，t-分布被视为正态分布。

图 4.6 比较了不同 k 值下的 t-分布与正态分布，即 $k \to \infty$。图 4.6 表明，t-分布的平均值较低，分布尾部的值较高。

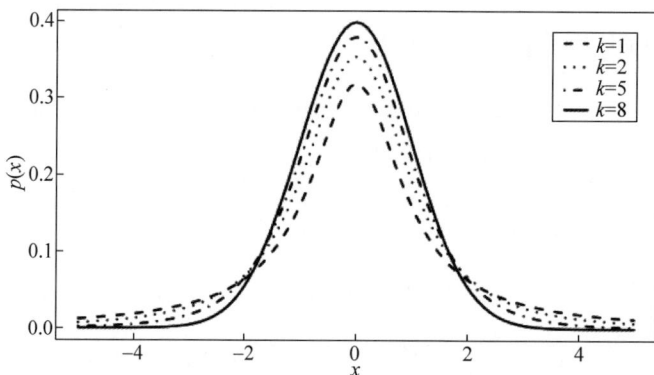

图 4.6　不同自由度 t-分布与正态分布的比较

图 4.7 检查了不同自由度的卡方分布的行为，结果表明，与正态密度函数相比，χ^2 分布具有较低的均值和相对较高的尾部。

考虑到图 4.6 和图 4.7 及 t-分布的特征，可以使用式 (4.134)[83] 从单位正态分布和 χ^2 分布中抽样，来抽样 t-分布。

$$t = \frac{x}{\sqrt{\dfrac{\chi^2}{k}}} \qquad (4.134)$$

其中，x 和 χ 是独立的随机变量。随机变量 x 从单位正态分布中抽样，而 $[w = \chi^2]$ 随机变量从具有 k 个自由度的 χ^2 分布 $[f_k(w)]$ 中抽样。

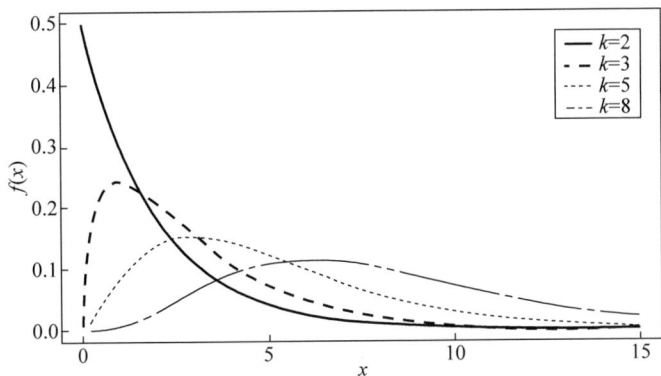

图 4.7 不同自由度下 χ^2 分布的行为

4.8.2 置信水平的确定和 t-分布的应用

如前所述,任何蒙特卡罗模拟都需要确定样本均值和方差,即精度,并且必须尝试估计相对不确定度的置信水平。一般来说,真实的分布不得而知,所以必须设计其他方法来确定置信水平。为此,可以使用 4.6 节讨论的两个极限定理,即拉普拉斯中心极限定理和中心极限定理。在样本量有限的情况下,样本平均值的分布可能是"半正态"的,因此,可以采用学生 t-分布来实现更高的置信度。

使用 $N-1$ 个自由度的 t-分布,可以得到 t 因子(t_N-1),它等于达到 95% 置信水平的标准差。使用 t 因子确定 95% 置信区间(d_{95}),如下所示:

$$d_{95} = t_{N-1} S_{\overline{x}} \tag{4.135}$$

其中,$S_{\overline{x}} = \dfrac{S_x}{\sqrt{N}}$ 是样本平均值 $\overline{x}$ 的估计样本标准差。

上述置信水平表明,对于给定的 $\overline{x}$ 和 $S_{\overline{x}}$,真实均值 m_x 在区间 $[x - d_{95}, x + d_{95}]$ 上的概率为 95%。

4.9 分布正态性检验

除了使用学生 t-分布来获得较高置信度的偏差区间外,还可以使用检验来检查估计样本平均值的正态性。这进一步提高了使用中心极限定理的信心。本节讨论两种方法,包括:①偏度系数检验;②w 检验。

4.9.1 偏度系数检验

如果样本平均值呈正态分布,则偏度系数必须为 0,并且在有限样本数量的情况下,偏度系数应小于上限。偏度系数 C 由式(4.136)确定:

$$C = \frac{1}{S_x^3} \frac{1}{N-1} \sum_{i=1}^{N} (x_i - \bar{x})^3 \tag{4.136}$$

如果 C 大于上限,则用户必须决定是否使用导出的置信水平。可能会出现两种情况:

(1) 如果 $c^2 \geqslant (1.96)^2 \dfrac{6(N-1)(N-2)}{N(N+1)(N+3)}$,则置信水平的使用是值得怀疑的。

(2) 如果 $c^2 \geqslant (281)^2 \dfrac{6(N-1)(N-2)}{N(N+1)(N+3)}$,则使用置信水平是没有意义的。

4.9.2 夏皮罗-威尔克（Shapiro-Wilk）正态性检验

夏皮罗-威尔克正态性检验[91]简称 w 检验,用于确定不应超过期望值的参数 w。w 的估计过程如下。

(1) 对于结果为 $(x_1, x_2, \cdots, x_N)$ 的 N 个样本,分别使用式(4.28)和式(4.37) 计算样本均值和样本方差。

(2) 将 x_i 按递增顺序排列,将它们重新标记为 y_i,然后计算以下求和:

$$b = \sum_{i=1}^{N} a_i y_i \tag{4.137}$$

其中,系数 a_i 在文献[91]中给出。

(3) 使用式(4.138)计算 w:

$$w = \frac{b^2}{(N-1)S^2} \tag{4.138}$$

(4) 参考文献[91],对于给定的样本量 (N) 和 w 值,可以估计样本平均值的正态性概率。如果 w 很小,例如,$w < 0.806$,则此概率较低,小于 10%;而如果 $w > 0.986$,则样本平均值服从正态分布的可能性大于 95%。

总的来说,这两个检验都很简单,而偏度系数检验可能需要的计算时间要少得多。

习题

1. 证明 n 个对象的排列数等于 $n!$。(请注意,排列是指按某种顺序重新排列对象。)

2. 证明从 n 个对象中,经过替换的大小为 k 的有序样本的数量为 n^k(有序样本中抽样元素的顺序很重要,如电话号码、车牌等)。

3. 证明 n 个对象中的大小为 k 且不进行替换的有序样本的数量等于

$$P_n(k) = \frac{n!}{(n-k)!}$$

4. 证明 n 个对象中的大小为 k 且不进行替换的组合个数等于

$$C_n(k) = \frac{n!}{k!(n-k)!}$$

5. 确定由 3 个字母和 4 位数字组成的车牌的数量。

6. 确定由 3 位区号、3 位本地代码和 4 位数字组成的电话号码的数量。

7. 一个随机过程有一个结果 x。如果为每个结果（x_i）赋予一个权重（w_i），则确定这些结果的加权平均值及其相关的标准差。

8. 证明"样本均值"的方差由下式给出：

$$\mathrm{Var}(\bar{x}) \equiv \sigma_{\bar{x}}^2 = \boldsymbol{E}[(\bar{x}-m)^2] = \frac{\sigma_x^2}{N}$$

其中，$\sigma_x^2 = \boldsymbol{E}[(x-\bar{x})^2]$。

9. 随机变量 x 在 $0 \leqslant x \leqslant 3$ 的范围内具有密度函数 $p(x) = \dfrac{x^2}{9}$。

（1）求 x 的真实平均值。

（2）求 x 的真实方差。

（3）确定 $g(x) = \dfrac{1}{x}$ 的期望值。

10. 随机变量 r 在 $0 \leqslant r \leqslant \infty$ 的范围内，有一个概率密度函数 $\sum \mathrm{e}^{-\sum r}$：

（1）求 r 的真实平均值。

（2）求 r 的真实方差。

（3）求 $g(r) = \dfrac{1}{r}$ 的期望值。

11. 随机变量 x 的密度函数表示如下：

$$f(x=1+x), \quad 0 \leqslant x \leqslant 1$$

如果函数 $g(x)$ 表示为

$$g(x) = x + cx^2$$

确定参数 c，使 $g(x)$ 的方差最小。

12. 绘制不同平均成功次数（m）的泊松分布图，包括 1、10、50、100、1000 和 10 000。将结果与具有相等平均值的正态分布进行比较。

13. 众所周知，放射性衰变过程遵循泊松分布。对于一个放射性核，在 t 时刻的剩余原子核数由下式决定：

$$n(t) = n_0 \mathrm{e}^{-\lambda t}$$

其中，λ（衰减常数）表示每秒的平均衰变次数，因此，在 t 时刻之后的预期衰变（事件）数为 $m = \lambda t$。

（1）使用表 4.5 提供给定时间 t 的概率与事件数（基于一个放射性核的泊松分布生成），确定衰变的平均次数。

表 4.5　习题 13 涉及的概率与事件数

事 件 数	概　率	事 件 数	概　率
0	6.74×10^{-3}	9	3.63×10^{-2}
1	3.37×10^{-2}	10	1.81×10^{-2}
2	8.42×10^{-2}	11	8.24×10^{-3}
3	1.40×10^{-1}	12	3.43×10^{-3}
4	1.75×10^{-1}	13	1.32×10^{-3}
5	1.75×10^{-1}	14	4.72×10^{-4}
6	1.46×10^{-1}	15	1.57×10^{-4}
7	1.04×10^{-1}	16	4.91×10^{-5}
8	6.53×10^{-1}	17	1.45×10^{-5}

（2）如果原子核的衰变常数为 $\lambda = 1.0 \text{ s}^{-1}$，使用来自（1）部分的衰变（衰变事件）的平均次数，确定衰变时间。

（3）根据泊松分布和伯努利过程确定与分解（衰变）原子核数量相关的不确定度。

14. 一位民意调查者想要进行一项民意调查，以确定候选人 A 和 B 可能的选举结果。民意调查者寻求 75% 的置信度，他知道候选人 A 获得的选票比例（$f \pm$ 2%）。初步民意调查显示，A 将获得大约 55% 的选票。应该对多少选民进行民意调查？

15. 编写一个程序来抽样粒子在 $\sum = 2.0 \text{ cm}^{-1}$ 的介质中飞行的路径长度。考虑到路径长度是从 $p(t) = e^{-r}$ 给定的概率密度函数中抽样的，请估计以下试验数和历史记录数组合的样本均值和样本方差。

（1）实验总数，即试验数 $\times \dfrac{历史记录数}{试验数}$，固定为 1000。考虑以下 $\dfrac{历史记录数}{试验数}$ 的值：1、2、5、10、25、50、100、200 和 500。

（2）$\dfrac{历史记录数}{试验数}$ 的值固定为 10。考虑以下试验数：10、20、30、40、50、100、200 和 400。

（3）试验数固定为 20 次。考虑以下 $\dfrac{历史记录数}{试验数}$ 的值：1、2、5、10、25、50、100、200 和 500。

将结果制成表格并绘图，讨论你的观察结果，特别是关于中心极限定理。

第5章

积分与减方差技术

5.1 本章引言

蒙特卡罗方法的一个重要应用是函数或物理量的积分估计。该方法具有很高的灵活性,通常用于求解复杂的高维积分或确定复杂物理过程的结果。面临的主要问题是需要大量的计算时间来达到可接受的精度或不确定度。因此,在过去的几十年里,研究者在减方差方法的开发上做了大量工作,以求在更短的计算时间内产生更小的方差。不同科学团队的文章和书籍提出了许多技术,在不同的应用中取得了不同的成功。

本章将介绍蒙特卡罗积分的基本概念,并介绍几种用于粒子输运问题的典型减方差方法,通过比较这些方法与标准方法的差异来检验这些方法的性能。通过本章的学习,期望读者能够获得减方差技术的知识,学会如何分析它们的性能,以及如何探索创新方法。

5.2 积分的求值

蒙特卡罗方法可用来估计有限积分。如果用相关的概率密度函数($f(x)$)来检查随机变量(x)期望值的定义,就可以实现这一点:

$$I = \boldsymbol{E}[x] = \int_a^b \mathrm{d}x x f(x), \quad x \in [a,b] \tag{5.1}$$

或者,对于定义在$[a,b]$上的任意函数$g(x)$的期望值,有

$$I = \boldsymbol{E}[x] = \int_a^b \mathrm{d}x g(x) f(x), \quad x \in [a,b] \tag{5.2}$$

因此,一个有限积分等价于它的被积函数(或它被积函数的一部分)的期望值。例如,要计算式(5.1)和式(5.2)中的积分,可以从$f(x)$中抽取x,计算x的平均值:

$$I_N = \bar{x} = \frac{1}{N}\sum_{i=1}^{N} x_i \tag{5.3}$$

$g(x)$ 的平均值为

$$I_N = \overline{g(x)} = \frac{1}{N}\sum_{i=1}^{N} g(x_i) \tag{5.4}$$

一般情况下，抽样积分变量的概率密度函数（pdf）确定后，任何积分都可以通过蒙特卡罗模拟来求解。例如，考虑下面的积分：

$$I = \int_a^b \mathrm{d}x h(x), \quad x \in [a, b] \tag{5.5}$$

这里需要确定 $g(x)$（被求平均值的函数）和 $f(x)$（pdf），使 $h(x) = f(x)g(x)$。最简单的方法是从一个均匀分布中抽取 x，所以有

$$f(x) = \frac{1}{b-a} \tag{5.6}$$

这意味着

$$g(x) = \frac{h(x)}{f(x)} = h(x)(b-a) \tag{5.7}$$

为了对 $f(x)$ 进行抽样，构造相应的 FFMC，即

$$\begin{cases} \int_a^x \mathrm{d}x' \dfrac{1}{b-a} = \eta \\ x_i = a + \eta_i(b-a) \end{cases} \tag{5.8}$$

所以，积分为

$$I_N = \overline{g(x)} = \frac{1}{N}\sum_{i=1}^{N} h(x_i)(b-a) \tag{5.9}$$

5.3　确定积分的减方差技术

在使用蒙特卡罗方法确定积分时，有几种减方差技术。这些技术是基于对积分的不同元素的修改而开发的，这些元素包括 pdf、被积函数、积分域和（或）上述元素的组合。本节介绍重要性抽样法、控制变量法、分层抽样法和联合抽样法。

在讨论这些技术之前，重要的是要引入一个度量标准来比较不同减方差技术的能力。一个常用的度量标准是 FOM（figure of merit）：

$$\mathrm{FOM} = \frac{1}{R_{\bar{x}}^2 T} \tag{5.10}$$

其中，$R_{\bar{x}}$ 为估计的相对不确定度；T 为计算时间。由式（5.10）可知，更有效的技术应该具有更高的 FOM，即该技术可以在更短的时间内实现更小的方差。需要注意的是，同一问题、同一方法的 FOM 在不同的计算机上会有所不同，即 FOM 只能用于同一计算机上同一问题不同方法的相对比较。因为计算时间需要高度依赖应

用程序每种方法的实现,所以接下来的讨论将仅基于方差的减小来检查每种技术的有效性。关于 FOM 的进一步讨论将在第 7 章中进行。

5.3.1 重要性抽样法

重要性抽样法是基于修改或更改 pdf,以在给定偏差的较短时间内实现低方差。为了确定最有效的 pdf,本节将引入一个新的 pdf,即 $f^*(x)$,方法是将式(5.2)重写如下:

$$I = \int_a^b \mathrm{d}x \left[\frac{g(x)f(x)}{f^*(x)} \right] f^*(x), \quad x \in [a, b] \tag{5.11}$$

其中,

$$f^*(x) \geqslant 0 \tag{5.12}$$

$$\int_a^b \mathrm{d}x f^*(x) = 1 \tag{5.13}$$

以及

$$\frac{g(x)f(x)}{f^*(x)} < \infty, \quad \text{离散点除外} \tag{5.14}$$

为了得到 $f^*(x)$ 的计算式,本节构造了被积函数的方差,并尝试将其最小化:

$$\mathrm{Var}[I] = \int_a^b \mathrm{d}x \left[\frac{g(x)f(x)}{f^*(x)} \right]^2 f^*(x) - I^2 \tag{5.15}$$

因为 I 的值是固定的,与所选择的 $f^*(x)$ 无关,因此必须最小化式(5.15)中的第一项,同时保持式(5.13)所示的约束条件。为此,本节构造了相应的拉格朗日乘子表达式:

$$L[f^*(x)] = \int_a^b \mathrm{d}x \, \frac{g^2(x)f^2(x)}{f^*(x)} + \lambda \int_a^b \mathrm{d}x f^*(x) \tag{5.16}$$

并通过对式(5.16)进行最小化来求解 $f^*(x)$,即

$$\frac{\partial L[f^*(x)]}{\partial f^*(x)} = 0 \tag{5.17}$$

对式(5.16)中的积分求导,使用莱布尼茨法则[3]表示为

$$\frac{\mathrm{d}}{\mathrm{d}\alpha} \left[\int_{h(\alpha)}^{k(\alpha)} \mathrm{d}x f(x, \alpha) \right] = \int_{h(\alpha)}^{k(\alpha)} \mathrm{d}\alpha \, \frac{\partial f(x, \alpha)}{\partial \alpha} + f(k(\alpha), \alpha) \frac{\mathrm{d}k(\alpha)}{\mathrm{d}\alpha} - f(h(\alpha), \alpha) \frac{\mathrm{d}h(\alpha)}{\mathrm{d}\alpha} \tag{5.18}$$

利用式(5.18),式(5.17)可化简为

$$\frac{\partial L[f^*(x)]}{\partial f^*(x)} = -\int_a^b \mathrm{d}x \, \frac{g^2(x)f^2(x)}{f^{*2}(x)} + \lambda \int_a^b \mathrm{d}x = 0$$

$$\int_a^b \mathrm{d}x \left[\frac{g^2(x)f^2(x)}{f^{*2}(x)} - \lambda \right] = 0 \tag{5.19}$$

对于任意 x,要满足上述等式,被积函数必须等于 0,即

$$\frac{g^2(x)f^2(x)}{f^{*2}(x)} - \lambda = 0 \tag{5.20}$$

因此，$f^*(x)$ 的表达式为

$$f^*(x) = \frac{|g(x)f(x)|}{\sqrt{\lambda}} \tag{5.21}$$

λ 的值可以通过 $f^*(x)$ 的归一性，即式（5.13）来确定：

$$\int_a^b \mathrm{d}x \frac{|g(x)f(x)|}{\sqrt{\lambda}} = 1$$

$$\sqrt{\lambda} = I \tag{5.22}$$

因此，可以得到

$$f^*(x) = \frac{g(x)f(x)}{I} \tag{5.23}$$

式（5.23）在实际中不能被使用，因为 I 是未知的；但是，它也表明"最佳" pdf（$f^*(x)$）应该与被积函数（$g(x)f(x)$）有关。

例 5.1　为了演示重要性抽样公式（即式（5.23））的使用，考虑计算以下积分：

$$I = \int_1^2 \mathrm{d}x \ln x$$

$$I = [x\ln x - x]_1^2 = 0.386\ 294 \tag{5.24}$$

一个简单的蒙特卡罗模拟将从 $[1,2]$ 的均匀分布中抽样（x）。这意味着对应的 FFMC 为

$$x = \eta + 1 \tag{5.25}$$

因此，使用式（5.23）进行 N 次抽样后的积分值为

$$I_N = \frac{1}{N}\sum_{i=1}^N \ln x_i \tag{5.26}$$

积分（I）的解析方差表示为

$$\mathrm{Var}[I] = \int_1^2 \mathrm{d}x \ln^2 x - I^2$$

$$\mathrm{Var}[I] = [(x\ln^2 x - 2x\ln x + 2x) - (x\ln x - x)^2]_1^2$$

$$\mathrm{Var}[I] = 0.039\ 094 \tag{5.27}$$

为了得到更有效的 pdf（$f^*(x)$），将 $\ln x$ 展开为幂级数：

$$\ln x = \sum_{n=1}^{\infty} \frac{(-1)^{n-1}}{n}(x-1)^n \tag{5.28}$$

对于 $n=1$，$\ln x \approx x-1$，可以考虑更有效的 pdf 为

$$f^*(x) = \alpha x \tag{5.29}$$

考虑到 $f^*(x)$ 必须满足归一性，α 由式（5.30）确定：

$$\int_1^2 \mathrm{d}x \alpha x = 1 \tag{5.30}$$

求解上述积分,得到

$$\alpha = \frac{2}{3} \tag{5.31}$$

因此,有

$$f^*(x) = \frac{2}{3}x \tag{5.32}$$

考虑上述 pdf,被积函数 $g^*(x)$ 表示为

$$g^*(x) = \frac{\ln x}{\frac{2}{3}x} \tag{5.33}$$

然后,积分(被积函数的期望值)为

$$I_N^* = \frac{1}{N} \sum_{i=1}^{N} \frac{\ln x_i}{\frac{2}{3}x_i} \tag{5.34}$$

其中,x_i 是从 $f^*(x)$ 中抽取的。修正后的被积函数的理论方差为

$$\mathrm{Var}[I] = \int_1^2 \mathrm{d}x \left[\frac{\ln^2 x}{\left(\frac{2}{3}x\right)^2} \right] \left(\frac{2}{3}x\right) - I^2$$

$$\mathrm{Var}[I] = [0.5\ln^3 x]_1^2 = 0.017\,289 \tag{5.35}$$

因此可以得出结论,只考虑 $\ln x$ 展开的第一项,可以以 2 倍的速度实现更快的收敛。

5.3.2 控制变量法

同样,考虑目标是确定由式(5.2)表示的 I。不修改 pdf($f(x)$),这一次探索改变函数 $g(x)$,使 $\mathrm{Var}[I]$ 减少。Kalos 和 Whitlock[58] 讨论过,一种可能性是通过减、加函数($h(x)$)重写式(5.2),如下所示:

$$I = \int_a^b \mathrm{d}x [g(x) - h(x)] f(x) + \int_a^b \mathrm{d}x h(x) f(x) \tag{5.36}$$

为了实现较小的方差,$h(x)$ 必须具备以下条件:①与 $g(x)$ 相似;②其加权平均值,即第二个积分有解析解 I_h。这意味着要计算 I,只需要对第一项进行抽样,即

$$I_N = \frac{1}{N} \sum_{i=1}^{N} [g(x_i) - h(x_i)] + I_h \tag{5.37}$$

如果上述差对于所有 x_i 几乎是常数,或者这一项几乎与 $h(x)$ 成正比,则可以预期 $\mathrm{Var}[g(x) - h(x)] \leqslant \mathrm{Var}[g(x)]$。

例 5.2 为了演示这种技术,考虑与 5.3.1 节相同的积分示例,即

$$I = \int_1^2 \mathrm{d}x \ln x \tag{5.38}$$

然后，考虑 $h(x)=x$，因此 $\text{Var}[g(x)-h(x)]$ 为

$$\text{Var}[g(x)-h(x)] = \int_1^2 \mathrm{d}x(\ln x - x)^2 - \left[\int_1^2 \mathrm{d}x(\ln x - x)\right]^2 \qquad (5.39)$$

式（5.39）的第一个积分为

$$\int_1^2 \mathrm{d}x(\ln x - x)^2 = \left[\left(x\ln^2 x - (2x - x^2)\ln x + 2x + \frac{x^2}{2} + \frac{x^3}{3}\right)\right]_1^2 = 1.249\ 06 \qquad (5.40)$$

第二个积分为

$$\int_1^2 \mathrm{d}x(\ln x - x)^2 = \left(\left[\left(x\ln x - x - \frac{x^3}{2}\right)\right]_1^2\right)^2 = 1.240\ 34$$

因此，有

$$\text{Var}[g(x)-h(x)] = 0.008\ 722 \qquad (5.41)$$

这意味着，对于例 5.2，控制变量法能产生 4.5 倍的加速，这是重要性抽样法收敛速度的 2 倍。简言之，这两种技术都可以在对 pdf 和（或）被积函数进行相对最小更改的情况下实现加速。

5.3.3　分层抽样法

分层抽样法会检查和划分感兴趣的区域或积分域，并根据每个子域的重要性或需要来设置抽样量，以实现可接受的可靠性（精度）。此方法现已广泛用于各种应用中。

分层抽样法的一个常见应用是人口调查。与简单随机抽样（SRS）不同，分层抽样会识别"重要"变量，并基于这些变量建立"均匀"子群（称为层），再对每个子群按照其在人口中的比例进行抽样。如果选择适当的变量，这种方法将比 SRS 具有更高的精度，因为它侧重于重要的子群，避免了"不具代表性"的抽样。分层抽样还提供了考虑较小样本量的能力。例如，将规模为 N 的总体划分为 M 个子群，每个子群有 N_m 个个体，如果考虑样本量为 n（远小于 N），则不同子群（层）的比例样本量可以通过式（5.42）计算：

$$n_m = \left(\frac{N_m}{N}\right)n, \quad m = 1, M \qquad (5.42)$$

由于使用分层抽样对每个层使用了适当数量的样本，因此可以用较小的样本量获得更高的精度。

这种抽样方法的另一个重要应用是估计数学积分或积分量。本节首先详细讨论分层抽样的实施过程，然后推导选择合适的样本量以减少方差的公式。例如，再次考虑积分 I，即式（5.2）。将积分域 $D \equiv [a, b]$ 划分为 M 个不重叠的子域（层）D_m，使得

$$\int_D \mathrm{d}x f(x) = \sum_{m=1}^{M} \int_{D_m} \mathrm{d}x f(x) \qquad (5.43)$$

然后,将式(5.2)改写为

$$I = \sum_{m=1}^{M} \int_{D_m} \mathrm{d}f(x)g(x) \tag{5.44}$$

下面首先定义对任意子域(m)的x进行抽样的 pdf 如下:

$$f_m(x) = \frac{f(x)}{\int_{D_m} \mathrm{d}x f(x)} \tag{5.45}$$

并且考虑每个子域的分数面积的公式为

$$h_m = \frac{\int_{D_m} \mathrm{d}x f(x)}{\int_D \mathrm{d}x f(x)} = \int_{D_m} \mathrm{d}x f(x) \tag{5.46}$$

则结合式(5.45)和式(5.46),可得$f(x)$为

$$f(x) = h_m f_m(x) \tag{5.47}$$

将式(5.47)代入式(5.44),积分I化简为

$$I = \sum_{m=1}^{M} h_m \int_{D_m} \mathrm{d}f_m(x)g(x) \tag{5.48}$$

现在,应用蒙特卡罗方法求子域积分,得到积分(I_s)的分层公式为

$$I_s = \sum_{m=1}^{M} h_m \frac{1}{N_m} \sum_{i=1}^{N_m} g_m(x_i) \tag{5.49}$$

其中,N_m为利用概率密度函数$f_m(x)$在子域m内得到的样本个数。每个子域的理想样本数(N_m)是未知的,因此,有必要制定一种评价方法。要做到这一点,需要最小化I_s的方差,同时保持样本总数,即$N = \sum_{m=1}^{M} N_m$。I_s的方差为

$$\sigma^2(I_s) = \sum_{m=1}^{M} \frac{h_m^2}{N_m^2} \sum_{i=1}^{N_m} \sigma^2(g_m(x_i))$$

$$\sigma^2(I_s) = \sum_{m=1}^{M} \frac{h_m^2}{N_m^2} N_m \sigma_m^2 = \sum_{m=1}^{M} \frac{h_m^2}{N_m} \sigma_m^2 \tag{5.50}$$

其中,$\sigma_m^2 \equiv \sigma^2(g_m(x))$。为了使方差最小化,同时保持对总样本量的约束,使用拉格朗日乘数公式表示为

$$L[N_m] = \sum_{m=1}^{M} \frac{h_m^2}{N_m} \sigma_m^2 + \lambda \sum_{m=1}^{M} N_m \tag{5.51}$$

然后,通过求它对N_m的导数来最小化拉格朗日乘子:

$$\frac{\partial L[N_m]}{\partial N_m} = \sum_{m=1}^{M} \left[-\frac{h_m^2}{N_m^2}\sigma_m^2 + \lambda \right] = 0 \tag{5.52}$$

为了对任意m满足上述等式,设括号内部分等于 0,得到λ关于N_m的表达式:

$$\sqrt{\lambda} = \frac{h_m \sigma_m}{N_m} \tag{5.53}$$

再由样本量的约束条件得到 $\sqrt{\lambda}$ 的另一个表达式：

$$N = \sum_{m=1}^{M} N_m = \frac{1}{\sqrt{\lambda}} \sum_{m=1}^{M} h_m \sigma_m \tag{5.54}$$

因此，有

$$\sqrt{\lambda} = \frac{\displaystyle\sum_{m=1}^{M} h_m \sigma_m}{N} \tag{5.55}$$

令式(5.53)和式(5.55)相等，可以推导出每个子域(m)的样本量的表达式为

$$N_m = \frac{h_m \sigma_m}{\displaystyle\sum_{m=1}^{M} h_m \sigma_m} N \tag{5.56}$$

式(5.56)表明，每个子域的样本数由每个子域的分数面积和方差的综合作用加权所得。换句话说，对于给定的总样本量 N，面积和方差组合较大的子域需要更多的样本才能获得最小方差。当然，除非估计所有子域的方差，否则这个公式是没有用的。这可以通过基于相对少量的抽样来确定方差来实现。

现在，如果将 N_m 代入式(5.50)，则 I_s 的方差表达式为

$$\sigma^2(I_s) = \sum_{m=1}^{M} \frac{h_m^2}{\dfrac{h_m \sigma_m}{\displaystyle\sum_{m=1}^{M} h_m \sigma_m} N} \sigma_m^2$$

$$\sigma^2(I_s) = \frac{1}{N} \left[\sum_{m=1}^{M} h_m \sigma_m \right]^2 = \frac{1}{N} \bar{\sigma}_s^2 \tag{5.57}$$

其中，$\bar{\sigma}_s$ 为

$$\bar{\sigma}_s = \sum_{m=1}^{M} h_m \sigma_m \tag{5.58}$$

为了检验分层方法的有效性，必须将上述方差与所给的标准蒙特卡罗公式的方差进行比较：

$$I_N = \bar{g} = \frac{1}{N} \sum_{i=1}^{N} g(x_i) \tag{5.59}$$

方差 I_N 表示为

$$\sigma^2(I_N) = \sigma^2 \left[\frac{1}{N} \sum_{i=1}^{N} g(x_i) \right] = \frac{1}{N^2} \sum_i \sigma^2(g(x_i)) = \frac{1}{N} \sigma_D^2 \tag{5.60}$$

其中，

$$\sigma_D^2 = \int_D \mathrm{d}x \, f(x) (g(x) - \bar{g})^2 \tag{5.61}$$

其中, $\bar{g} = \int_D \mathrm{d}x\, f(x)g(x)$。利用分层抽样技术,将式(5.61)中的域($D$)划分为 M 个子域,则式(5.60)中的 $\sigma^2(I_N)$ 可化简为

$$\sigma^2(I_N) = \frac{1}{N}\sum_{m=1}^{M} h_m \int_{D_m} \mathrm{d}x\, f_m(x)(g(x) - \bar{g})^2 \tag{5.62}$$

现在,如果在式(5.61)的括号中分别加上和减去 $\bar{g}_m = \int_{D_m} \mathrm{d}x\, f_m(x)g(x)$,则 $\sigma^2(I_N)$ 的表达式可以进一步化简为

$$\sigma^2(I_N) = \frac{1}{N}\sum_{m=1}^{M} h_m \int_{D_m} \mathrm{d}x\, f_m(x)(g(x) - \bar{g}_m)^2 +$$
$$\frac{1}{N}\sum_{m=1}^{M} h_m \int_{D_m} \mathrm{d}x\, f_m(x)(\bar{g} - \bar{g}_m)^2 +$$
$$\frac{2}{N}\sum_{m=1}^{M} h_m \int_{D_m} \mathrm{d}x\, f_m(x)(g(x) - \bar{g}_m)(\bar{g}_m - \bar{g}) \tag{5.63}$$

式(5.63)可写成

$$\sigma^2(I_N) = \frac{1}{N}\sum_{m=1}^{M} h_m \sigma_m^2 + \frac{1}{N}\sum_{m=1}^{M} h_m (\bar{g} - \bar{g}_m)^2 \int_{D_m} \mathrm{d}x\, f_m(x) +$$
$$\frac{2}{N}\sum_{m=1}^{M} h_m (\bar{g}_m - \bar{g}) \left[\int_{D_m} \mathrm{d}x\, f_m(x)g(x) - \bar{g}_m \int_{D_m} \mathrm{d}x\, f_m(x) \right] \tag{5.64}$$

考虑 $\int_{D_m} \mathrm{d}x\, f_m(x) = 1$ 和 $\int_{D_m} \mathrm{d}x\, f_m(x)g(x) = \bar{g}_m$,式(5.64)可化简为

$$\sigma^2(I_N) = \frac{1}{N}\sum_{m=1}^{M} h_m \sigma_m^2 + \frac{1}{N}\sum_{m=1}^{M} h_m (\bar{g} - \bar{g}_m)^2 + \frac{2}{N}\sum_{m=1}^{M} h_m (\bar{g}_m - \bar{g})(\bar{g}_m - \bar{g}_m)$$

$$\sigma^2(I_N) = \frac{1}{N}\sum_{m=1}^{M} h_m \sigma_m^2 + \frac{1}{N}\sum_{m=1}^{M} h_m (\bar{g} - \bar{g}_m)^2 \tag{5.65}$$

现在,为了评估分层抽样技术的有效性,标准方差 $\sigma^2(I_N)$(式(5.65))与分层抽样方差 $\sigma^2(I_s)$(式(5.50))之间的差(Δ)确定如下:

$$\Delta = \sigma^2(I_N) - \sigma^2(I_s) = \frac{1}{N}\sum_{m=1}^{M} h_m \sigma_m^2 + \frac{1}{N}\sum_{m=1}^{M} h_m (\bar{g} - \bar{g}_m)^2 - \frac{1}{N}\bar{\sigma}_s^2 \tag{5.66}$$

代入式(5.58),并将第一项和第三项合并,则式(5.66)可化简为

$$\Delta = \frac{1}{N}\sum_{m=1}^{M} h_m (\sigma_m - \bar{\sigma}_s)^2 + \frac{1}{N}\sum_{m=1}^{M} h_m (\bar{g} - \bar{g}_m)^2 \tag{5.67}$$

式(5.67)表明,差(Δ)总是正的,因此,有

$$\sigma^2(I_N) > \sigma^2(I_s) \tag{5.68}$$

式(5.68)表明,使用 N_m 的最优集合,可以保证使用分层抽样技术时给定积分

的方差始终小于使用标准技术所获得的方差。

例 5.3 为了演示分层抽样技术的使用过程，考虑下面的积分：

$$I = \int_{-3}^{3} \mathrm{d}x\,(1 + \tanh x) \tag{5.69}$$

给定 $g(x)f(x) = 1 + \tanh x$，考虑均匀概率密度函数：

$$f(x) = \frac{1}{6} \tag{5.70}$$

则式(5.69)化简为

$$I = 6\int_{-3}^{3} \mathrm{d}x\,(1 + \tanh x) \times \frac{1}{6} \tag{5.71}$$

由式(5.45)和式(5.46)，可以推导出 $f_m(x)$ 和 h_m 的公式，其中 D_m（子域区间）等于 1，如下所示：

$$\begin{cases} f_m(x) = \dfrac{\dfrac{1}{6}}{\displaystyle\int_{D_m} \mathrm{d}x\,\dfrac{1}{6}} = 1 \\[4mm] h_m = \displaystyle\int_{D_m} \mathrm{d}x\,\dfrac{1}{6} = \dfrac{1}{6} \end{cases} \tag{5.72}$$

利用前面的信息、式(5.57)和式(5.65)的方差表达式，以及式(5.56)用于确定"最优"样本数的表达式，本节编写了一个计算机程序来估计式(5.69)的积分及其对不同样本总数和每个区间内不同样本数分布的相关误差。考虑样本数量的三种分布，包括"标准"（从均匀分布随机获得）、"均匀"（每层样本数量相等）和"最优"（由式(5.56)获得）。

为了估计每层样本数量的"最优"分布，首先考虑两种情况，分别为 100 个和 1000 个样本总数，将积分范围划分为 10 个层，并估计每层的方差。表 5.1 比较了两种情况下每层估计的最优样本数量与使用标准方法获得的样本数量。

表 5.1　100 个和 1000 个样本的"标准"和"最优"情况下每层样本数量的比较

算　例		D1	D2	D3	D4	D5	D6	D7	D8	D9	D10
100 个样本	标准	10	10	14	6	11	13	5	12	8	11
	最优	2	2	2	16	25	24	12	7	3	2
1000 个样本	标准	106	103	88	104	98	99	111	89	103	99
	最优	7	18	55	155	271	266	150	53	19	6

正如预期的那样，与 1000 个样本的情况相比，在 100 个样本的情况下，估计的样本数量（N_m）是高度可变的，1000 个样本的情况接近预期的均匀分布。然而，对于最优分布来说，情况并非如此，最优分布是根据每层的方差大小重新分配样本数量。图 5.1 所示为被积函数的分布与样本数的最优分布。

图 5.1 表明，每层最优样本数量的公式（见式(5.56)）确实为表现出较大变化

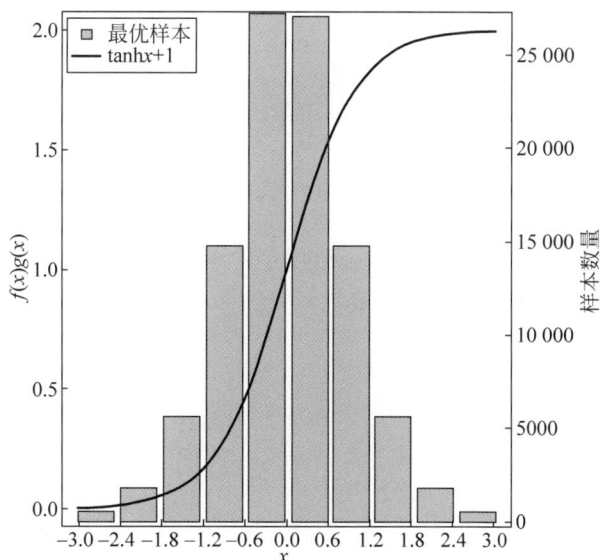

图 5.1 被积函数的分布与样本数量的最优分布

的被积函数中间段分配了明显更多的样本数量,对于表现出平滑分布的两个尾部则分配较少。

为了检验分层抽样的有效性,本节将积分的解析解(见式(5.69)),即 $I = 6.0$,与使用标准抽样和分层抽样得到的估计值分别进行比较。表 5.2 比较了在抽样数为 $100 \sim 100\,000$ 增加样本总数时,使用不同抽样方法得到的积分估计值、标准差和相对偏差(记为 'rel')。

表 5.2 标准抽样和分层抽样技术的预测结果与解析解的比较(见式(5.69))

方 法	抽 样 数	期 望 值	抽样 S_x	相对偏差/%
	100	5.972 37	0.508 84	8.52
标准	1000	5.943 19	0.154 94	2.61
	10 000	5.967 52	0.049 28	0.93
	100 000	5.994 57	0.015 55	0.26
	100	5.972 34	0.055 88	0.94
均匀分层	1000	5.979 17	0.014 80	0.25
	10 000	5.999 55	0.004 92	0.08
	100 000	6.000 88	0.001 54	0.03
	100	5.969 51	0.034 21	0.57
最优分层	1000	6.012 09	0.011 04	0.18
	10 000	6.003 26	0.003 43	0.06
	100 000	6.001 35	0.001 09	0.02

表 5.2 表明,与标准方法相比,即使每层取样数量相等,分层抽样技术的标准差和相对不确定度也明显较低。正如预期的那样,最优分层抽样的效果最好。积

分估计值与参考解析值吻合良好，特别是最优抽样方法，在估计不确定度范围内吻合良好。图5.2给出了不同抽样方法的标准差随表5.2所示样本数量的期望行为。

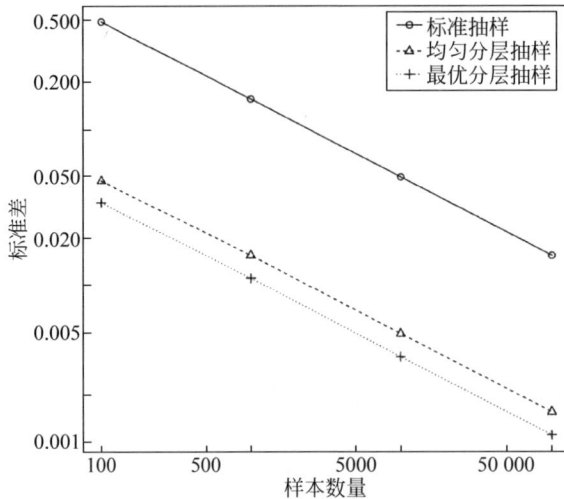

图 5.2 不同抽样方法的标准差与样本数的变化

从理论上讲，如果解收敛到中心极限定理有效的地方，那么方差就会以样本数的平方根的比例下降。对于当前的示例，在 $100\sim100\,000$ 的连续两种情况之间的比例为 $\dfrac{1}{\sqrt{10}}$。为了理解均匀分层的影响，本节从式(5.65)开始，计算标准抽样方法的积分方差，加减 $\left(\dfrac{1}{N}\bar{\sigma}_s^2\right)$ 得到

$$\sigma^2(I_N) = \frac{1}{N}\sum_{m=1}^{M} h_m(\sigma_m - \bar{\sigma}_s)^2 + \frac{1}{N}\sum_{m=1}^{M} h_m(\bar{g} - \bar{g}_m)^2 + \frac{1}{N}\bar{\sigma}_s^2 \qquad (5.73)$$

分析上述公式中的不同项，均匀分层抽样消除了第二项，通过最优分层抽样，第一项也被消除，只留下第三项。在这个例子中，均匀分层抽样的表现几乎和最优情况一样好，这表明第二项高于第一项。对于不同的应用，这些项的相对重要性可能会有很大的不同，从而影响了分层抽样技术的有效性。

5.3.4 联合抽样法

原则上，根据应用的不同，可以通过结合前面提到的减方差技术来开发新的技术。例如，可以将重要性抽样法和分层抽样法结合起来。

这意味着在式(5.11)中的 $f^*(x)$ 被确定后，形成了一个新的被积函数 $g^\dagger(x)$，然后考虑被积函数的行为，将该域划分为 M 个子域。

这意味着式(5.11)可以改写为

$$I = \sum_{m=1}^{M} h_m \int_{D_m} \mathrm{d}x\, g^\dagger(x) f_m^*(x) \qquad (5.74)$$

其中,

$$g^{\dagger}(x) = \frac{g(x)f(x)}{f^*(x)} \tag{5.75}$$

$$f_m^*(x) = \frac{f^*(x)}{h_m} \tag{5.76}$$

然后,对每个子域 $f_m^*(x)$ 进行抽样,得到每个子域被积函数的平均值为

$$\overline{g_m^{\dagger}} = \frac{1}{N_m}\sum_{i=1}^{N_m} g_m^{\dagger}(x_i) \tag{5.77}$$

因此,积分为

$$I = \sum_{m=1}^{M} h_m \overline{g_m^{\dagger}} \tag{5.78}$$

如果选择合适的重要性函数和每个子域的样本量,该方法将得到更准确的解。请注意,样本量必须根据式(5.56)获得。另一种方法是为每个子域使用唯一的重要性函数[103]。除最小化方差外,确保缩短计算时间也很重要,也就是说,最终的目标是实现高 FOM。

5.4 本章小结

本章讨论了如何使用蒙特卡罗方法来估计积分,以及如何通过修改 pdf、被积函数、子域划分集的样本大小和(或)使用上述措施的任何组合来减小积分的方差。这表明,用相对较小的努力显著减少方差是可能的。然而,如前所述,FOM 是最终要参考的重要参数,因为它考虑了方差和计算时间的综合减小,计算时间高度依赖应用程序。

习题

1. 使用重要性抽样法确定以下积分:

$$\int_0^1 \mathrm{d}x \, \frac{1+x+x^2}{1+x}$$

与标准抽样方法比较效率。

2. 采用重要性抽样法求解积分:

$$\int_0^1 \mathrm{d}x (x - \sin x)$$

使用以下函数:

(1) $f(x) = 1$;

(2) $f(x) = x$;

(3) 你选择的"智能"函数。

对于每个函数,抽样直到相对误差小于 0.1%。比较计算时间和获得所需精度需要的样本数量,并讨论结果。

3. 重复习题 2(从相同的 3 个函数中抽样),但将积分范围改为 $[0,10\pi]$。将结果与习题 1 进行比较。

4. 利用相关抽样技术计算习题 1 的积分。

5. 用分层抽样法计算习题 1 的积分。首先,使用 5 个相等的层进行计算。接下来,在执行其余样本之前,使用 100 个样本来估计最优参数。

6. 求积分:

$$\int_1^2 dx \ln(x)$$

分别采用标准抽样和均匀分层抽样法,检验式(5.73)中不同项的行为。

7. 求积分:

$$\int_0^1 dx \sin x$$

分别采用重要性抽样法、相关抽样法和均匀分层抽样法。比较这些方法的效率。

8. 求积分:

$$\int_{-3}^3 dx (1 + \tanh x)$$

采用重要性抽样法和相关抽样法。

9. 求积分:

$$\int_0^1 dx \, \frac{1}{1+x^2}$$

分别采用每层抽样为标准、均匀分层和最优分层抽样法,检查式(5.73)中不同项的行为。

第6章

固定源蒙特卡罗粒子输运

6.1 本章引言

本章专门讨论蒙特卡罗方法在简化的粒子输运问题中的应用。如前文所述，这种方法能够在一台计算机上进行实验，并可以估计粒子的预期行为及其在介质中的相互作用。为了更加深入地讨论蒙特卡罗方法在粒子输运中的应用，读者应该参阅下面这些作者编写的书籍：Dunn 和 Shultis[29]；Greenspan，Kelber 和 Okrent[41]；Kalos 和 Whitlock[58]；Lux 和 Koblinger[67]；Morin[77]；Spanier 和 Gelbard[94]。一些程序手册，如 MCNP、PENLOPE 和 Serpent，均提供了关于这个方法的优秀讨论。

通常，粒子是从一个有随机空间位置、随机方向、随机能量的源（固定或者裂变）发出的。每一个粒子在它与介质的原子核发生相互作用前，都有机会在介质中自由运动。不同类型相互作用的发生，取决于粒子的类型、能量及介质的组成。这些相互作用可以用核数据和物理模型建立的概率密度函数（pdf）来描述，可能产生一个或者多个粒子，也可能是粒子的终结，和（或）粒子能量或者粒子方向的改变。如果一个粒子从介质中逸出，那么它也有可能被终结。蒙特卡罗模拟将跟踪每个粒子从出生到死亡的"历史"，通过模拟大量的"历史"来估计对感兴趣的预期计数，并且评估这些计数的相关方差和（或）相对不确定度。

本章首先介绍了线性玻耳兹曼方程，然后描述了基于单速理论的一维屏蔽中中子输运的蒙特卡罗方法。这个讨论包括必要的蒙特卡罗基本公式（FFMCs）的推导，以及用于开发蒙特卡罗程序的算法。6.7 节介绍了执行扰动研究的相关抽样方法。

6.2 线性玻耳兹曼方程的介绍

本节引入与时间无关的线性玻耳兹曼方程（LBE）是有指导意义的，它涉及相空间中的粒子守恒。本节给出了非增殖介质的方程，第 11 章将详细讨论增殖介质和特征值问题。尽管本章的讨论适用于任何中性粒子输运,但这些相互作用的例子只涉及中子。本书的其余部分也是如此。

线性玻耳兹曼方程表示相空间($d^3 r dE d\Omega$)中的粒子守恒。用于固定源的与时间无关的 LBE 由 Bell 和 Glasstone[4] 给出:

$$\boldsymbol{\Omega} \cdot \nabla \psi(\boldsymbol{r}, E, \boldsymbol{\Omega}) + \Sigma_t(\boldsymbol{r}, E) \psi(\boldsymbol{r}, E, \boldsymbol{\Omega})$$

$$= \int_0^\infty dE' \int 4\pi d\Omega' \Sigma_s(\boldsymbol{r}, E' \to E, \boldsymbol{\Omega} \cdot \boldsymbol{\Omega}') \psi(\boldsymbol{r}, E, \boldsymbol{\Omega}') + S(\boldsymbol{r}, E, \boldsymbol{\Omega}) \quad (6.1)$$

其中,$\psi(\boldsymbol{r}, E, \boldsymbol{\Omega}) = v(E) n(\boldsymbol{r}, E, \boldsymbol{\Omega})$ 是相空间中的期望角通量,$v(E)$ 是粒子在能量 E 下的速度,$n(\boldsymbol{r}, E, \boldsymbol{\Omega})$ 是相空间内的粒子数密度;$\Sigma_t(\boldsymbol{r}, E)$ 是宏观总截面,表示在位置 $\boldsymbol{r}$ 和能量 E 下、单位长度内、所有类型的粒子-原子核相互作用的发生概率;$\Sigma_s(\boldsymbol{r}, E' \to E, \boldsymbol{\Omega} \cdot \boldsymbol{\Omega}')$ 是微分宏观散射截面,表示在单位长度内,发生粒子-原子核散射后,粒子从能量 E' 散射到能量 E 附近的 dE 内,及粒子从方向($\boldsymbol{\Omega}'$)散射到方向($\boldsymbol{\Omega}$)附近的 $d\Omega$ 的概率;$S(\boldsymbol{r}, E, \boldsymbol{\Omega})$ 是相空间内固定源的密度。

从物理上来说,式(6.1)表示相空间内的粒子损失率(左侧)和粒子产生率(右侧)的平衡。具体而言,各项在表 6.1 内有详细描述。

表 6.1　式(6.1)从左到右各项的描述

序　号	定　义	描　　述
1	泄漏项	相空间内预期的粒子流
2	碰撞项	相空间内任何类型的预期的粒子-原子核相互作用
3	散射项	预期的粒子散射,从($E', \boldsymbol{\Omega}'$)到($E, \boldsymbol{\Omega}'$)附近的($dE d\Omega$)
4	源项	相空间内粒子源的期望密度

如表 6.1 所示,式(6.1)的各项展示了不同的随机过程下粒子损失和粒子生成的期望值(平均值)。蒙特卡罗方法可以通过平均单个粒子的历史(从出生到死亡)来计算式(6.1)的不同项。

由于大多数蒙特卡罗方法的概念和技术可以在不需要多维和能量依赖的情况下进行讨论,所以本书中的大多数讨论都是基于一维单速的粒子输运,具有各向同性的弹性散射和粒子源,由式(6.2)表达:

$$\mu \frac{\partial \Psi(x, \mu)}{\partial x} + \Sigma_t(x) \Psi(x, \mu) = \frac{1}{2} (\Sigma_s \phi(x) + S(x, \mu)) \quad (6.2)$$

其中,x 表示物理性质变化的维度;μ 表示粒子方向($\boldsymbol{\Omega}$)相对于 x 轴的方向余弦;$\phi(x)$ 表示角通量积分得到的标量通量 $\left(\int_{-1}^1 d\mu \psi(x, \mu) \right)$。为进一步简化,认为粒子源产生于一个点($x_0$),沿着一个方向($\mu_n$),即

$$S(x, \mu) = S_0 \delta(x - x_0) \delta(\mu - \mu_n) \quad (6.3)$$

这里只考虑了散射与吸收两种类型的相互作用。这意味 $\Sigma_t = \Sigma_a + \Sigma_s$,吸收被认为是俘获的同义词,即终止了粒子的历史。为完整起见,附录 E 讨论了不同类型的相

互作用,以及能量依赖性、弹性和非弹性散射的抽样方法。

6.3　简化粒子输运的蒙特卡罗方法

考虑一个单向、单速的中子点源放置在一维均匀屏蔽层的左边界,该屏蔽层放置在真空中,在其右边界放置一个探测器,如图 6.1 所示。

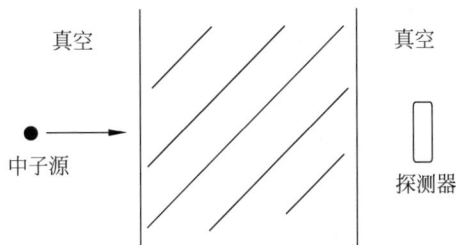

图 6.1　一维屏蔽示意图

为了通过蒙特卡罗方法得到确定屏蔽层内或屏蔽层后,即探测器处的中子分布,或者粒子通过屏蔽层的透射率或反射率,首先要确定基本的物理过程,并获取与之相关的概率密度函数。此外,还需要推导出对应的 FFMC,用于对随机过程中的随机变量进行抽样。要注意到,因为屏蔽层是放置在真空中的,因此任何离开屏蔽层的粒子将不会再返回,即不可重入边界条件。

在这个简化的粒子输运中,只有如下 3 个基本的随机过程:

(1) 路径长度(或自由飞行)。

(2) 相互作用类型(吸收或者散射)。

(3) 散射相互作用下的散射角,只考虑弹性散射。

6.3.1　路径长度的抽样

本节将推导粒子自由移动距离 r 后,再移动距离 dr 并且发生相互作用的组合概率。由基础粒子物理学可以知道:

(1) 自由移动距离 r 的概率是 $e^{-\Sigma_t r}$。

(2) 移动距离 dr 并且发生相互作用的概率是 $\Sigma_t dr$。

因此,上述过程的组合概率是

$$p(r)dr = \Sigma_t e^{-\Sigma_t r} dr \tag{6.4}$$

现在,这个过程的 FFMC 为

$$p(r) \equiv \int_0^r dr' \Sigma_t e^{-\Sigma_t r'} = \eta \tag{6.5}$$

并按如下方法求解路径长度:

$$\begin{cases} 1 - e^{-\Sigma_t r} = \eta \\ \Sigma_t r = -\ln(1 - \eta) \\ r = -\dfrac{\ln\eta}{\Sigma_t} \end{cases} \tag{6.6}$$

要注意到，为了减少式(6.6)的算术运算，本节简化使用 η 随机数序列，而不是使用 $1-\eta$ 随机数序列。

对于多区域问题，不同区域的 Σ_t 可能是不同的，因此，使用式(6.6)的效率可能非常低，因为当粒子每次穿过不同材料的界面时，都需要将粒子重新定位至界面并使用正确的 Σ_t 进行路径长度抽样。在这种情况下，可以根据平均自由程(mfp，λ)来抽样距离(r)。mfp 是一个粒子自由飞行的期望(平均)距离，由式(6.7)计算：

$$\lambda \equiv E(r) = \int_0^\infty dr(r)(\Sigma_t e^{-\Sigma_t r}) \tag{6.7}$$

利用分部积分法，式(6.7)可以化简成

$$\lambda = -r e^{-\Sigma_t r} \Big|_0^\infty - \int_0^\infty dr e^{-\Sigma_t r} = 0 - \frac{1}{\Sigma_t} e^{-\Sigma_t r} \Big|_0^\infty$$

$$\lambda = \frac{1}{\Sigma_t} \tag{6.8}$$

现在，根据 mfp 将式(6.6)改写为

$$\begin{cases} r = -\dfrac{\ln\eta}{\dfrac{1}{\lambda}} \\ b \equiv \dfrac{r}{\lambda} = -\ln\eta \end{cases} \tag{6.9}$$

其中，b 是平均自由程 mfp 的数量。使用 mfp 数量方法的过程如下。

(1) 对沿粒子运动方向每个子区域(m)定义 $b_m = \sum_{i=1}^{m} \Sigma_{t,i} r_i$，如图 6.2 所示。

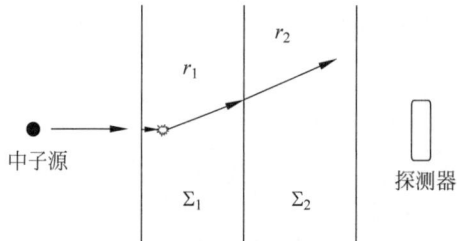

图 6.2　一维屏蔽示意图

(2) 沿着粒子方向从区域 $\hat{m}$(粒子位置)到最后一个子区域，生成一个随机数(η)，直到满足不等式(6.10)，代表了粒子是在区域 m 内的。

$$b_{m-1} < -\ln\eta \leqslant b_m \tag{6.10}$$

（3）根据式（6.11）计算第 m 个区域内的 r：

$$r = -\frac{\ln\eta + b_{m-1}}{\Sigma_{t,m}} \tag{6.11}$$

需要注意的是，随着区域数目的增加，mfp 数量方法的有效性也随之增大，特别是当 $\Sigma_{t,m}$ 对于全部子区域都很小时。

6.3.2 抽样相互作用类型

在自由飞行后，粒子会发生相互作用，那么会发生什么类型的相互作用呢？如前所述，本节只考虑吸收（俘获）和"弹性"散射。这是一个二元的随机过程，吸收的概率是 $\left(p_a = \dfrac{\Sigma_a}{\Sigma_t}\right)$，散射的概率是 $\left(p_s = 1 - \dfrac{\Sigma_a}{\Sigma_t}\right)$。这意味着 $\dfrac{\Sigma_a}{\Sigma_t}$ 给出了吸收相互作用的比例，剩下的是散射相互作用的比例。这个二元相互作用集合的步骤如下：

（1）产生一个随机数（η）。

（2）如果 $\eta \leqslant \dfrac{\Sigma_a}{\Sigma_t}$，这个粒子被吸收，反之它被散射。

注意到上述过程遵循了使用离散变量的式（2.16），即如果满足关系 $\eta \leqslant \min[P_1, P_2] = \min\left[\dfrac{\Sigma_a}{\Sigma_t}, 1\right]$，那么粒子被吸收；否则，它被散射。

6.3.2.1 N（大于 2）型相互作用的流程

一般来说，如果存在 N 种不同的相互作用，可以考虑如下步骤：

（1）确定不同相互作用类型对应的相互作用概率（p_n），即 $n = 1, N$。

（2）对于任意相互作用类型的列表，要确定相应的 CDF，$P_n = \sum\limits_{n'=1}^{n} p_{n'}$。

（3）产生一个随机数（η），如果 η 满足不等式（6.12），那么，结果为相互作用类型 n。

$$P_{n-1} < \eta \leqslant P_n \tag{6.12}$$

图 6.3 显示了为式（6.12）开发软件的流程。

图 6.3 对有 N 个结果的离散随机变量进行抽样的流程

6.3.2.2 具有 N 个等概率结果的离散随机变量的流程

对于所有的相互作用类型都有相同的出现概率，即相同概率分布 $\left(P_n = \dfrac{1}{N}\right)$ 的特殊情况，这个流程可以简化如下。

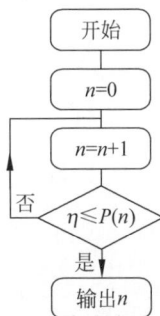

（1）对于一个离散随机变量，cdf，P_n 必须与 η 相关。

（2）因此，$\dfrac{n}{N} \propto \eta$ 或者 $n \propto N\eta$。

（3）因为相互作用类型是一个整数值，所以必须考虑 $n \propto \mathrm{INT}(N\eta)$。

（4）所以，为了能够对相互作用类型 $1 \sim N$ 进行抽样，上述等式可以化简成以下等式：

$$n = \mathrm{INT}(N\eta) + 1 \tag{6.13}$$

所以，式（6.13）提供了一个高效的方法去抽样有 N 个等概率结果的离散随机变量。

6.3.3 散射角的选择

如果相互作用类型是散射，则需要确定散射角。为此，必须要导出一个散射角分布的 pdf。根据单速粒子输运理论，微分散射截面表示为

$\Sigma_s(\boldsymbol{\Omega} \to \boldsymbol{\Omega}')\mathrm{d}\boldsymbol{\Omega}' \equiv$ 沿方向 $\boldsymbol{\Omega}$ 移动的粒子每单位长度散射到围绕方向 $\boldsymbol{\Omega}'$ 的立体角

$$(\mathrm{d}\boldsymbol{\Omega}')\text{的概率}\left(\text{其中，微分散射截面的单位为} \dfrac{1}{\mathrm{cm} - \mathrm{steradian}}\right) \tag{6.14}$$

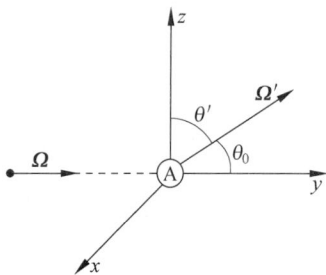

图 6.4　散射过程

图 6.4 描述了三维坐标系内的微分散射公式的定义。关于立体角公式的讨论，参考附录 C。考虑到在单速粒子输运理论[4]中，微分散射截面（仅）取决于散射角，即 $\mu_0 = \boldsymbol{\Omega}\boldsymbol{\Omega}'$，所以，微分散射截面可以简写成

$$\Sigma_s(\boldsymbol{\Omega} \to \boldsymbol{\Omega}') \equiv \Sigma_s(\mu_0) \tag{6.15}$$

注意到，当使用能量依赖的粒子输运理论时，式（6.15）并不适用于热群。

立体角由式（6.16）给出：

$$\mathrm{d}\boldsymbol{\Omega}' = \mathrm{d}\mu'\mathrm{d}\phi', \quad -1 \leqslant \mu' \leqslant 1, \quad 0 \leqslant \phi' \leqslant 2\pi \tag{6.16}$$

其中，$\mu' = i \cdot \boldsymbol{\Omega}' = \cos\theta'$，$\theta'$ 和 ϕ' 分别被称为极角和方位角。这里，i 是在三维参考系内沿 x 轴的单位向量。

因为微分散射截面是由两个随机变量组成的，即散射相互作用和散射后的方向（散射角），所以可以写出如下等式：

$$\Sigma_s(\mu_0)\mathrm{d}\mu'\mathrm{d}\phi' = \Sigma_s p'(\mu_0)\mathrm{d}\mu'\mathrm{d}\phi' \tag{6.17}$$

其中，Σ_s 是散射截面（单位长度内发生散射的概率）；$p'(\mu_0)$ 是每球面度上，散射粒子在立体角 $\mathrm{d}\boldsymbol{\Omega}'$ 内将方向改变为新方向 $\boldsymbol{\Omega}'$ 的概率。

为了进一步分析，有必要找到 μ' 和 μ_0 之间的关系，并重写上述方程。为了避免数学上的复杂性，本节首先对坐标系进行旋转，使 z 轴正方向与粒子发生散射前

的方向一致（$\boldsymbol{\Omega}$）。然后，如图 6.5 所示，$\mu' = \mu_0$，$\phi' = \phi_0$，因此，式(6.17)可以简写成

$$\Sigma_s(\mu_0)\mathrm{d}\mu_0\mathrm{d}\phi_0 = \Sigma_s p'(\mu_0)\mathrm{d}\mu_0\mathrm{d}\phi_0 \quad (6.18)$$

注意到，通常在坐标系旋转后，有必要修改函数以考虑旋转效应，但在这里是不必要的，因为感兴趣的变量 μ_0 未改变，因此，$\Sigma_s(\mu_0)$ 和 $P(\mu_0)$ 并没有受到影响。

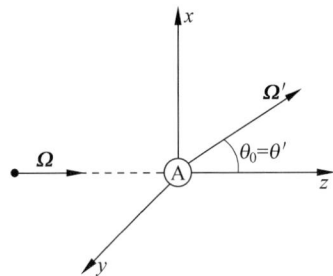

接下来，在 $\varphi_0 \in [0, 2\pi]$ 上对式(6.18)进行积分，并且求解 $P(\mu_0)$ 得到如下结果：

图 6.5　坐标系旋转后的散射过程

$$p(\mu_0)\mathrm{d}\mu_0 = \frac{\int_0^{2\pi}\mathrm{d}\phi_0 \Sigma_s(\mu_0)\mathrm{d}\mu_0}{\Sigma_s}$$

$$p(\mu_0)\mathrm{d}\mu_0 = 2\pi \frac{\Sigma_s(\mu_0)}{\Sigma_s}\mathrm{d}\mu_0 \quad (6.19)$$

注意到，本节选择设置 $p(\mu_0) = \int_0^{2\pi}\mathrm{d}\phi_0 p'(\mu_0)$，同时在上述等式右侧进行积分。这个方法可以保持微分截面的单位是每单位球面度，因为可用的数据通常是按单位球面度给出的。

现在，如果考虑散射过程是各向同性的，即 $\Sigma_s(\mu_0)$ 等于一个常数 c，那么必须考虑式(6.20)并导出数值：

$$\begin{cases} \int_0^{2\pi}\mathrm{d}\phi_0 \int_{-1}^1 \mathrm{d}\mu_0 \Sigma_s(\mu_0) = \Sigma_s \\ 2\pi \int_{-1}^1 \mathrm{d}\mu_0 c = \Sigma_s \\ c = \dfrac{\Sigma_s}{4\pi} \end{cases} \quad (6.20)$$

所以，各向同性散射的微分散射截面如式(6.21)所示：

$$p'(\mu_0) = \frac{1}{4\pi} \quad (6.21)$$

现在可以导出抽样散射角(μ_0)的 FFMC，如式(6.22)所示：

$$2\pi \int_{-1}^{\mu_0}\mathrm{d}\mu' \frac{1}{4\pi} = \eta \quad (6.22)$$

求解上述方程可以得到一个各向同性散射过程的抽样表达式：

$$\mu_0 = 2\eta - 1 \quad (6.23)$$

现在，必须对散射后方向 $\boldsymbol{\Omega}'$ 的极角余弦 μ' 进行抽样。为此，可以使用以下恒等式：

$$\mu' = \mu\mu_0 + \sqrt{1-\mu^2}\,\sqrt{1-\mu_0^2}\,\cos\phi_0 \tag{6.24}$$

其中，ϕ_0 遵循均匀分布 $\left(p(\phi_0)=\dfrac{1}{2\pi}\right)$，因此，相关的 FFMC 为

$$\begin{cases} P(\phi_0) = \eta \\[2mm] \phi_0 = 2\pi\eta \end{cases} \tag{6.25}$$

在一个三维域中，有必要沿 3 个轴 (x,y,z) 的方向余弦进行抽样。因此，$\boldsymbol{\Omega}$ 和 $\boldsymbol{\Omega}'$ 表示为

$$\begin{cases} \boldsymbol{\Omega} = u\boldsymbol{i} + v\boldsymbol{j} + w\boldsymbol{k} \\[2mm] \boldsymbol{\Omega}' = u'\boldsymbol{i} + v'\boldsymbol{j} + w'\boldsymbol{k} \end{cases} \tag{6.26}$$

考虑到在三维域中，散射角由其极角 (θ_0) 和方位角 (ϕ_0) 确定，所以散射后粒子的方向余弦可通过式(6.27)~式(6.29)得到：

$$u' = \boldsymbol{i}\cdot\boldsymbol{\Omega}' = -\left(\frac{uw}{s} - \frac{v}{s}\right)\sin\theta_0 + u\cos\theta_0 \tag{6.27}$$

$$v' = \boldsymbol{j}\cdot\boldsymbol{\Omega}' = -\left(\frac{vw}{s} - \frac{u}{s}\right)\sin\theta_0 + v\cos\theta_0 \tag{6.28}$$

$$w' = \boldsymbol{k}\cdot\boldsymbol{\Omega}' = s\sin\theta_0\cos\phi_0 + w\cos\theta_0 \tag{6.29}$$

其中，$s = \sqrt{1-w^2}$。附录 B 详细讨论了上述方程的推导过程。

6.4　一维蒙特卡罗算法

基于 6.3 节的讨论，图 6.6 给出了考虑单速理论、散射和俘获相互作用，以及各向同性散射的一维屏蔽中蒙特卡罗粒子输运的流程。注意，此流程图涉及粒子权重 (w)，这将在第 7 章和第 8 章讨论。对于当前的讨论，粒子权重均设置为 1。

图 6.6 首先通过定义参数来初始化问题，包括最大粒子数 $(n_{\max})$、屏蔽的厚度 (L)、相对不确定度容许误差等。接下来，粒子计数器递增，并初始化新粒子的位置 x，粒子方向 μ 和粒子权重 w。然后，使用式(6.6)确定路径长度 (r)，并由此计算出粒子位置 x。比较粒子位置和屏蔽边界，以保证粒子是在屏蔽内的。如果在屏蔽内，那么使用式(6.12)抽样相互作用类型。如果粒子发生散射，则通过使用式(6.23)~式(6.25)获得新的方向，然后沿循环返回并抽样新的路径长度。这个过程一直持续到粒子被吸收或者离开屏蔽。这时，粒子的权重被加入相应的计数器中：吸收(abs)，透射(trn)，反射(ref)。如果计数器的计数小于最大粒子数，并且估计的相对不确定度 R（见 8.5 节）大于容许误差，则初始化新粒子。

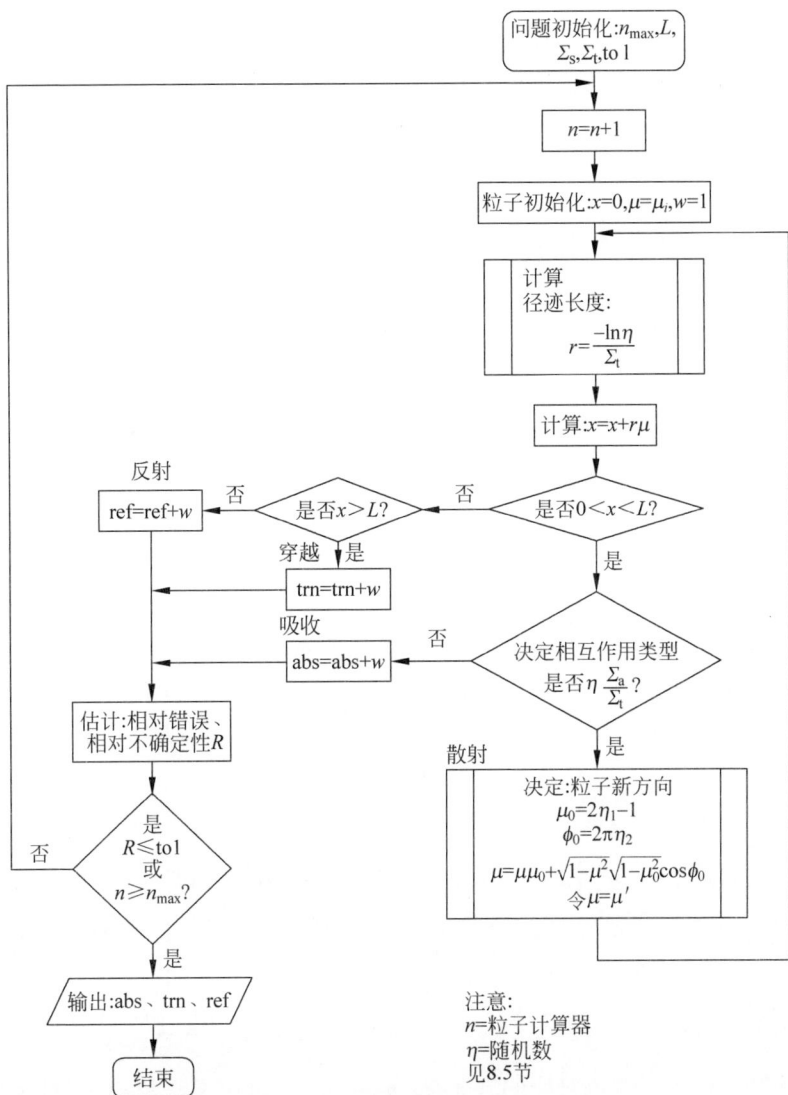

图 6.6 模拟一维屏蔽的蒙特卡罗算法的流程

6.5 通过相关抽样扰动

在蒙特卡罗模拟中,统计不确定性可能会掩盖微小的扰动,并阻碍进行扰动研究。相关抽样方法是解决这个问题的一种方法。

相关抽样方法通过为每个新历史使用相同的起始随机数来关联两个蒙特卡罗模拟。这意味着,对于每个历史,相同的序列用于无扰动和扰动模拟,直到扰动影响模拟,从而影响序列。一种方法是考虑一个"步长",如 4279,这是随机数生成器在每个粒子历史开始时递增的跳过值的数量。尽管这个方法是简单的,但它有以下缺点:①必须知道,每个历史不需要比选定的步长有更多的数字;②由于历史可能很短,因此很有可能不会使用大量随机数。

为了克服上述缺点,Spanier 和 Gelbard[94]建立了下面的方法。如果考虑两个标注 i 和 j,i 代表历史记录,j 代表随机数的顺序,那么对于第 1 个历史,随机数可以写成

$$\eta_{1,1} = \eta_1, \eta_{1,2} = \eta_2, \eta_{1,3} = \eta_3, \cdots, \eta_{1,n} = \eta_n \tag{6.30}$$

对于第 2 个历史到第 N 个历史,每一个历史都是使用前一个历史中的第 2 个随机数的补码开始的,如下所示:

$$\eta_{2,1} = 1 - \eta_{1,2}, \eta_{2,2} = \mathrm{PRNG}(\eta_{2,1}, 1)$$

$$\eta_{2,3} = \mathrm{PRNG}(\eta_{2,1}, 2), \cdots, \eta_{2,n} = \mathrm{PRNG}(\eta_{2,1}, n-1)$$

$$\eta_{3,1} = 1 - \eta_{2,2}, \eta_{3,2} = \mathrm{PRNG}(\eta_{3,1}, 1)$$

$$\eta_{3,3} = \mathrm{PRNG}(\eta_{3,1}, 2), \cdots, \eta_{3,n} = \mathrm{PRNG}(\eta_{3,1}, n-1)$$

$$\eta_{N,1} = 1 - \eta_{N-1,2}, \eta_{N,2} = \mathrm{PRNG}(\eta_{N,1}, 1)$$

$$\eta_{N,3} = \mathrm{PRNG}(\eta_{N,1}, 2), \cdots, \eta_{N,n} = \mathrm{PRNG}(\eta_{N,1}, n-1) \tag{6.31}$$

其中,$\mathrm{PRNG}(\eta_{n,1}, k)$ 是在第 n 个历史中使用种子 $\eta_{n,1}$ 以在序列中生成第 k 个随机数的伪随机数生成器。注意,在这个方法(见式(6.30)和式(6.31))中,对于每一个历史,即使历史在使用了第一个随机数后就终止了,也必须生成至少两个随机数。

6.6 如何检验蒙特卡罗方法的统计可靠性

如在第 4 章中所讨论的,蒙特卡罗模拟的结果应该包括平均值及其相关的不确定度。此外,蒙特卡罗模拟通常在达到规定的精度后停止,即当相对不确定度小于给定的容许误差时,考虑到粒子历史的数目 N 很大,通过应用中心极限定理(CLT)计算与样本平均值对应的方差,即 $\sigma_{\bar{x}}^2 = \dfrac{\sigma_x^2}{N}$。由于无法猜测 N 对于给定问题是否足够大,因此至少应该检查相对不确定度和 FOM 的行为。为了检验相对不确定度,本节确定了从 N_1 到 N_2 的历史数量增加的相对不确定度比例(R_1 和 R_2),如下所示:

$$\frac{R_2}{R_1} = \frac{\dfrac{\sigma_{x,2}}{\bar{x}_2 \sqrt{N_2}}}{\dfrac{\sigma_{x,1}}{\bar{x}_1 \sqrt{N_1}}} \tag{6.32}$$

如果 CLT 是有效的,那么 $\dfrac{\sigma_{x,1}}{\bar{x}_1} = \dfrac{\sigma_{x,2}}{\bar{x}_2}$,所以上面的比例可以简写成

$$\frac{R_2}{R_1} = \sqrt{\frac{N_1}{N_2}} \tag{6.33}$$

因此,一个可靠的蒙特卡罗模拟结果应该遵循式(6.33)。

对于FOM,如果CLT是有效的,那么

$$R_{\bar{x}} \approx \frac{R_x}{\sqrt{N}} \simeq \frac{C_1}{\sqrt{N}} \tag{6.34}$$

考虑到计算时间(T)应该随着历史数目的改变而改变,即 $T \simeq c_2 N$,那么FOM可以简写为

$$\text{FOM} \simeq \frac{1}{\left(\frac{c_1}{\sqrt{N}}\right)^2 (C_2 N)} \simeq C \tag{6.35}$$

这意味着对于一个可靠的蒙特卡罗模拟,相应的FOM必须在恒定值(c)上下波动。

6.7　本章小结

本章首先介绍了蒙特卡罗粒子输运,对于简单的一维单速中子屏蔽问题,定义了3个随机过程,利用FFMC推导出抽样每个随机变量的必要公式,并详细阐述了一维屏蔽的蒙特卡罗模拟;同时也提供了一维、单速蒙特卡罗中子输运模拟的算法,提出了一种进行扰动研究的方法;最后,对分析结果的可靠性进行了讨论。总的来说,蒙特卡罗模拟的任何结果都应该得到仔细分析,否则很容易出现精确但错误的结果。

习题

1. 连续随机变量 r 的分布函数由下式给出:

$$f(r) = \mathrm{e}^{-r}, \quad r \in [0,8]$$

推导出相应的FFMC。

2. 连续随机变量 x 的分布函数由下式给出:

$$f(x) = 1 + x^2 + x^3, \quad x \in [0,1]$$

推导出相应的FFMC。

3. 散射角的概率密度函数表示为

$$p(\mu_0) = 2\pi \frac{\Sigma_s(\mu_0)}{\Sigma_s}$$

(1) 如果 $\Sigma_s(\mu_0) = k$,根据散射截面 Σ_s 推导出 k 的值。

(2) 如果 $\Sigma_s(\mu_0) = a\mu_0^2$,推导出抽样散射角的FFMC公式。

4. 编写一个程序,以估算粒子通过任意区域的一维多区屏蔽层的透射、反射和吸收概率,其中,透射是指粒子穿过屏蔽另一侧,反射是指粒子从屏蔽层的起始侧离开屏蔽,且认为源粒子是垂直于屏蔽表面发射的。根据路径长度和平均自由路径数量的方法编写两种算法,从而抽样粒子在碰撞之间自由移动的距离。

(1) 推导出 $\Sigma_t = 1.0\ \mathrm{cm}^{-1}$,厚度为 $5.0\ \mathrm{cm}$ 的纯吸收屏蔽层的解析表达式。

(2) 根据(1)中的纯吸收屏蔽检验所编写程序的准确性。

(3) 用含有 10% 的各向同性散射的屏蔽检验所编写的程序。

5. 对以下 3 区域屏蔽,检验习题 4 中所编写程序的性能。

(1) 案例 1:

区域 1, $\Sigma_t = 0.1\ \mathrm{cm}^{-1}$, $\Sigma_a = 0.01\ \mathrm{cm}^{-1}$,厚度为 $0.10\ \mathrm{cm}$。

区域 2, $\Sigma_t = 10\ \mathrm{cm}^{-1}$, $\Sigma_a = 0.1\ \mathrm{cm}^{-1}$,厚度为 $0.10\ \mathrm{cm}$。

区域 3, $\Sigma_t = 100\ \mathrm{cm}^{-1}$, $\Sigma_a = 10\ \mathrm{cm}^{-1}$,厚度为 $0.10\ \mathrm{cm}$。

(2) 案例 2:与案例 1 中一致,除交换区域 1 和区域 3 外。

(3) 案例 3:与案例 1 中一致,除移去区域 3 外。

每个案例分别运行 1000 次,100 000 次,10 000 000 次起始粒子历史。对于每种抽样方法(路径长度、mfp 的数量)、每种案例和每个粒子历史的数量,给出透射、反射和吸收对应的计算概率及相关的不确定度。讨论得出的结果。可以使用图 6.6 中给出的流程来帮助完成此程序。

6. 使用习题 4 中开发的程序来检验用于测试一个区域材料特性中的微小扰动的相关方法。测试用例由 3 个区域组成,如表 6.2 所示。

表 6.2 习题 6 的区域属性

区　　域	$\Sigma_t / \mathrm{cm}^{-1}$	$\Sigma_a / \mathrm{cm}^{-1}$	厚度/cm
1	0.5	0.40	1.0
2	0.1	0.03	0.1
3	0.2	0.20	2.0

(1) 将区域 2 的吸收分数依次增加 5%、10%、50%,然后确定对不同概率的影响。

(2) 将区域 2 的厚度依次降低 5%、10%、50%,然后确定对不同概率的影响。

(3) 比较并讨论在(1)和(2)中获得的结果。

7. 使用在习题 4 中开发的程序,分析 3 个有着 6 种不同材料的 6 区屏蔽,如表 6.3 所示。检验在这些屏蔽内的路径长度方法和 mfp 数方法的性能。每个区域都是 1 cm 宽。注意到 $c = \dfrac{\Sigma_s}{\Sigma_t}$。

表 6.3　习题 7 的区域属性

案例	区域 1	区域 2～6
1	$\Sigma_t = 1 \text{ cm}^{-1}$, $c = 50\%$	Σ_t 依次减少 10%, 即区域中 $6 \Sigma_t = 0.5 \text{ cm}^{-1}$
2	$\Sigma_t = 1 \text{ cm}^{-1}$, $c = 70\%$	同案例 1
3	$\Sigma_t = 1 \text{ cm}^{-1}$, $c = 90\%$	同案例 2

8. 修改在习题 4 中开发的程序,以考虑由下式表示的散射过程:

$$p(\mu_0) = \frac{1}{2}(1 + \mu_0)$$

使用习题 5 给出的屏蔽检验程序。

第7章

固定源粒子输运中的减方差技术

7.1 本章引言

第 6 章介绍了固定源问题的蒙特卡罗模拟方法,第 5 章探讨了用于求解积分或确定积分量的一般性减方差技术。本章将专门讨论粒子输运模拟的减方差技术,涵盖积分量方差缩减、概率密度函数偏倚、粒子分裂和轮盘赌及其组合运用。

通常情况下,蒙特卡罗方法模拟粒子输运问题的效果很好,但当目标事件发生的概率极低时,可能需耗费大量计算时间才能获得精确的结果。以简单的一维均匀纯吸收屏蔽问题为例,假设总截面 Σ_t 为 2 cm^{-1},厚度为 10 cm,则为了达到 5% 的精度,需要模拟约 1.9×10^{11} 个粒子历史。若假设每个历史模拟耗时 10^{-4} s,则该模拟将耗费大约 225 天的计算时间。这是蒙特卡罗模拟粒子输运所面临的主要挑战,也是发展减方差(VR)技术的根本原因。

在过去的 60 多年里,减方差技术的发展取得了显著进步,许多蒙特卡罗程序,如 MORSE[31]、MCBEND[23] 和 TRIPOLI[13] 开发了各种减方差技术,特别是基于概率密度函数(pdf)偏倚或者粒子分裂和轮盘赌技术[9,11-12,96]。

Wagner 和 Haghighat[46,108] 开发了一种组合减方差方法:一致性共轭驱动重要性抽样(CADIS)方法。CADIS 方法利用确定论粒子输运程序计算的重要性函数,将 pdf 偏倚、粒子分裂和轮盘赌及一致性减方差技巧结合在一起。他们在 MCNP 程序中实现 CADIS 方法[44,108],开发了自动伴随加速蒙特卡罗程序 A^{3}MCNP,实现了确定论粒子输运模拟输入、重要性函数计算、减方差参数计算及 MCNP 计算等 CADIS 主要流程的自动化。

Wagner 等[110] 对 CADIS 方法进行了扩展,提出了针对全局问题的 FW-CADIS 方法。在 CADIS 和 FW-CADIS 的基础上,Wagner 及其团队开发了具有类似于 A^{3}MCNP 功能的 ADVANTG[109]。

关于粒子输运减方差技术的其他有价值的研究,建议参考 Lux 和 Koblinger[67]、Dunn 和 Shultis[29]、Spanier 和 Gelbard[94]、Okrent 等[41] 及 Turner 和 Larsen[98]

等的文献。

本章将详细介绍固定源粒子输运问题的各种减方差技术,首先总体介绍粒子输运减方差,然后针对 5 类减方差技术,逐个具体介绍其方法内涵。

7.2　固定源粒子输运的减方差概述

粒子输运的减方差技术是基于物理量或函数的变化(偏倚)以降低方差从而实现特定目标的方法。为了保持预期的物理结果不变,必须对粒子的统计权重(w)进行调整,以补偿数量或函数的变化,表达式如下所示:

$$w_{\text{biased}}(\text{function/quantity})_{\text{biased}} = w_{\text{unbiased}}(\text{function/quantity})_{\text{unbiased}} \quad (7.1)$$

在固定源粒子输运问题中使用的减方差技术可以分为 5 类:①pdf 偏倚;②粒子分裂和轮盘赌;③权窗;④积分偏倚;⑤混合方法。

一个好的减方差技术应该能在短时间内得到一个精确和准确的解。减方差技术通常依赖用户定义的参数,这会显著影响求解性能和准确性。因此,任何减方差技术都需要一套启发式指南和(或)理论技术来生成一组合适的参数。

通常使用品质因子 FOM 来评估带有减方差的蒙卡算法的性能。好的减方差技术可以使结果得到显著的改进,即要满足不等式(7.2):

$$\frac{\text{FOM}_{\text{new}}}{\text{FOM}_{\text{ref}}} \gg 1 \quad (7.2)$$

请注意,在计算 FOM 之前,有必要证明这两种算法都遵循 FOM 的预期行为和第 6 章中讨论的相对不确定度。

7.3　PDF 偏倚与俄罗斯轮盘赌

本节详细介绍一系列基于 pdf 偏倚的减方差技术。为了确保结果无偏,式(7.1)化简为

$$w_{\text{unbiased}}\text{pdf}_{\text{unbiased}} = w_{\text{biased}}\text{pdf}_{\text{biased}} \quad (7.3)$$

式(7.3)表明,如果有偏 pdf 有所增加,则粒子权重按比例减少,从而保持无偏pdf 的预期结果。

以下各节将介绍一些常用的技术。

7.3.1　隐式俘获(或幸存偏倚)与俄罗斯轮盘赌

在屏蔽问题中,目标之一是确定屏蔽体后预期探测到的(存活的)粒子。然而,随着吸收相互作用的增加,探测到的粒子数量会显著减少,因此需要大量的计算时间来获得统计上可靠的结果。

隐式俘获技术通过设置散射概率($p_s = 1$),使粒子被迫经历散射相互作用。利

用式(7.3)的初始粒子权重 w_0，以及无偏散射概率密度函数 $\mathrm{pdf}\left(p_s = \dfrac{\Sigma_s}{\Sigma_t}\right)$，可以得到以下守恒方程：

$$w_1 \times 1 = w_0 \frac{\Sigma_s}{\Sigma_t} \tag{7.4}$$

现在，可以求解有偏权重（w_1）为

$$w_1 = w_0 \frac{\Sigma_s}{\Sigma_t} \tag{7.5}$$

式(7.5)表明，当 p_s 设为 1 时，即 p_s 乘上一个因子 $\dfrac{\Sigma_t}{\Sigma_s}$，粒子权重（$w$）按比例减少乘上一个因子 $\dfrac{\Sigma_s}{\Sigma_t}$。

现在，如果一个粒子经历了 n 次相互作用，那么它的权重将被减小如下：

$$w_n = w_0 \left(\frac{\Sigma_s}{\Sigma_t}\right)^n \tag{7.6}$$

由于 Σ_s 可能比 Σ_t 小得多，式(7.6)表明，在多次相互作用后，粒子的权重（w_n）可能会显著降低。换句话说，一个低权重的粒子对粒子计数及其统计量的贡献可能很小。在这种情况下，明智的做法是设置一个较低的权重（称为权重截止值），在这个权重下，使用俄罗斯轮盘赌游戏来决定粒子的命运。

俄罗斯轮盘赌的隐式俘获是解决深穿透屏蔽问题的一种有效的减方差技术。俄罗斯轮盘赌技术简介如下。

当粒子权重减小到低于设定的权重截止值后，会产生一个随机数并将其与一个参数进行比较，如 $\dfrac{1}{d}$，其中 d 是 $[2,10]$ 上的一个数。然后，根据以下逻辑来确定粒子的命运：

(1) 如果 $\eta \leqslant \dfrac{1}{d}$，粒子历史将继续下去，粒子权重增加一个因子 d，即 $w_r = dw$。

(2) 否则，粒子历史被终止。

请注意，俄罗斯轮盘赌技术可以与任何其他遇到非常低权重粒子的减方差技术一起使用。

7.3.2 路径长度偏倚

为了增加粒子输运到目标区域的机会，可以改变粒子的自由飞行概率，使粒子路径长度被拉伸到目标区域（如屏蔽体的背面）。对路径长度（r）进行抽样的 FFMC 公式（见式(6.6)）表明，r 随着总截面的减小而增大。因此，在路径长度偏倚技术中，可以考虑用较小的量来代替总截面，如散射截面。这意味着抽样 r 的有

偏 pdf 表示为

$$p_{\text{biased}}(r) = \Sigma_s e^{-\Sigma_s r} \tag{7.7}$$

使用有偏 pdf 后,相应的抽样路径长度 r 的 FFMC(见 2.4 节)减小到

$$r = -\frac{\ln \eta}{\Sigma_s} \tag{7.8}$$

为了保持有偏情况下的预期结果,使用式(7.3)得到

$$w_1 \Sigma_s e^{-\Sigma_s r} = w_0 \Sigma_t e^{-\Sigma_t r} \tag{7.9}$$

然后,偏倚粒子的权重由式(7.10)给出:

$$w_1 = w_0 \frac{\Sigma_t}{\Sigma_s} \Sigma_t e^{-\Sigma_a r} \tag{7.10}$$

其中,$\Sigma_a = \Sigma_t - \Sigma_s$。在这里,路径长度($r$)确实是被拉伸的,但它是朝着屏蔽的两侧进行的。因此,路径长度偏倚是无效的,并且需要一种替代方法来考虑目标区域的方向。

7.3.3　指数变换偏倚

为了克服路径长度偏倚的局限性,本节提出了指数变换方法。使用该方法,在粒子向目标区域移动时(例如,屏蔽体的背面)能扩展路径长度;在粒子远离目标区域时能收缩路径长度。指数变换的有偏 pdf 表示为

$$p_{\text{biased}}(r) = (\Sigma_t - c\mu) e^{-(\Sigma_t - c\mu)r} \tag{7.11}$$

其中,c 是用户自定义参数;μ 是粒子方向和感兴趣方向之间夹角的余弦。在选择 c 参数时,必须保持 $\Sigma_t - c\mu > 0$,即 $c < \Sigma_t$(因为 $-1 < \mu < 1$)。由此,若 $\mu > 0$(粒子沿着感兴趣的方向),pdf 增加;而若 $\mu < 0$,pdf 则减少。如果推导出相应的 FFMC 公式,则可以进一步证明这一点:

$$r = -\frac{\ln \eta}{\Sigma_t - c\mu} \tag{7.12}$$

与路径长度偏倚公式(见式(7.8))相比,式(7.12)只在感兴趣的方向上产生更大的路径长度,在相反的方向上则缩短了路径长度。为了保持预期结果,指数变换技术的式(7.3)化简为

$$w_1 (\Sigma_t - c\mu) e^{-(\Sigma_t - c\mu)r} = w_0 \Sigma_t e^{-\Sigma_t r} \tag{7.13}$$

因此,偏倚权重的公式表示为

$$w_1 = w_0 \frac{\Sigma_t}{\Sigma_t - c\mu} e^{-c\mu r} \tag{7.14}$$

现在,如果一个粒子经历 n 次散射相互作用,然后进行 n 个路径长度抽样,则偏倚权重将减小到

$$w_n = w_0 e^{-c(x - x_0)} \prod_{i=1}^{n} \frac{\Sigma_{t,i}}{\Sigma_{t,i} - c\mu_i} \tag{7.15}$$

其中，$x - x_0 = \sum_{i=1}^{n} \mu_i r_i$；$x_0$ 和 x 分别指粒子在目标轴（如 x 轴）上的初始位置和最终位置。请注意，如果（$\Sigma_{t,i} - c\mu_i$）变得非常小，那么偏倚权重可能会变得非常大，从而导致较大的计数，并可能导致产生有偏差的解。为了纠正这种情况，该方法应该与稍后将讨论的分裂技术相结合，如权窗技术。

最后，需要注意的是，该技术可以很容易与隐式俘获技术相结合，因为两者都对屏蔽问题有效。

7.3.4　强迫碰撞偏倚

这项技术迫使粒子在小体积内碰撞，否则使用粒子输运模拟可能会错过这些碰撞。该技术描述如下：

（1）带有权重（w）的粒子进入感兴趣的区域。

（2）粒子被分裂成两个权重较小的粒子（非碰撞和碰撞），非碰撞粒子穿过几何区域不发生任何碰撞，碰撞粒子则被迫在几何区域中发生碰撞。

（3）非碰撞的粒子权重的赋值为

$$w_{\text{uncollided}} = w e^{-\Sigma_t u} \tag{7.16}$$

强迫碰撞粒子的权重赋值为

$$w_{\text{collided}} = w(1 - e^{-\Sigma_t u}) \tag{7.17}$$

其中，u 是沿粒子方向跨越几何区域的距离。

（4）基于守恒方程式（7.3），在有和没有强迫碰撞的粒子权重之间，获得用于对感兴趣区域内碰撞粒子的路径长度进行抽样的 pdf（称为 $g(r)$），如下所示：

$$w_{\text{collided}} g(r) = w \Sigma_t e^{-\Sigma_t r} \tag{7.18}$$

因此，碰撞粒子的 pdf 减小到

$$g(r) = \frac{\Sigma_t e^{-\Sigma_t r}}{1 - e^{-\Sigma_t u}} \tag{7.19}$$

（5）碰撞粒子在区域内的路径长度（r）是通过使用以下基于 $g(r)$ 概率密度函数推导的 FFMC 进行抽样的：

$$r = -\frac{\ln[1 - \eta(1 - e^{-\Sigma_t u})]}{\Sigma_t} \tag{7.20}$$

7.4　粒子分裂与俄罗斯轮盘赌

粒子分裂的概念源于这样一个事实，即不同的粒子（它们本身或它们的后代）对一个目标有不同的贡献（或重要性）。换句话说，在模拟中，存在不同重要程度的粒子。因此，我们希望提高"重要"粒子的生存能力，同时明智地消除"不那么重要"

的粒子。很明显,只有在"适当地"选择了粒子的重要性时,分裂技术才能有效。使用错误的重要性可能会在相当短的时间内导致有偏差的结果,或者由于分裂和输运不重要(或低权重)的粒子而浪费计算时间。本节将讨论基于粒子位置、能量、方向和权重等属性的粒子分裂技术。

7.4.1 几何分裂

几何分裂方法中,模拟区域被划分为多个子区域,每个区域都被赋予一个重要性(I),使重要性随着粒子向感兴趣区域移动而增加。当一个粒子从一个低重要性区域移动到一个高重要性区域时,它会被分裂成多个低重要性粒子,从而提高了抽样"好"粒子(向目标区域移动)的机会。相反,如果粒子从高重要性区域移动到低重要性区域,则使用俄罗斯轮盘赌。

这项技术可以通过一维屏蔽更清楚地解释,该屏蔽被划分为分别具有重要性 I_1 和重要性 I_2 的区域 1 和区域 2,如图 7.1 所示。如果目标是估计通过屏蔽的输运概率,那么有必要设置 $I_1 < I_2$。

对于在较高重要性的方向上移动的权重为 w 的粒子,即从区域 1 到区域 2,

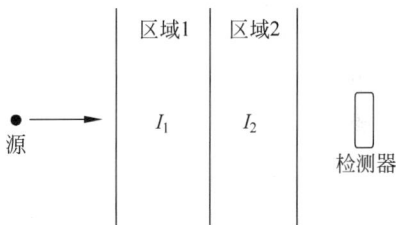

图 7.1　一维屏蔽算例几何分裂示意图

根据区域重要性的比例,即 $\dfrac{I_2}{I_1}$,该粒子被分成多个相同的较低权重的粒子,如下所示。

(1) 如果 $n = \dfrac{I_2}{I_1}$ 是不小于 2 的整数,则粒子被分裂为 n 个相同的粒子,每个粒子的权重为 $\dfrac{w}{n}$。

(2) 如果 $r = \dfrac{I_2}{I_1}$ 是一个不小于 2 的实数,则生成一个随机数 η 并与之进行比较:

$$\Delta = \frac{I_2}{I_1} - \mathrm{INT}\left[\frac{I_2}{I_1}\right] = r - n \tag{7.21}$$

① 如果 $\eta \leqslant 1 - \Delta$,则粒子被分裂成 n 个权重为 $\dfrac{w}{n}$ 的粒子;

② 否则,粒子被分裂成 $(n+1)$ 个权重为 $\dfrac{w}{n+1}$ 的粒子。

新粒子的权重也会相应地进行调整。例如,如果 $r = 2.63$,则 63% 的时间将粒子分裂为 3 个粒子,37% 的时间将它们分裂为 2 个粒子。

对于在重要性较低的方向上移动的粒子,即从区域 2 移动到区域 1,使用俄罗斯轮盘赌程序：

(1) 生成一个随机数 η。

(2) 如果 $\eta \leqslant r^{-1}$，则粒子以权重 wr 存活。

(3) 否则，终止追踪该粒子。

为了确保几何分裂技术的有效性，必须注意选择每个区域的重要性。下面列出了一些建议[96]：

(1) 保持区域重要性的比例彼此接近（2~4 倍）。

(2) 考虑 2 mfp 的区域大小。

(3) 保持所有区域的粒子数相同。

(4) 不要在空隙中分裂粒子。

使用几何分裂的主要困难在于为子区域分配"适当"的重要性。如果知道中子重要性（或伴随）函数，这个问题可以得到显著解决。Wagner 和 Haghighat[108] 开发了自动生成空间和能量相关重要性分布的方法。重要性函数将在 7.6.1 节进行讨论。

同样值得注意的是，在高度依赖角度的情况下，几何分裂的有效性可能会降低，因为其重要性与角度无关。使用角度相关的重要性函数可以解决这个问题。此外，可以将零重要性分配给一个区域，这在表示非回归边界条件或执行模型简化或更改时非常有用。

7.4.2　能量分裂

在一些模拟中，某些能量范围比其他能量范围更重要，因此，当粒子的能量位于重要的能量范围内时，可以让粒子分裂。相反，若粒子能量对计算结果影响较小，可使用俄罗斯轮盘赌进行处理。例如，如果介质中存在两种核素，可能发生中子俘获反应（能量不同），并且其中一种核素更受关注，那么可将粒子在关注能量区域进行分裂，从而提高中子与重要核素发生反应的概率。

7.4.3　角度分裂

如果特定的立体角范围在模拟中很重要，则可以在粒子移动到该立体角时对其进行分裂。对于移动出立体角的粒子，可以使用俄罗斯轮盘赌。

7.5　权窗技术

该技术将空间、能量和角分裂方法与俄罗斯轮盘赌相结合，请注意，该技术可以扩展到包含角度和时间，但通常只考虑空间和能量分裂。权窗技术为控制高粒子权重和低粒子权重提供了一种独特的方法：高权重粒子可能会导致解产生偏差，而低权重粒子可能会导致计算效率明显降低，因为低权重粒子对预期目标的影响最小。

每个空间能量单元都有一个权重窗口。每个窗口都有用户指定的上下权重 $w_1(r,E)$ 和 $w_u(r,E)$。如果粒子的权重在 $[w_1,w_u]$ 的可接受范围内,则继续其历史;否则,通过以下两种程序之一进行处理:

(1) 如果粒子权重小于 w_1,则执行俄罗斯轮盘赌,并终止粒子或将粒子权重的值(w_s)增加到可接受范围内。

(2) 如果粒子的权重大于 w_u,则粒子将被分裂为权重在可接受范围内的新粒子。

一般来说,w_s 和 w_u 与下限权重(w_1)有关。例如,MCNP 程序[96]推荐了以下关系:

$$w_u = 5w_1 \qquad (7.22)$$

$$w_s = 2.5w_1 \qquad (7.23)$$

通常情况下,为复杂问题"正确"选择合适的权重分布是很困难的,并且需要大量的分析时间。MCNP 程序[96]提供了一种用于生成权重的迭代程序,称为"权窗生成器"[8,10,49]。然而,MCNP 开发者强烈建议使用重要性(伴随)函数方法来确定能量和空间相关的权重分布。这将在 7.6 节详细讨论。

7.6　积分偏倚

在屏蔽问题中,关键目标之一是确定屏蔽表面的辐射剂量或探测器响应。理论上,探测器响应可以通过式(7.24)来确定:

$$R = \langle \Sigma_d \psi \rangle \qquad (7.24)$$

其中,R 为探测器响应;$\langle \rangle$ 是对所有自变量 $(r,E,\boldsymbol{\Omega})$ 进行积分的狄拉克符号;Σ_d 为探测器截面;ψ 表示可以使用线性玻耳兹曼方程(6.1)计算的粒子角通量。确定剂量或响应的另一种方法是使用 7.6.1 节中讨论的重要性(伴随)函数方法。

7.6.1　重要性(伴随)函数方法

固定源问题的线性玻耳兹曼方程(6.1)可以写成如下算子形式:

$$H\psi(p) = q(p), \quad 在 V 体积内 \qquad (7.25)$$

其中,p 指的是 $(r,E,\boldsymbol{\Omega})$;$V$ 表示体积;ψ 表示角通量;q 表示固定源分布;H 表示输运算子,由式(7.26)给出:

$$H = \boldsymbol{\Omega} \cdot \nabla + \Sigma_t - \int_0^\infty dE' \int_{4\pi} d\boldsymbol{\Omega}' \Sigma_s(r,E' \to E, \boldsymbol{\Omega} \to \boldsymbol{\Omega}') \qquad (7.26)$$

考虑真空(非再入)边界条件,入射方向的角通量表示为

$$\psi(r,E,\boldsymbol{\Omega}) = 0, \quad 当 \boldsymbol{n} \cdot \boldsymbol{\Omega} < 0 和 r \in \Gamma 时 \qquad (7.27)$$

相对应的粒子重要性方程由式(7.28)给出:

$$H^* \psi^*(p) = q^*(p) \tag{7.28}$$

其中，ψ^* 是粒子重要性函数；q^* 是重要性源；H^* 是由式(7.29)给出的重要性算子：

$$H^* = -\boldsymbol{\Omega} \cdot \nabla + \Sigma_t - \int_0^\infty \mathrm{d}E' \int_{4\pi} \mathrm{d}\boldsymbol{\Omega}' \Sigma_s(\boldsymbol{r}, E' \to E, \boldsymbol{\Omega}' \to \boldsymbol{\Omega}) \tag{7.29}$$

对于真空边界条件的重要性函数表示为

$$\psi^*(\bar{r}, E, \boldsymbol{\Omega}) = 0, \quad \text{当 } \boldsymbol{n} \cdot \boldsymbol{\Omega} > 0 \text{ 和 } \boldsymbol{r} \in \Gamma \text{ 时} \tag{7.30}$$

现在形成式(7.25)和式(7.28)之间的对易关系，得到

$$\langle \psi^* H\psi \rangle - \langle \psi H^* \psi^* \rangle = \langle \psi^* q \rangle - \langle \psi q^* \rangle \tag{7.31}$$

考虑真空边界条件，可以证明式(7.28)的左侧等于0，因此

$$\langle \psi q^* \rangle = \langle \psi^* q \rangle \tag{7.32}$$

现在，可以认为重要性源是由式(7.33)给出的：

$$q^* = \Sigma_d \tag{7.33}$$

因此，探测器响应(R)公式(见式(7.24))可以用重要性函数写成

$$R = \langle \psi^* q \rangle \tag{7.34}$$

其中，给定探测器的 ψ^* 由式(7.28)得到；q 为给定的源分布。

7.6.2 基于重要性抽样的源偏倚

蒙特卡罗屏蔽模拟中对归一化的源分布（源 pdf）进行抽样，输运抽样的粒子，然后根据探测器的横截面探测一部分存活的粒子。探测到的粒子有效地代表了探测器的响应(R)（见式(7.34)）。这意味着，如果 ψ^* 函数已知，则通过抽样归一化源作为 pdf 来求解该积分。为了减小抽样积分的方差，重要性抽样是非常有效的。在重要性抽样中，最有效的 pdf 表示为

$$q(p) = \frac{\psi^*(p)q(p)}{R} \tag{7.35}$$

因此，根据这一观察结果可以得出结论，对于蒙特卡罗屏蔽模拟，更有效的 pdf 是使用近似重要性函数的有偏源，如下所示：

$$q_{\text{biased}}(p) = \frac{\psi_a^*(p)q(p)}{R_a} \tag{7.36}$$

其中，ψ_a^* 是通过求解式(7.28)的近似形式获得的近似重要性函数，相应的近似响应(R_a)通过求解式(7.34)获得。现在，为了保持预期的源，形成相应的守恒方程如下：

$$w_{\text{biased}}(p) \cdot q_{\text{biased}}(p) = w(p)q(p) \tag{7.37}$$

然后，由式(7.38)得到偏源粒子权重：

$$w_{\text{biased}}(p) = \frac{q(p)}{\dfrac{q(p)\psi_a^*(p)}{R_a}} = \frac{R_a}{\psi_a^*(p)} \tag{7.38}$$

7.7　混合方法

在过去的几十年里，人们在开发使用确定性技术来确定减方差技术参数和（或）有偏函数的混合方法方面付出了巨大努力。本节将介绍一致共轭驱动重要性抽样（CADIS）方法[46,106,108]及其扩展方法 forward-CADIS（FW-CADIS）[78,109]。

7.7.1　一致共轭驱动重要性抽样

CADIS 方法在权窗技术中结合了源偏倚和空间能量分裂/轮盘赌，通过使用从确定性离散纵坐标粒子输运计算中获得的近似重要性函数，以一致的方式确定有偏源和低权重。此外，为了使该方法实用，只考虑空间和能量的相关性。偏倚源由式(7.39)给出：

$$q(\boldsymbol{r}, E) = \frac{\phi_a^*(\boldsymbol{r}, E) q(\boldsymbol{r}, E)}{R_a} \tag{7.39}$$

源粒子的相应偏倚权重表示为

$$w(\boldsymbol{r}, E) = \frac{R_a}{\phi_a^*(\boldsymbol{r}, E)} \tag{7.40}$$

使用式(7.22)和式(7.23)，可以得到权重窗口的低权重如下：

$$w_s(\boldsymbol{r}, E) = \frac{R_a}{\phi_a^*(\boldsymbol{r}, E)} \tag{7.41}$$

然后，因为 w_s 表示为

$$w_s = w_1 \frac{1+c}{2} \tag{7.42}$$

因此较低权重由式(7.43)给出：

$$w_1(\boldsymbol{r}, E) = \frac{2}{1+c} \frac{R_a}{\phi_a^*(\boldsymbol{r}, E)} \tag{7.43}$$

此外，在 $(\boldsymbol{r}, E)$ 和 $(\boldsymbol{r}', E')$ 相空间之间的粒子输运过程中，如果 $\dfrac{\phi^*(\boldsymbol{r}, E)}{\phi^*(\boldsymbol{r}', E')}$ 的重要性比值大于 1，则粒子被分裂，否则它们执行轮盘赌。因此，粒子权重根据式(7.44)被调整为

$$w(\boldsymbol{r}, E) = w(\boldsymbol{r}', E') \frac{\phi^*(\boldsymbol{r}', E')}{\phi^*(\boldsymbol{r}, E)} \tag{7.44}$$

值得注意的是，基于 CADIS 方法，一种称为 A³MCNP[46,108]的 MCNP 程序的修改版本已经被开发出来，它可以自动确定伴随函数分布、偏倚源和权重窗口较低的权重。Wagner[107]开发了一种类似的算法，称为 ADVANTG。请注意，SCALE软件包中的 Monaco 蒙特卡罗程序通过名为 MAVRIC 的处理程序使用 CADIS

公式[81]。

7.7.2　FW-CADIS 技术

CADIS 方法对于确定局部响应是非常有效的,然而,它对于确定分布响应(例如,整个发电厂的辐射剂量分布)不是很有效。Wagner、Peplow 和 Mosher[109] 开发了一种新的 CADIS 扩展,称为 FW-CADIS,其中伴随源由空间相关的前向通量反向加权,例如:

$$q^*(\boldsymbol{r}, E) = \frac{\Sigma_d(\boldsymbol{r}, E)}{\int_0^\infty dE' \Sigma_d(\boldsymbol{r}, E') \phi(\boldsymbol{r}, E')} \tag{7.45}$$

其中,$\phi(\boldsymbol{r}, E)$ 是空间相关、能量相关的标量通量。式(7.45)导致低通量值区域的伴随源增加,反之亦然。换句话说,正向通量的划分增加了远离源的区域的重要性。FW-CADIS 已被证明在体积较大时非常有效,如核反应堆,并且有必要在整个模型中确定一定的量,如剂量。注意,如果必要的话,可以降低能量上的积分或角通量上的角度。然而,获得更多的细节可能需要大量的内存,因此可能会阻碍该方法的使用或降低整体效益。有关该方法及其应用的更多细节,读者可参考文献 [109] 和文献 [110]。请注意,FW-CADIS 包含在 SCALE/Monaco 程序系统的 MAVRIC 处理路径中。

7.8　本章小结

本章讨论了固定源蒙特卡罗粒子输运模拟中使用的减方差技术。减方差技术分为 5 类,包括:①pdf 偏倚;②粒子分裂偏倚;③权窗;④积分偏倚;⑤混合方法。通常,对于屏蔽问题,隐式俘获技术被用作默认的减方差技术,因为它消除了粒子损失的两种主要机制之一。CADIS 混合方法及其扩展 FW-CADIS 结合了几种偏倚技术,包括隐式俘获、源偏倚、权窗技术,并利用确定性方法确定减方差参数。A^3MCNP 和 ADVANTG 程序系统不仅有效且一致地结合了不同的技术,而且为减方差参数的生成提供了基于物理的自动化算法,显著地减少了解偏差或长计算时间的机会,可以为用户带来显著的好处。

习题

1. 修改第 6 章(习题 4)中开发的程序,对一个固定源通过一维平板问题,计算粒子透射、反射和吸收概率相关的精度和 FOM。考虑以下两种情况:

(1) $\Sigma_t d = 10, \dfrac{\Sigma_s}{\Sigma_t} = 0.2$ 和 $\theta = 0.0, 30.0, 60.0$。

(2) $\Sigma_t d = 10, \dfrac{\Sigma_s}{\Sigma_t} = 0.8$ 和 $\theta = 0.0, 30.0, 60.0$。

其中, d 是屏蔽厚度; θ 是源方向。若要停止模拟,请将最大相对不确定度(R)设置为10%,将最大实验次数设置为1000万。参照4.7节,确定相对不确定度,并使用最大相对不确定度来确定FOM。使用表7.1格式展示每个案例的结果。

表 7.1 习题 1 中的示例表格

θ	历史数	透射 比例/%	R_{trans}	反射 比例/%	R_{reft}	吸收 比例/%	R_{abs}	FOM
0.0								
30.0								
60.0								

2. 修改习题1中的程序以包含隐式捕获。执行与习题1类似的分析,并将结果与习题1中的结果进行比较。

3. 修改习题1中的程序以包含几何分裂。执行与习题1类似的分析,并将结果与习题1和习题2中的结果进行比较。

4. 考虑一个厚度为10 cm的一维平板,此平板位于真空区,平面固定源放置在其左边界上。固定源仅垂直于表面发射粒子,平板包含均匀材料,总截面为 $1.0~\mathrm{cm}^{-1}$,吸收截面为 $0.5~\mathrm{cm}^{-1}$。

(1) 一维匀速伴随扩散方程由下式给出:

$$-D\frac{\mathrm{d}^2\phi^*}{\mathrm{d}x^2} + \Sigma_a\phi^* = S^*, \quad 0 < x < L, D = \frac{1}{3\Sigma_t}$$

使用一维伴随扩散方程来确定粒子离开板右侧的伴随函数分布。由于目标是让粒子离开系统的右侧,因此 $S^* = 0$,但将从右侧进入的粒子的伴随边界流设置为等于1,即

$$D\left.\frac{\mathrm{d}\phi^*}{\mathrm{d}x}\right|_{x=L} = 1$$

在左侧边界上,使用真空边界条件,即

$$\phi^*\big|_{x=-2D} = 0$$

(2) 根据(1)部分的结果,确定单位平均自由程(1 cm)的平均粒子重要性。

(3) 使用在习题3中开发的程序,并按照(2)部分给出的重要性分布。检查程序的性能以确定透射概率,同时实现5%的相对误差,并确定该模拟的FOM。

(4) 将吸收截面设置为 $0.7~\mathrm{cm}^{-1}$ 和 $0.9~\mathrm{cm}^{-1}$,保持总截面不变,重复(2)部分和(3)部分。

5. 考虑习题4中的平板包含3个区域,吸收区域被两个散射区域包围。吸收区厚4 cm,每个散射区的厚度为3 cm。散射区的散射截面为 $0.90~\mathrm{cm}^{-1}$,吸收区

的散射截面为 $0.10\ \mathrm{cm}^{-1}$。

（1）参照习题 4，确定伴随（重要性）函数。

（2）根据（1）部分的结果确定单位平均自由程的平均粒子重要性。

（3）使用在习题 4 中开发的具有（2）部分中给出的重要性分布的程序，检查程序的性能，以确定实现 5% 相对不确定度的投射概率，并确定此模拟的 FOM。

6. 基于 FOM，如果将隐式捕获和几何分裂技术结合起来，评估习题 3 中程序的性能。

7. 考虑一个中心放置有平面各向同性中子源的平板。如果将平板放置在真空中，确定平板泄漏的概率。该平板材料的总截面为 $1.0\ \mathrm{cm}^{-1}$，吸收截面为 $0.5\ \mathrm{cm}^{-1}$，平板厚度为 20 cm：

（1）使用一维扩散方程来确定与放置在每个边界的平面探测器相对应的重要性函数。

（2）基于左右边界探测器确定单位平均自由程的平均粒子重要性。

（3）使用在习题 3 中开发的程序和（2）部分中获得的两个重要性分布，并检查程序的性能，以确定实现 5% 相对不确定度的输运概率，并确定该模拟的 FOM。

8. 如果第一个 10 cm 的吸收截面为 $0.7\ \mathrm{cm}^{-1}$，第二个 10 cm 的吸收截面为 $0.3\ \mathrm{cm}^{-1}$，重复习题 7。

9. 考虑将探测器放置在被真空包围的材料区域中。如果区域内没有源，但有各向同性边界源，参照 7.6.1 节，推导伴随函数，确定探测器响应的公式，并给出偏倚源和相应权重的公式。

第8章

计　　数

8.1　本章引言

在粒子输运问题中,除了估计透射、反射或吸收的粒子数外,人们还对估计其他的物理量感兴趣,如通量、粒子流和粒子的反应率。对于稳态系统的设计和分析,有必要确定相空间($d^3 r dEd\Omega$)中的这些量,并且在时间相关的情况下,必须估计在时间差(dt)中的相空间信息的变化。因此,一般来说,必须将蒙特卡罗模型划分为空间(ΔV)、能量(ΔE)、角度($\Delta\Omega$)和(或)时间(Δt)区间,并对在这些区间范围内的粒子进行计数(tally)。MCNP(Monte Carlo NParticle)程序手册[96]、Foderaro[35]及 Lewis 和 Miller[65]对计数选项、公式和相关不确定度进行了详尽描述。

本章将首先介绍不同的计数估计方法,并使用不同的计数法推导出不同量的稳态公式;然后讨论与时间相关的计数,并证明计数在稳态公式中的变化;最后,推导出用于确定与估计量相关的不确定度的公式,并给出与多个随机变量相关的不确定度,即误差传递。

8.2　粒子输运中的主要物理量

粒子输运模拟中有 3 个主要物理量:通量、粒子流和反应率,它们都与 t 时刻相空间中期望的粒子数有关,定义为

$n(r,E,\Omega,t)d^3 r dEd\Omega \equiv$ 在时间 t 时,在矢量位置 r 处 $d^3 r$ 内,在 Ω 处 $d\Omega$ 角度范
围内运动,dE 内能量为 E 的期望粒子数 　　　　　　(8.1)

其中,$n(r,E,\Omega,t)$ 的单位是 $\left(\dfrac{1}{\text{cm}^3 - \text{eV} - \text{steradian}}\right)$。

将角通量定义为角中子密度(n)与粒子速度(v)的乘积:

$$\psi(r,E,\Omega,t) = v(E)n(r,E,\Omega,t) \qquad (8.2)$$

其中，角通量的单位是 $\left(\dfrac{1}{\mathrm{cm}^2-\mathrm{eV}-\mathrm{steradian}-\mathrm{sec}}\right)$，角通量密度定义为

$$j(\boldsymbol{r},E,\boldsymbol{\Omega},t)=\boldsymbol{\Omega}\psi(\boldsymbol{r},E,\boldsymbol{\Omega},t) \tag{8.3}$$

然而，在大多数实际模拟中，人们感兴趣的是与角变量无关的积分量，如标量通量、粒子流和反应率。这是因为无论是实验还是计算，获得与角度相关的量都是非常复杂和不切实际的。此外，在大多数情况下，角度相关量的用途有限。

标量通量定义为角通量在所有方向上的积分，定义为

$$\phi(\boldsymbol{r},E,t)=\int_{4\pi}\mathrm{d}\boldsymbol{\Omega}\psi(\boldsymbol{r},E,\boldsymbol{\Omega},t) \tag{8.4}$$

其中，标量通量的单位是 $\left(\dfrac{1}{\mathrm{cm}^2-\mathrm{eV}-\mathrm{sec}}\right)$。

正、负方向粒子流定义为

$$j_{\pm}(\boldsymbol{r},E,t)=\int_{2\pi\pm}\mathrm{d}\boldsymbol{\Omega}\boldsymbol{n}\cdot\boldsymbol{\Omega}\psi(\boldsymbol{r},E,\boldsymbol{\Omega},t)\mathrm{d}\boldsymbol{\Omega}\boldsymbol{n}\cdot\boldsymbol{\Omega}\psi(\boldsymbol{r},E,\boldsymbol{\Omega},t) \tag{8.5}$$

其中，$\boldsymbol{n}$ 是沿目标方向的单位向量，通常是表面的法向量。计算粒子流的目的是估计在一个表面的正或负方向上运动粒子的数量。

特定 c 型反应在单位体积内的反应率由式(8.6)决定：

$$R_c(\boldsymbol{r},t)=\int_0^{\infty}\mathrm{d}E\Sigma_c(\boldsymbol{r},E)\phi(\boldsymbol{r},E,t)\mathrm{d}E\Sigma_c(\boldsymbol{r},E)\phi(\boldsymbol{r},E,t) \tag{8.6}$$

其中，$\Sigma_c(\boldsymbol{r},E)$ 为位置矢量 $\boldsymbol{r}$ 处且粒子能量为 E 的 c 型反应截面；R 的单位为 $\left(\dfrac{1}{\mathrm{cm}^3-\mathrm{sec}}\right)$。

8.3 稳态系统中的计数

在一个稳态系统中，有必要确定相空间中粒子的数目。例如，可以将蒙特卡罗模型划分为 I 个空间体积(ΔV_i)，J 个能量区间(ΔE_j)和 K 个角度分箱(Ω_k)来执行粒子计数（统计）。

常用的 4 种计数或求值方法包括：

(1) 碰撞计数法。

(2) 路径长度计数法。

(3) 穿面计数法。

(4) 解析计数法。

下面几节将描述每种方法，并讨论它们的使用优势与劣势。

8.3.1 碰撞计数法

首先，将空间域、能量域和角域分别划分为 i,j,k 离散区间（网格）。然后，记

录或计数在 $\Delta\boldsymbol{\Omega}_k$ 内、权重为 w 且沿着 $\boldsymbol{\Omega}$ 方向运动、能量在 E 附近的 ΔE_j 间隔内，在 ΔV_i 内发生碰撞的粒子数。

碰撞计数器数组 $C(i,j,k)$ 的粒子权重增加为

$$C(i,j,k) = C(i,j,k) + w \tag{8.7}$$

注意，如果不考虑减方差技巧，则 $w=1$。

在 H 个粒子历史（源）之后，归一化碰撞密度由式(8.8)给出：

$$g(\boldsymbol{r}_i,E_j,\boldsymbol{\Omega}_k) = \frac{C(i,j,k)}{H\Delta V_i \Delta E_j \Delta \boldsymbol{\Omega}_k} \left(\frac{\dfrac{\# \text{cosllisins}}{\text{cm}^3 - \text{eV} - \text{steradian} - \text{sec}}}{\dfrac{\# \text{source} - \text{particle}}{\text{sec}}} \right) \tag{8.8}$$

角通量定义为

$$\psi(\boldsymbol{r}_i,E_j,\boldsymbol{\Omega}_k) = \frac{g(\boldsymbol{r}_i,E_j,\boldsymbol{\Omega}_k)}{\Sigma_t(E_j)}$$

$$= \frac{C(i,j,k)}{H\Delta V_i \Delta E_j \Delta \boldsymbol{\Omega}_k \Sigma_t(E_j)} \left(\frac{\dfrac{\#}{\text{cm}^2 - \text{eV} - \text{steradian} - \text{sec}}}{\dfrac{\# \text{source} - \text{particle}}{\text{sec}}} \right) \tag{8.9}$$

注意，式(8.9)存在一个根本性问题：在做了计数累加后，将其除以 E_j 而不是未知的粒子能量 E 的总截面，这一点很重要，因为截面在 ΔE_j 内可能发生显著变化，因此计算的角通量可能是错误的。为了克服这个困难，定义一个新的计数量：

$$FC(i,j,k) = FC(i,j,k) + \frac{w}{\Sigma_t(E)(E)} \tag{8.10}$$

因此，角通量表示为

$$\psi(\boldsymbol{r}_i,E_j,\boldsymbol{\Omega}_k) = \frac{FC(i,j,k)}{H\Delta V_i \Delta E_j \Delta \boldsymbol{\Omega}_k} \tag{8.11}$$

标量通量定义为

$$\phi(\boldsymbol{r}_i,E_j) = \sum_{k=1}^{K} \psi(\boldsymbol{r}_i,E_j,\boldsymbol{\Omega}_k)\Delta\boldsymbol{\Omega}_k = \frac{\sum_{k=1}^{K} FC(i,j,k)}{H\Delta V_i \Delta E_j} \tag{8.12}$$

为了确定反应率，引入另一个计算量，定义为

$$CC(i,j) = CC(i,j) + w\frac{\Sigma_c}{\Sigma_t} \tag{8.13}$$

因此，反应率密度表示为

$$R(\boldsymbol{r}_i) = \frac{\sum_{j=1}^{J} CC(i,j)}{H\Delta V_i} \tag{8.14}$$

需要注意的是，如果相互作用的概率(Σ_t)很低，即光学薄介质，那么碰撞计数

法的效率也会很低。

8.3.2 路径长度计数法

对于光学薄介质,碰撞计数法是低效或不实用的,一个高效的计数方法是路径长度计数法。路径长度计数是基于这样一个事实得出的,即粒子通量可以定义为每单位体积沿不同方向行进的粒子的总路径长度。

路径长度估计量定义如下:在 $\Delta \boldsymbol{\Omega}_k$ 范围内,任何权重为 w 的粒子沿$\boldsymbol{\Omega}$ 方向运动,并且在能量为 E 附近的 ΔE_j 内,计数在体积 ΔV_i 内的路径长度(p)。

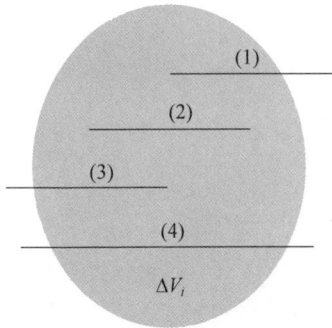

因此,这个估计器的计数量可以定义为

$$p(i,j,k) = p(i,j,k) + wp \qquad (8.15)$$

注意,不同的粒子路径长度相对于一个体积可能有不同的起点和终点,如图 8.1 所示,即:

(1) 路径长度从几何内开始到几何外结束。

(2) 路径长度在几何内开始和结束。

(3) 路径长度从几何外开始,在几何内结束。

(4) 路径长度穿过几何。

现在,可以用 $p(i,j,k)$ 计数器来估计角通量,定义为

图 8.1 路径长度估计器的
可能粒子径迹

$$\psi(\boldsymbol{r}_i, E_j, \boldsymbol{\Omega}_k) = \frac{p(i,j,k)}{H \Delta V_i \Delta E_j \Delta \boldsymbol{\Omega}_k} \left(\frac{\frac{\text{cm}}{\text{cm}^2 - \text{eV} - \text{steradian} - \text{sec}}}{\frac{\#}{\text{sec}}} \right) (8.16)$$

同时,标量通量定义为

$$\phi(\boldsymbol{r}_i, E_j) = \sum_{k=1}^{K} \frac{p(i,j,k)}{H \Delta V_i \Delta E_j} \frac{p(i,j,k)}{H \Delta V_i \Delta E_j} \left(\frac{\frac{\text{cm}}{\text{cm}^2 - \text{eV} - \text{steradian} - \text{sec}}}{\frac{\#}{\text{sec}}} \right)$$

$$(8.17)$$

为了得到单位体积的反应率,定义另一个计数量:

$$\text{CP}(i,j) = \text{CP}(i,j) + wp\Sigma_c(E) \qquad (8.18)$$

其中,Σ_c 为 c 型反应截面,则反应率公式为

$$R_c(\boldsymbol{\tau}_i) \frac{\sum_{j=1}^{j} \text{CP}(i,j)}{H \Delta V_i} \left(\frac{\frac{\text{cm}}{\text{cm}^2 - \text{sec}}}{\frac{\#}{\text{sec}}} \right) \qquad (8.19)$$

8.3.3 穿面计数法

碰撞计数法和路径长度计数法都是对栅元体积内的粒子进行计数。为了估计表面信息,常常需要减小体积栅元的厚度,这会导致精度损失,因为能通过关注区域的有效粒子数量减少了。为了克服这个困难,另一种称为穿面估计的方法被设计出来以估计粒子流或者标量通量。

8.3.3.1 粒子流计数

为了统计与能量相关的粒子流密度,本节引入粒子流计数器来计算穿面的粒子数量,即穿过某表面 ΔA 的所有权重为 w、方向为 $\boldsymbol{\Omega}$、能量为 E 的粒子。为了区分从左向右移动的粒子和从右向左移动的粒子,将计数器定义为

$$\mathrm{SC}(i,j,kk) = \mathrm{SC}(i,j,kk) + w \mid \boldsymbol{n} \cdot \boldsymbol{\Omega} \mid \tag{8.20}$$

其中,kk 为 1 或 2,分别表示表面的正向或负向。因此,正、负方向各部分粒子流由式(8.21)给出:

$$J_{\pm}(\boldsymbol{r}_i, E_j) = \frac{\mathrm{SC}(i,j,kk)}{H \Delta A_i \Delta E_j} \left(\frac{\frac{\#}{\mathrm{cm}^2 - \mathrm{eV} - \mathrm{sec}}}{\frac{\#}{\mathrm{sec}}} \right), \quad kk = 1 \text{ 或 } 2 \tag{8.21}$$

净流为

$$J_{\mathrm{net}}(\boldsymbol{r}_i, E_j) = J_{+}(\boldsymbol{r}_i, E_j) - J_{-}(\boldsymbol{r}_i, E_j) \tag{8.22}$$

8.3.3.2 估计面通量

穿面计数法也可以用于估计标量通量,这是一个体积量。要做到这一点,考虑一个厚度为 Δx、面积为 ΔA 的薄片,如图 8.2 所示。

可以使用路径长度估计器来估计在 $\Delta V_i = \Delta A_i \Delta x_i$ 体积内,能量范围为 ΔE_j,能量为 E 的粒子的标量通量:

$$\mathrm{FP}(i,j) = \mathrm{FP}(i,j) + wp \tag{8.23}$$

由图 8.2 可知,p 可以用 Δx_i 表示,则式(8.23)可化简为

$$\mathrm{FP}(i,j) = \mathrm{FP}(i,j) + w \frac{\Delta x_i}{\mid \cos\theta \mid} \tag{8.24}$$

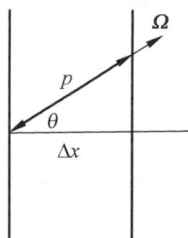

图 8.2 使用穿面估计器估计标量通量

请注意,为了包含所有向各个方向移动的粒子,需要使用绝对符号。标量通量的公式化简为

$$\phi(\boldsymbol{r}_i, E_j) = \frac{\mathrm{FP}(i,j)}{H \Delta V_i \Delta E_j}$$

或者

$$\phi(\boldsymbol{r}_i, E_j) = \frac{\mathrm{FP}(i,j)}{H \Delta A_i \Delta x_i \Delta E_j}$$

或者

$$\phi(\boldsymbol{r}_i, E_j) = \dfrac{\dfrac{\mathrm{FP}(i,j)}{\Delta x_i}}{H \Delta A_i \Delta E_j}$$

或者

$$\phi(\boldsymbol{r}_i, E_j) = \dfrac{\mathrm{FS}(i,j)}{H \Delta A_i \Delta E_j} \tag{8.25}$$

定义一种新的计数法，用于通过给出的穿面估计量确定标量通量：

$$\mathrm{FS}(i,j) = \mathrm{FS}(i,j) + w \, \dfrac{1}{|\cos\theta|} \tag{8.26}$$

用式(8.26)估计通量的困难在于，当 θ 接近 $90°$ 时，计数趋于无穷大。因此，通常考虑几个度数的排除角，例如，MCNP 程序使用 $3°$。

8.3.4　解析计数法

上述 3 种计数法都是基于一段体积或面积，因此它们不能为小区域或点状区域提供有效的计数能力。解析计数法就是克服这一缺点的一种尝试。

解析计数法的原理为：当粒子出生或发生散射反应后，它在计数位置出现的概率可以解析计算。图 8.3 描述了粒子位置及其与计数位置的关系。

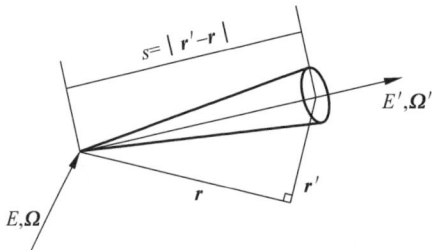

图 8.3　解析计数法的粒子输运示意图

粒子在计数位置被探测到的概率由两个独立的概率组成：

(1) $p(E \to E', \mu_0)\mathrm{d}\boldsymbol{\Omega}'\mathrm{d}E' \equiv$ 一个能量为 E 的粒子，沿 $\boldsymbol{\Omega}$ 方向运动，在 $\Delta\boldsymbol{\Omega}'$ 左右散射到 $\boldsymbol{\Omega}'$，在 $\Delta E'$ 以内能量为 E' 的概率。

(2) $\mathrm{e}^{-\tau(\boldsymbol{r},\boldsymbol{r}',E')} \equiv$ 能量为 E' 的粒子，在方向为 $\boldsymbol{\Omega}'$ 的运动中存活距离 $s = |\boldsymbol{r}' - \boldsymbol{r}|$ 的概率，其中，τ 表示为 $\int_0^s \mathrm{d}s' \sum_t (s', E')$。

因此，在矢量位置 $\boldsymbol{r}'$ 处检测到一个能量为 E 的粒子沿方向 $\boldsymbol{\Omega}$ 运动的组合概率为

$$p(E \to E', \mu_0)\mathrm{e}^{-\tau(\boldsymbol{r},\boldsymbol{r}',E')}\mathrm{d}\boldsymbol{\Omega}'\mathrm{d}E' \tag{8.27}$$

现在，将式(8.27)除以 $\mathrm{d}A_r$，将 $\mathrm{d}\boldsymbol{\Omega}'$ 代入 $\dfrac{\mathrm{d}A}{r^2}$，得到单位面积粒子数的表达式如下：

$$F = p(E \to E', \mu_0)\mathrm{e}^{-\tau(\boldsymbol{r},\boldsymbol{r}',E')}\dfrac{1}{s^2}\mathrm{d}E' \tag{8.28}$$

因此，解析计数法表示为

$$\mathrm{AF}(i',j',k') = \mathrm{AF}(i',j',k') + wF \tag{8.29}$$

解析计数器的角通量由式(8.30)给出:

$$\phi(\boldsymbol{r}_{i'}, E'_j, \boldsymbol{\Omega}_{k'}) = \frac{\mathrm{AF}(i',j',k')}{H \Delta E'_j \Delta \boldsymbol{\Omega}_{k'}} \tag{8.30}$$

标量通量由式(8.31)给出:

$$\phi(\boldsymbol{r}_{i'}, E'_j) = \frac{\displaystyle\sum_{k'=1}^{K'} \mathrm{AF}(i',j',k')}{H \Delta E'_j} \tag{8.31}$$

解析计数法的优点是每个分散或出生的粒子(源)都会产生一个计数。因此,在强散射的介质中,即使不使用减方差技术,通过模拟几千个粒子历史也可以获得非常精确的结果。但当散射位置与计数位置相差较远时,解析计数法的结果可能很不准确。此外,如果粒子位置远离计数点,或者散射到计数位置的立体角度的概率非常小,这种方法可能导致非常小的权重(贡献)。相反,如果散射在计数点很近的位置,$\dfrac{1}{s^2}$变得非常大,因此可能会使结果产生偏差。为了避免出现这个问题,可考虑在计数点周围设置一个扣除体积,在该体积内进行蒙特卡罗模拟,扣除体积的大小需要通过实验来确定。MCNP 程序提供了一个类似的计数选项,称为 DXTRAN[96],扣除体积通常由计数点周围的球形区域表示,在 MCNP 中,这个体积被称为 DXTRAN 球体。

8.4 时间相关计数

在蒙特卡罗模拟中考虑时间是相当直观的,只需要额外的记录时间项即可。

假设一个粒子在时间 t_0 以速度 v_0 发出。如果粒子距离第一次相互作用的距离为 s_0,则相互作用时间估计为

$$t_1 = t_0 + \frac{s_0}{v_0} \tag{8.32}$$

在 n 次相互作用后,如果粒子穿过一个界面,如图 8.4 所示,则第 $(n+1)$ 次相互作用发生的时间为

$$t_{n+1} = t_n + \frac{s}{v} \tag{8.33}$$

因此,粒子穿过界面的时间为

$$t = t_n + (t_{n+1} - t_n)\frac{s_1}{s} \tag{8.34}$$

注意,只要粒子速度不大于 $0.2c$,其中 c 为光速,就可以使用经典力学公式。

所有的计数方法,例如,8.3 节中讨论的计数法

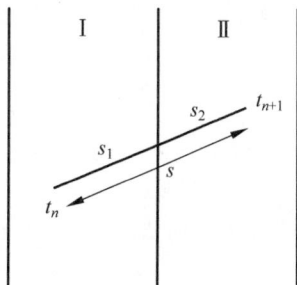

图 8.4 粒子穿过界面

都可以很容易地扩展到时间相关计数。每个计数法都可以定义一个新的计数量以统计在一段时间间隔内的粒子。本节只推导或讨论碰撞计数法的公式，其他计数方法可以类似处理。

对于碰撞计数法，定义一个与时间相关的计数器 CFT 为

$$\text{CFT}(i,j,k,n) = \text{CFT}(i,j,k,n) + \frac{w}{\Sigma_t(E)(E)} \tag{8.35}$$

式（8.35）将 ΔE_j 内所有能量为 E、在 $\Delta \boldsymbol{\Omega}_k$ 内沿 $\boldsymbol{\Omega}$ 方向运动、在 ΔV_i 内以 $\Delta t_n (= t_{n+1} - t_n)$ 的时间间隔发生碰撞的粒子的权重 w 累积起来。然后，将随时间变化的角通量公式表示为

$$\psi(\boldsymbol{\tau}_i, E_j, \boldsymbol{\Omega}_k, t_n) = \frac{\text{CFT}(i,j,k,n)}{H \Delta V_i \Delta E_j \Delta \boldsymbol{\Omega}_k} \tag{8.36}$$

随时间变化的标量通量由式（8.37）给出：

$$\phi(\boldsymbol{r}_i, E_j, t_n) = \frac{\sum_{k=1}^{K} \text{CFT}(i,j,k,n)}{H \Delta V_i \Delta E_j} \tag{8.37}$$

为了估计碰撞率，将另一个计数量定义为

$$\text{CCT}(i,j,n) = \text{CCT}(i,j,n) + w \frac{\Sigma_c(E)(E)}{\Sigma_t(E)(E)} \tag{8.38}$$

单位体积的反应率定义为

$$R(\boldsymbol{r}_i, t_n) = \frac{\sum_{i=1}^{J} \text{CCT}(i,j,n) \text{CCT}(i,j,n)}{H \Delta V_i} \tag{8.39}$$

8.5 使用减方差时的计数公式

在蒙特卡罗模拟中，每个粒子的初始权重为 1，如果计数，则计数权重为 1。然而，在蒙特卡罗模拟中使用减方差时，这将不再适用，因为粒子权重在每个偏倚事件后都会进行调整。这意味着一个粒子可能对一个具有不同权重（w）的样本平均值贡献若干次计数（x），因此，在每个历史 h 中，粒子计数贡献 x_h 表示为

$$x_h = \sum_{l=1}^{n_h} w_{h,l} x_{h,l} \tag{8.40}$$

其中，n_h 为第 h 历史中构成样本平均值的事件数；$x_{h,l}$ 为第 h 历史中该事件的计数；$w_{h,l}$ 为第 h 历史中该事件的粒子权重。使用上述各历史贡献公式，H 个历史后的样本平均值表示为

$$\bar{x} = \frac{1}{H} \sum_{h=1}^{n_h} x_h = \frac{1}{H} \sum_{h=1}^{H} \sum_{l=1}^{n_h} w_{h,l} x_{h,l} \tag{8.41}$$

现在,可以将上述公式用于不同量的样本平均值,如 8.3 节和 8.4 节中介绍的通量、粒子流和反应率。例如,用式(8.10)通过碰撞计数法确定角通量,计数表示为

$$x_{h,c} = \frac{1}{\Delta V_i \Delta E_j \Delta \boldsymbol{\Omega}_k} \frac{1}{\Sigma_t(E_{h,l})} \tag{8.42}$$

式(8.42)给出了在 ΔV_i 内、在能量 $E_{h,l}$ 处、ΔE_j 内、沿 $\boldsymbol{\Omega}$ 方向 $\Delta \boldsymbol{\Omega}_k$ 内的因碰撞而产生的单位体积、单位能量、单位立体的计数。进一步,平均角通量为

$$\overline{\psi_{i,j,k}} = \frac{1}{H \Delta V_i \Delta E_j \Delta \boldsymbol{\Omega}_k} \sum_{h=1}^{H} \sum_{l=1}^{n_h} \frac{\omega_{h,l}}{\Sigma_t(E_{h,l})} \tag{8.43}$$

使用 8.3 节和 8.4 节给出的不同估计量对应的通量计算公式,可以得到新的公式,其中包括粒子历史中不同贡献事件的影响,类似于式(8.43)。

8.6 计数的相对不确定度

前面的章节介绍了在有限的空间、能量或方向范围内计算粒子通量、粒子流和反应率的不同公式。本节将详细说明对这些量的不确定度的估计。

在计算计数 x 的不确定度时,8.5 节中讨论的 $x_{h,l}$ 和 x_h 之间的区别是非常重要的。这是因为,虽然 x_h 是独立的事件,但单个历史中的 $x_{h,l}$ 不是独立事件。注意,式(4.123)要求 x_i 是独立事件,因此,要恰当地使用式(4.123),x_i 必须是 x_h,即完整的历史,而不是单个事件 $x_{h,l}$。

利用式(4.123),可以写出不同量的方差表达式,例如,由式(8.43)表示的角通量,则 H 个历史后角通量的抽样相对不确定度由式(8.44)和式(8.45)给出:

$$R_{\overline{\psi}} = \sqrt{\frac{1}{H-1}\left(\frac{\overline{\psi^2}}{\overline{\psi}^2} - 1\right)} \tag{8.44}$$

$$\overline{\psi_{i,j,k}} = \frac{1}{H} \sum_{h=1}^{H} \left(\sum_{l=1}^{nh} \frac{w_{h_{i,l}}}{\Delta V_i \Delta E_j \Delta \boldsymbol{\Omega}_k \Sigma_t(E_{h,l})} \right)^2 \tag{8.45}$$

与上述方程类似,可以推导出其他量的相对不确定度的公式。注意,要估计与探测器计数相关的不确定度,可以考虑使用 4.6 节导出的公式。

8.7 随机变量的不确定度

8.6 节推导了抽样随机变量的相对不确定度公式,然而,在某些情况下,随机变量(x)依赖其他随机变量,即 $u_1, u_2, u_3, \cdots$,如下所示:

$$x \equiv x(u_1, u_2, u_3, \cdots) \tag{8.46}$$

在这种情况下,采用不确定度公式的传递来求得 x 的方差:

$$\sigma_x^2 = \sum_{i=1}^{N} \sum_{j=1}^{N} \frac{\partial x}{\partial u_i} \frac{\partial x}{\partial u_j} \sigma_{u_i u_j}^2 \tag{8.47}$$

其中，$\sigma_{u_i u_j}^2 = \sigma_{u_i}^2$。

例 8.1 如果一个随机变量（z）是由另外两个随机变量的线性组合得到的：

$$z = x + y \tag{8.48}$$

利用式（8.47），则得到随机变量 z 的方差如下：

$$\sigma_z^2 = \frac{\partial z}{\partial u_1}\left(\frac{\partial z}{\partial u_1}\sigma_{u_1,u_1}^2 + \frac{\partial z}{\partial u_2}\sigma_{u_1,u_2}^2\right) + \frac{\partial z}{\partial u_2}\left(\frac{\partial z}{\partial u_1}\sigma_{u_1,u_2}^2 + \frac{\partial z}{\partial u_2}\sigma_{u_2,u_2}^2\right)$$

或者

$$\sigma_z^2 = \left(\frac{\partial z}{\partial u_1}\right)^2 \sigma_{u_1,u_1}^2 + 2\frac{\partial z}{\partial u_1}\frac{\partial z}{\partial u_2}\sigma_{u_1,u_2}^2 + \left(\frac{\partial z}{\partial u_2}\right)^2 \sigma_{u_2,u_2}^2 \tag{8.49}$$

考虑 $u_1 = x, u_2 = y$，则 z 方差的表达式为

$$\sigma_z^2 = \sigma_x^2 + 2\sigma_{x,y}^2 + \sigma_y^2 \tag{8.50}$$

因此，随机变量 z 的样本方差为

$$S_z^2 = S_x^2 + 2S_{x,y}^2 + S_y^2 \tag{8.51}$$

此处

$$\begin{cases} S_x^2 = \dfrac{1}{N-1}\sum_{i=1}^{N}(x_i - \bar{x})^2 \\[2mm] S_y^2 = \dfrac{1}{N-1}\sum_{i=1}^{N}(y_i - \bar{y})^2 \\[2mm] S_{x,y}^2 = \dfrac{1}{N-1}\sum_{i=1}^{N}(x_i - \bar{x})(y_i - \bar{y}) \end{cases} \tag{8.52}$$

例 8.2 随机变量 z 是随机变量 x 和 y 的函数，如下所示：

$$z = \frac{x}{y} \tag{8.53}$$

$\bar{z}$ 的方差由式（8.54）给出：

$$S_{z\bar{z}}^2 = \left(\frac{\bar{x}}{\bar{y}}\right)^2 \left(\frac{S_x^2}{\bar{x}^2} - 2\frac{S_{xy}^2}{\bar{x}\,\bar{y}} + \frac{S_y^2}{\bar{y}^2}\right) \tag{8.54}$$

8.8 本章小结

　　本章讨论了在蒙特卡罗粒子输运模拟中统计物理量的不同方法。对于每一种方法，本章都开发了计数法和相应的公式来估计物理量，如粒子通量、粒子流和反应率。在蒙特卡罗模拟中，考虑时间依赖性只是一个时间记录问题，增加了对计算机资源（内存和时间）的需求。需要注意的是，选择适当的计数方法，对能否在合理的时间内获得精确和准确的结果具有重要影响。此外，本章也推导并讨论了计数

不确定度和不确定度传递的计算公式。

习题

1. 基于第 7 章习题 1 的程序,使用碰撞计数法和路径长度计数法实现通量计数。计数的方差可以用式(4.122)计算。将区域划分为以下几个小区域进行计数。

(1) 10 个区域。

(2) 50 个区域。

使用如下参数:$\frac{\Sigma_s}{\Sigma_t} = 0.8, \theta = 0°, \Sigma_t d = 8$。停止模拟的条件(任一项满足即可):最大相对统计误差小于 10%,或已模拟 10 000 000(10^7)个粒子。绘制通量、相对不确定度和 FOMs(见式(5.10)),并对结果进行解释说明。

2. 重复习题 1,但使用 5 个重要区域(重要性分别为 1、2、4、8 和 16)的几何分裂。注意,使用 5 个区域表示重要性,但计数区域依然与习题 1 相同,将这些结果与不设置重要性的结果进行比较。

3. 修改第 7 章习题 3 中编写的程序,计算每单位平均自由路径的平均标量通量。基于尺寸为 10 cm 的一维平板测试程序,使用纯吸收材料 $\Sigma_t = \Sigma_a = 0.2\ \text{cm}^{-1}$,并在其右边界放置平面单向($\mu = 1$)源。同时使用碰撞和路径长度估计器方法,并将结果与解析解进行比较。

4. 修改习题 3,使其能够使用穿面计数法来确定标量通量,将结果与基于碰撞和路径长度估计器获得的结果进行比较。

5. 研究栅元大小对基于碰撞、路径长度和穿面技术估计标量通量的影响:最大相对误差为 5%;将栅元大小从 10% 的 mfp 调整到 1 mfp。

6. 如果一个随机变量是两个估计的随机变量(表示相同的物理量)的加权平均值,即

$$z = \alpha x + (1 - \alpha)y$$

那么如何确定最优的 α 来最小化 z 的方差。

第9章

几何和粒子追踪

9.1 本章引言

几何建模是蒙特卡罗算法最重要的功能之一,因为它对使用范围、输入准备、准确度和计算时间等都有显著影响。多年来,不同的研究组织根据其需求和条件引入了几种不同的几何算法,Wang[114]对这些算法进行了很好的总结。常用的方法包括以下 4 种。

(1) 组合几何,通过将基本几何对象,如长方体、圆柱体、椭球体,使用布尔运算进行组合来构建模型。这种方法限制用户只能对简单或理想化对象进行建模。

(2) 使用体素化或三角形网格来生成模型。这种方法通常用于医疗领域,现在也在蒙特卡罗程序中广泛使用,如 GEANT[1] 和 PENELOPE[89]。由于网格尺寸的限制,对变形体的建模存在分辨率低、难度大的问题。

(3) 使用标准的计算机辅助设计(CAD)软件,但这种方法的成本较高。常见思路有两种:①转换工具,构建辅助软件,将 CAD 格式转换为相应蒙特卡罗程序的几何输入;②直接使用 CAD 的蒙特卡罗方法,其中,CAD 软件与标准蒙特卡罗程序相结合,使得与几何相关的任务在 CAD 中执行,而所有其他任务都使用标准 MC 程序执行[114]。对于第 2 种方法,虽然它能够灵活构建高度复杂的问题,但计算成本很高。例如,Wang 使用的方法表明,与标准程序相比,计算成本增加了 3 倍。

(4) 使用更灵活的组合几何,根据定义的曲面而不是实体通过布尔运算组合成栅元,最终形成整个几何模型。这种方法被用于 MCNP(蒙特卡罗中子和光子)程序系统[96]。

无论采用哪种方法,几何模型都会明显影响蒙特卡罗模拟的精度和计算时间,用户在制作模型时应避免不必要的细节或使用复杂的逻辑。本章的其余部分将详细说明最后一种且在 MCNP 中实现的方法。

9.2　组合几何方法

一种组合几何方法描述了曲面和曲面的布尔组合定义栅元。首先，定义曲面；然后，使用曲面来构造栅元，用已构造的栅元和布尔逻辑来定义其他复杂的栅元。布尔运算符是 ADD、OR 和 NOT。在组合几何界中，这三种运算符分别称为交（∩）、并（∪）和补（♯）。交和并这两个算符用于曲面生成栅元（cell），补算符用于生成与另一个栅元互补的栅元。

9.2.1　曲面定义

本节为了表示不同形状的栅元，需要不同阶的解析公式，例如，平面可以表示为

$$F(x,y,z)=ax+by+cz+d=0 \qquad (9.1)$$

每个曲面都有两种意义，正表面和负表面。通常，沿着曲面法向量到曲面的方向定义为正，如图 9.1 所示。

式（9.1）给出了曲面上各点的信息，当 $f(x,y,z)>0$ 时得到曲面正侧的点，当 $f(x,y,z)<0$ 时得到曲面负侧的点。

表 9.1 给出了在 MCNP 程序中实现的一系列曲面（一阶到四阶）的解析公式。如上所述，每个曲面都有一组自由参数，这些参数是可变定位和（或）倾角所必需的。注意，平面是无限的。

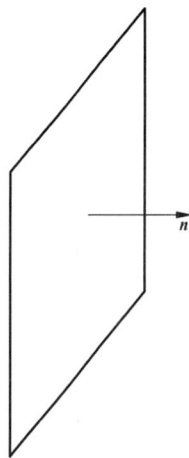

图 9.1　平面及法向单位向量示意图

表 9.1　不同阶曲面

类 型		公 式
平面		$ax+by+cz+d=0$
球面		$(x-2)^2+(y-b)^2+(z-c)^2-R^2=0$
圆柱体	平行于 x-a 轴	$(y-b)^2+(z-c)^2-R^2=0$
	平行于 y-b 轴	$(x-a)^2+(z-c)^2-R^2=0$
	平行于 z-c 轴	$(x-a)^2+(y-b)^2-R^2=0$
圆锥体	平行于 x-a 轴	$\sqrt{(y-b)^2+(z-c)^2}-t(x-a)=0$
	平行于 y-b 轴	$\sqrt{(x-a)^2+(z-c)^2}-t(y-b)=0$
	平行于 z-c 轴	$\sqrt{(x-a)^2+(y-b)^2}-t(z-c)=0$
一般椭球双曲面或抛物面		$b(x-a)^2+d(y-c)^2+e(z-f)^2+2g(x-h)+2i(y-j)+2k(z-l)+m=0$

类　　型		公　　式
环面(椭圆和圆形)	平行于 x-a 轴	$\dfrac{(x-a)^2}{B^2}+\dfrac{(\sqrt{(y-b)^2+(z-c)^2}-A)^2}{C^2}-1=0$
	平行于 y-b 轴	$\dfrac{(y-b)^2}{B^2}+\dfrac{(\sqrt{(x-a)^2+(z-c)^2}-A)^2}{C^2}-1=0$
	平行于 z-c 轴	$\dfrac{(z-c)^2}{B^2}+\dfrac{(\sqrt{(x-a)^2+(y-b)^2}-A)^2}{C^2}-1=0$

9.2.2　栅元定义

栅元或材料区域是通过对不同表面及栅元执行布尔运算来定义的。具体而言，一个栅元是由其边界面正、负两侧的"交集"和"并集"操作，以及其他栅元的"补集"操作组成的。为了说明这一点，本节用 6 个平面(1～6)制作了一个平行六面体(栅元)，如图 9.2 所示。

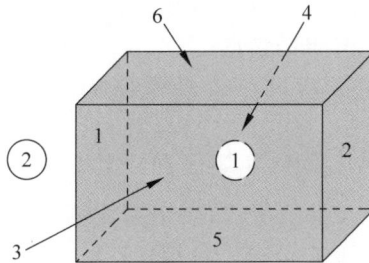

图 9.2　由 6 个平面构成的栅元(平行管道)

利用布尔运算，可以通过每个曲面的特定边的"相交"运算形成平行六面体(栅元 1)，如下所示：

$$\text{Cell 1}：+1\cap-2\cap+3\cap-4\cap+5\cap-6 \tag{9.2}$$

当然，更复杂的物理模型可以通过组合高阶曲面来构建。

9.2.3　案例：不规则栅元

本节针对如图 9.3 所示的二维图案例，介绍栅元 1～3 定义的方法。如图 9.3 所示，为 1～7 的所有曲面分配了 ID，这些曲面组成的栅元如下。

(1) 栅元 1 略复杂，因为它包括两个倾斜的曲面(2 和 3)，使得栅元 1 形成一个凹角。这个栅元由式(9.3)描述：

$$+1\cap(-2\cup-3)\cap-7\cap+8 \tag{9.3}$$

(2) 栅元 2 非常简单，可以通过式(9.4)描述：

$$+7\cap-4\cap+5 \tag{9.4}$$

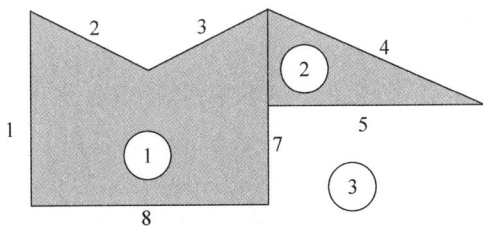

图 9.3 不规则形状示意图

（3）栅元 3 更为复杂，因为它包括两个角，一个由曲面 2 和曲面 3 构成，另一个由曲面 5 和曲面 7 构成。这个栅元由式（9.5）描述：

$$-1 \cup (+2 \cap +3) \cup +4 \cup (-5 \cap +7) \cup -8 \qquad (9.5)$$

注意，上述方程中的圆括号表示操作的顺序。这意味着在 2～3 及 −5～7 的操作是在将这些操作添加到其他区域之前执行的。需要注意的是，通常栅元可以用不同的方式来描述，例如，栅元 3 可以由栅元 1 和栅元 2 的补集组合组成：

$$\# 1 \cap \# 2 \qquad (9.6)$$

通常，尽量不要使用复杂的逻辑，如各种嵌套操作，因为粒子跟踪中的几何处理占据了蒙特卡罗模拟计算成本的主要部分。

9.3 边界条件描述

任何物理问题都有一个有限的尺寸，这是由边界面确定的。边界条件（BCs）提供了计算模型边界处粒子角通量行为的信息。为了描述不同的边界条件，本节使用图 9.4 描绘区域 Ⅰ 和 Ⅱ 之间的界面边界曲面（Γ），单位向量 $\boldsymbol{\Omega}$ 和 $\boldsymbol{\Omega}'$ 分别指进入区域 Ⅰ和 Ⅱ 的粒子方向，$\boldsymbol{n}$ 是垂直于曲面 Γ 的单位向量。本节将讨论 5 种可能的边界条件，包括真空边界条件、全反射（或对称）边界条件、反照率边界条件、白边界条件和周期性边界条件。

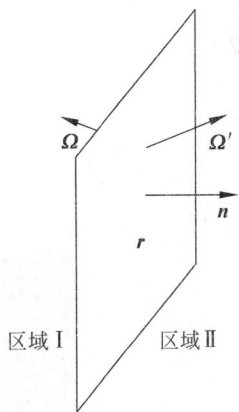

图 9.4 两个区域之间的界面边界示意图

（1）真空边界条件。如果考虑图 9.4 中的区域 Ⅱ 是空的（或真空的），那么没有粒子会被反射回区域 Ⅰ。因此，进入区域 Ⅰ 的角通量表示为

$$\Psi(r,E,\boldsymbol{\Omega})=0, \quad \boldsymbol{n}\cdot\boldsymbol{\Omega}<0 \text{ 且 } r \in \Gamma \qquad (9.7)$$

其中，r 为边界上的矢量位置；E 和 $\boldsymbol{\Omega}$ 为粒子的能量和方向。在蒙特卡罗程序中，真空边界条件可以通过设置外部区域（真空区域）的重要性等于 0 来实现。

（2）全反射（或对称）边界条件。在界面处入射角通量和出射角通量相等，即

$$\Psi(r,E,\boldsymbol{\Omega})=\Psi(r,E,\boldsymbol{\Omega}), \quad \boldsymbol{n}\cdot\boldsymbol{\Omega}=-\boldsymbol{n}\cdot\boldsymbol{\Omega}' \text{ 和 } r \in \Gamma \qquad (9.8)$$

为了达到这样的条件，区域Ⅰ和Ⅱ必须是完全相同的。这种边界条件如果适用，将显著减小模型尺寸，从而减少计算时间。在蒙特卡罗程序中，反射边界条件的实现方法是，将沿 $\boldsymbol{\Omega}$ 方向离开边界的粒子转换为沿 $\boldsymbol{\Omega}'$ 方向返回。

（3）反照率边界条件。在这种条件下，入射角通量和出射角通量的关系式为

$$\Psi(\boldsymbol{r},E,\boldsymbol{\Omega}) = \alpha(E)\Psi(\boldsymbol{r},E,\boldsymbol{\Omega}), \quad \boldsymbol{n}\cdot\boldsymbol{\Omega} = -\boldsymbol{n}\cdot\boldsymbol{\Omega}' \text{ 且 } \boldsymbol{r}\in\Gamma \quad (9.9)$$

其中，$\alpha(E)$ 表示能量为 E 的粒子的反照率系数。在具有反照率边界条件的曲面上，对于离开曲面即沿 $\boldsymbol{\Omega}'$ 进入区域Ⅱ的粒子，有一部分 $(\alpha(E))$ 将被反射回区域Ⅰ。使用该边界条件是为了避免对特定区域进行建模，同时仍然保持其影响，即一部分粒子的反射。在蒙特卡罗程序中，反照率边界条件的实现方法是将一部分沿 $\boldsymbol{\Omega}'$ 方向进入区域Ⅱ的粒子沿 $\boldsymbol{\Omega}$ 方向反射回来。

（4）白边界条件。粒子通过白边界离开区域Ⅰ被各向同性反射回该区域。白边界条件的表达式如下：

$$\begin{cases} \Psi(\boldsymbol{r},E,\boldsymbol{\Omega}) = \dfrac{\displaystyle\int_{2\pi}{}^{+}\mathrm{d}\boldsymbol{\Omega}'\boldsymbol{n}\cdot\boldsymbol{\Omega}'\Psi(\boldsymbol{r},E,\boldsymbol{\Omega})}{\displaystyle\int_{2\pi}{}^{+}\mathrm{d}\boldsymbol{\Omega}'\boldsymbol{n}\cdot\boldsymbol{\Omega}'} \\[2mm] \boldsymbol{n}\cdot\boldsymbol{\Omega} < 0 \text{ 和 } \boldsymbol{r}\in\Gamma \end{cases} \quad (9.10)$$

为了实现白边界条件，任何与白边界相交的粒子都应以余弦分布（$p(\mu)=\mu$）反射回来。

（5）周期性边界条件。在具有物理周期性的问题中，如反应堆中的燃料组件或燃料栅格，在无限系统的特殊情况下，可以建立一个边界（r）上的角通量分布以周期性的方式等于另一个边界（$r+r_\mathrm{d}$）上的角通量分布，如图9.5所示。周期性边界条件的数学表达式为

$$\Psi(\boldsymbol{r}+\boldsymbol{r}_\mathrm{d},E,\boldsymbol{\Omega}) = \Psi(\boldsymbol{r},E,\boldsymbol{\Omega}) \quad (9.11)$$

为了结合这个边界条件，在 r 处进入边界的粒子将在 $r+r_\mathrm{d}$ 处重新进入其周期表面。

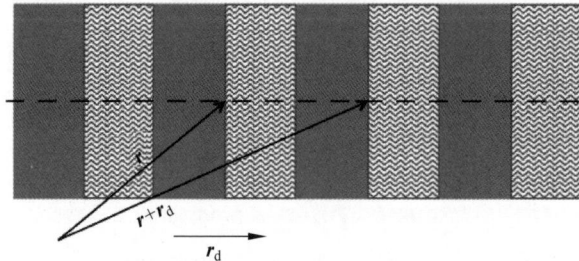

图9.5 周期性边界条件的示例

9.4　粒子追踪

除了建立几何模型及其边界条件外，还需要确定每个粒子在物理模型中的位置。这是通过检查每个粒子相对于界面和边界表面的位置来完成的。例如，如图 9.6 所示，要确定(x_0,y_0,z_0)处的粒子相对于如下定义的曲面的位置：

$$f(x,y,z)=0 \tag{9.12}$$

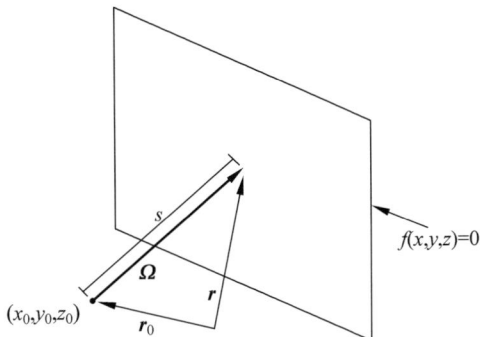

图 9.6　粒子追踪到边界的示意图

粒子的位置需要替换到曲面方程中，并与 0 值进行比较，如下所示：

(1) $f(x_0,y_0,z_0)=0$，粒子在面上。

(2) $f(x_0,y_0,z_0)>0$，粒子在介质外。

(3) $f(x_0,y_0,z_0)<0$，粒子在介质内。

除此以外，需要确定粒子径迹与曲面的交点，如图 9.6 所示。这意味着必须确定(x,y,z)对应的向量位置表示为

$$r=r_0+s\Omega \tag{9.13}$$

向量的分量(x,y,z)是通过求其沿 x、y、z 轴的投影得到的，如下所示：

$$\begin{cases} x=i \cdot r=i \cdot r_0+i \cdot \Omega_s=x_0+su \\ y=j \cdot r=j \cdot r_0+j \cdot \Omega_s=y_0+sv \\ z=k \cdot r=k \cdot r_0+k \cdot \Omega_s=z_0+sw \end{cases} \tag{9.14}$$

其中，u、v、w 分别是Ω 与 x、y、z 轴夹角的方向余弦。要确定 s（粒子位置到曲面之间的路径长度），必须将式(9.14)中的 x、y 和 z 代入曲面方程式(9.12)中，即

$$f(x_0+su,y_0+sv,z_0+sw)=0 \tag{9.15}$$

注意，对于高阶曲面，路径长度应设置为上述方程的最小正根。

9.5　本章小结

本章讨论了在蒙特卡罗工具中构建模型所采用的不同技术。本章首先详细阐述了组合几何方法，值得注意的是，几何构建方法对蒙特卡罗模拟的灵活性和成本

具有重要影响；其次讨论了在组合几何技术中如何使用布尔运算符来创建任意对象，通过几个简单的例子，说明了该技术的使用方法和难点；最后讨论了粒子输运和粒子跟踪的不同边界条件。需要注意的是，由于径迹追踪是蒙特卡罗模拟中最耗时的部分之一，因此应该设计高效的算法，并尽量避免使用复杂的曲面和栅元组合。

习题

1. 根据图 9.7，写出定义栅元 1 和栅元 2（由圆圈标识）的布尔表达式。

2. 根据图 9.8，写出定义栅元 1～3 的布尔表达式。

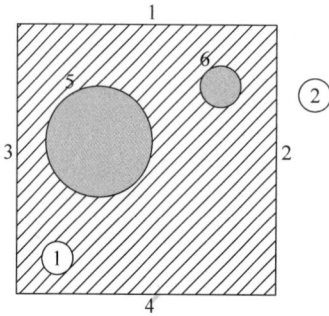

图 9.7 习题 1 的参考图形

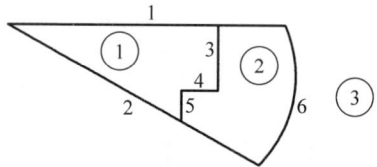

图 9.8 习题 2 的参考图形

3. 参照表 9.1，根据以下已知条件确定平面的参数 a、b、c 和 d：

(1) 平行于 z 轴，与 x 轴夹角为 $60°$，与 y 轴的截距为 10 cm。

(2) (1)部分的平面与 z 轴的倾角为 $30°$，且与 z 轴的截距为 10 cm。

4. 考虑图 9.9 中描述的二维模型。如果圆的半径为 4 cm，编写一个程序来确定位于(1,1)处沿不同方向运动的粒子到表面的距离。基于各向同性抽样，给出 10^5 个粒子的计算时间。

5. 将习题 4 扩展至三维，考虑一个半径为 4 cm 的球形壳，粒子位于(1,1,1)。再编写一个程序来对粒子方向进行各向同性采样，并计算粒子到球壳的距离，给出计算 10^5 个粒子所耗费的时间。

6. 用椭球壳和环形壳替换习题 5 中的球壳，并对这些表面进行类似的时间分析。对于椭球体，分别考虑 x、y、z 的半径为 3 cm、4 cm、5 cm。对于环面，考虑一个大半径为 2 cm，一个小半径为 1 cm。假设所有几何都是以原点为中心。

7. 推导出圆柱、球和立方体源粒子均匀抽样的概率密度函数。

8. 考虑一个放置在如图 9.10 所示的真空中立方体内的圆柱体。一个各向同性的线源被放置在圆柱体的中心，假设圆柱体和立方体都是真空的：

(1) 给出源粒子在圆柱体和立方体中飞行的路径长度的抽样公式。

（2）编写一个计算机程序来确定圆柱体和立方体中源粒子的路径长度。

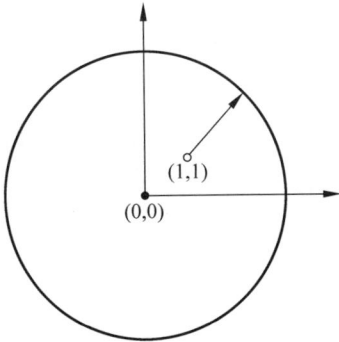

图 9.9 习题 4 的二维模型

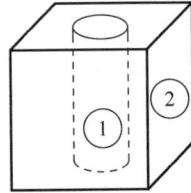

图 9.10 真空中的立方体

（3）确定区域 1（圆柱体）和区域 2（圆柱体外）的体积。

9. 修改习题 8 中开发的程序，计算以下两种边界条件下源粒子在重新进入圆柱体之前必须移动的平均距离：

（1）全反射边界条件。

（2）白边界条件。

第10章

粒子输运特征值(临界)问题蒙卡模拟

10.1　本章引言

到目前为止,本书只讨论了固定源问题蒙特卡罗粒子输运(应用于辐射屏蔽、剂量学和核安保领域)。本章将介绍应用于反应堆物理、核保障和核不扩散领域的特征值问题蒙特卡罗方法。这两种问题类型的主要区别在于,在特征值问题中,源分布是未知的,因此需要额外的计算步骤来获得源分布。

解决特征值问题最常见的方法是幂迭代技术,该技术对源(或幂)进行迭代,直到它在规定的容许误差内收敛[4,65]。在蒙特卡罗方法中,该技术需要引入一组用户定义的参数来实现,这些参数针对不同的问题而变化,通常需要通过实验和观察来选择"正确"的参数组合,从而产生收敛的源分布和问题的精确解。对于高占优比或松耦合问题(这些术语将在后面进一步详细描述),情况变得更加复杂,对于这类问题,幂迭代技术可能得出错误的(erroneous)数值结果或有偏的(biased)结果分布[17,28,38,60,101]。学术界在源收敛诊断技术[5-6,99,117,119]和特征值蒙特卡罗计算替代技术[7,27,92,116,118]的研发方面已经付出了大量的努力。

本章将首先介绍求解特征值问题的幂迭代理论;其次,研究为实现特征值蒙特卡罗粒子输运模拟的幂迭代流程,并详细说明该方法涉及的问题;再次,讨论源收敛诊断的概念和方法;最后,讨论标准特征值蒙特卡罗模拟的缺点,并论证替代技术的必要性。

10.2　特征值问题的幂迭代理论

对于相空间($d^3r\,dE\,d\boldsymbol{\Omega}$)中的特征值线性玻耳兹曼(或输运)方程表示为

$$H\psi = \frac{1}{k}F\psi,\text{在 } V \text{ 体积内} \tag{10.1}$$

$$\psi = \widetilde{\psi},\boldsymbol{n} \cdot \boldsymbol{\Omega} < 0,\boldsymbol{r} \in \Gamma$$

其中,$\psi \equiv \psi(r,E,\pmb{\Omega})$是在 r 位置处 $d^3 r$ 空间内、运动方向为 $\pmb{\Omega}$ 在 $d\pmb{\Omega}$ 范围内、能量为 E 在 dE 范围内的粒子特征函数(角通量);k 是特征值(增殖因子);V 表示体积;Γ 表示表面积;$\widetilde{\psi}$ 表示给定的边界值;运算符 H 和 F 分别表示为

$$\begin{cases} H = \pmb{\Omega} \cdot \nabla + \Sigma_t(r,E) - \int_0^{\infty} dE' \int_{4\pi} d\pmb{\Omega}' \Sigma_s(r,E' \rightarrow E,\mu_0) \\ F = \dfrac{\chi(E)}{4\pi} \int_0^{\infty} dE' \int_{4\pi} d\pmb{\Omega}' \nu \Sigma_f(r,E') \end{cases} \tag{10.2}$$

其中,Σ_t 为总截面;$\Sigma_s(r,E' \rightarrow E,\mu_0)$ 是微分散射截面;Σ_f 是裂变截面;$\chi(E)$ 是裂变中子能谱;ν 是每次裂变产生的平均中子数。

为了求解特征函数(ψ),将式(10.1)重写如下:

$$\psi = \frac{1}{k}(H^{-1}F)\psi = \frac{1}{k}M\psi \tag{10.3}$$

其中,$M = H^{-1}F$。

原则上,算子 M 具有多个特征值(k_i)和对应的特征函数(ψ_i)。而我们感兴趣的是求解其本征量,即 k_0 和 ψ_0,其中 k_0 是最大的特征值,即

$$k_0 > |k_1| > |k_2| > \cdots \tag{10.4}$$

因此通解可以用特征函数表示如下:

$$u = \sum_{i=0}^{\infty} a_i u_i \tag{10.5}$$

然而,在一般问题中使用这种方法并不实际。由于式(10.3)中的源项是未知的,故只能采用迭代的方法获得,这时源项,即式(10.1)的右边,是由上一次迭代得到的。这意味着经过 n 次迭代后,式(10.3)化简为

$$\psi^{(n)} = \frac{1}{k^{(n-1)}}M\psi^{(n-1)}, \quad n = 1,2,\cdots \tag{10.6}$$

利用式(10.6)得到第 n 个特征函数,对应的特征值为

$$k^{(n)} = \frac{\langle M\psi^{(n)} \rangle}{\langle M\psi^{(n-1)} \rangle} = \frac{\langle M\psi^{(n)} \rangle}{\langle k^{(n-1)}\psi^{(n)} \rangle} \tag{10.7}$$

其中,狄拉克符号($\langle \rangle$)指的是对所有自变量的积分。这个迭代过程被称为幂(或源)迭代。通常,如果特征函数和特征值在给定的容许误差内收敛,则该过程终止。

为了检验基本特征函数的收敛性,将第 0 次迭代的特征函数用归一化特征函数($u_i's$)表示如下:

$$\psi^0 = \Sigma_i a_i u_i \tag{10.8}$$

然后,通过迭代得到第 i 代特征函数 $\psi^{(i)}$,其中 $i=0,n$ 通过式(10.9)确定:

$$\begin{cases} \psi^{(1)} = \dfrac{1}{k^{(0)}} M \psi^{(0)} \\[2mm] \psi^{(2)} = \dfrac{1}{k^{(1)}} M \psi^{(1)} = \dfrac{1}{k^{(0)} k^{(1)}} M^2 \psi^{(0)} \\[2mm] \vdots \\[2mm] \psi^{(n)} = \dfrac{1}{\alpha} M^n \psi^{(0)} \end{cases} \tag{10.9}$$

其中，$\alpha = \prod\limits_{i=0}^{n-1} k^{(i)}$。

现在，如果用式(10.8)代替式(10.9)中的 $\psi^{(0)}$，可得

$$\psi^{(n)} = \frac{1}{\alpha} M^n \Sigma_i a_i u_i = \Sigma_i \frac{a_i}{\alpha} M^n u_i \tag{10.10}$$

考虑每个特征函数的方程式(10.6)，则式(10.10)化简为

$$\psi^{(n)} = \Sigma_i \frac{a_i}{\alpha} k_i^n u_i \tag{10.11}$$

现在，如果将式(10.11)除以 k_0^n，可得

$$\frac{\psi^{(n)}}{k_0^n} = \frac{a_0}{\alpha} u_0 + \frac{a_1}{\alpha} \left(\frac{k_1}{k_0}\right)^n u_1 + \frac{a_2}{\alpha} \left(\frac{k_2}{k_0}\right)^n u_2 + \cdots \tag{10.12}$$

为了检验式(10.12)的收敛性，将不等式(10.4)除以 k_0 得到

$$1 > \left|\frac{k_1}{k_0}\right| > \left|\frac{k_2}{k_0}\right| > \cdots \tag{10.13}$$

这意味着 $\left|\dfrac{k_1}{k_0}\right|$ 值是该级数中最大的一项，被称为占优比(dominance ratio)。可见式(10.12)到本征特征函数的收敛率将取决于占优比的值。在该值接近1，即高占优比(high dominance ratio, HDR)的情况下，收敛到基本特征函数的过程将非常缓慢。因此，对于高占优比问题，蒙特卡罗特征值计算将难以获得收敛解。

10.3 蒙特卡罗特征值计算

如前所述，特征值问题和固定源问题之间的主要区别在于前者的源是未知的。因此，必须猜测一种初始粒子源分布和相应的特征值。此外，由于粒子源是由裂变产生的，因此有必要讨论和推导裂变中子抽样的必要公式，即它们的数量、能量和方向。10.3.1节将推导裂变中子抽样的必要公式，10.3.2节将讨论基于幂迭代技术进行蒙特卡罗特征值模拟的流程，10.3.3节将讨论对裂变中子抽样的不同估算量，10.3.4节提供了一种将不同估算量组合的方法。

10.3.1　裂变中子抽样涉及的随机变量

裂变过程的产物通常是两个裂变产物和若干带电粒子及中性粒子。在特征值问题中,维持链式反应所必需的源项是裂变中子,因此,本节将专门讨论裂变中子的抽样。裂变过程的其他产物也可以推导出类似的公式。

有 3 个随机变量与裂变中子有关:①数量;②能量;③方向。本节将专门讨论与这些随机变量相对应的蒙特卡罗基本公式 FFMC 的推导。

10.3.1.1　裂变中子的数量

对于每种裂变元素,定义一个不同的概率密度函数(pdf)来估算裂变中子的数量。(通常情况下,这些 pdf 不会随着引发裂变过程的中子能量而发生显著变化[4]。)

设 $p(n)$ 为一个裂变事件产生 n 个裂变中子的概率,则该离散随机变量 n 的 FFMC 为

$$P(n-1) < \eta \leqslant P(n), \quad 0 \leqslant n \leqslant n_{\max} \tag{10.14}$$

即当随机数 η 分布在 $P(n-1) \sim P(n)$ 时,认为本次裂变产生了 n 个中子。其中 $P(n) = \sum_{n'=0}^{n} p(n')$。

然而,在实际操作中,裂变中子数不是使用式(10.14)抽样的,而是使用由式(10.15)给出的每次裂变的平均裂变中子数($\bar{v}$)来抽样的:

$$\bar{v} = \sum_{n'=0}^{n_{\max}} n' p(n') \tag{10.15}$$

用 $\bar{v}$ 对裂变中子数抽样的流程如下:

(1) 生成一个随机数 η。

(2) 如果 $\eta \leqslant (\bar{v} - \mathrm{INT}(\bar{v}))$,生成 $\mathrm{INT}(\bar{v})+1$ 个裂变中子。

(3) 如果不满足上述第(2)项,则生成 $\mathrm{INT}(\bar{v})$ 个裂变中子。

其中,INT 指的是计算机中的向下取整运算,即简单地把小数点后的数字去掉。

10.3.1.2　裂变中子的能量

为了对裂变中子的能量进行抽样,从定义的裂变中子谱中抽样:

$$\chi(E)\mathrm{d}E \equiv 能量在 E 和 E + \mathrm{d}E 范围内的裂变中子的份额 \tag{10.16}$$

通常情况下,裂变能谱是由瓦特谱(Watt spectrum)给出的。例如,^{235}U 热中子裂变的瓦特谱为

$$\chi(E) = 0.4527 \mathrm{e}^{\frac{E}{0.965}} \sinh(\sqrt{2.29E}) \tag{10.17}$$

其中,$E = \dfrac{E}{E_0}$,$E_0 = 1\ \mathrm{MeV}$。针对此类能谱的抽样方法已经在第 2 章进行了讨论,本节不再赘述。

10.3.1.3 裂变中子的方向

由于裂变中子的产生是各向同性的，其方向可以按以下概率密度函数抽样：

$$p(\mu,\phi) = \frac{1}{4\pi}, \quad -1 \leqslant \mu \leqslant 1, 0 \leqslant \phi \leqslant 2\pi \tag{10.18}$$

其中，μ 为极角的余弦；ϕ 为方位角。抽样 μ 和 ϕ 的 pdf 推导如下：

$$p_1(\mu) = \frac{\displaystyle\int_0^{2\pi} \mathrm{d}\phi\, p(\mu,\phi)}{\displaystyle\int_{-1}^1 \mathrm{d}\mu \int_0^{2\pi} \mathrm{d}\phi\, p(\mu,\phi)} = \frac{\dfrac{1}{2}}{1} = \frac{1}{2} \tag{10.19}$$

和

$$p_2(\phi) = \frac{p(\mu,\phi)}{\displaystyle\int_0^{2\pi} \mathrm{d}\phi\, p(\mu,\phi)} = \frac{\dfrac{1}{4\pi}}{\dfrac{1}{2}} = \frac{1}{2\pi} \tag{10.20}$$

相应的 FFMC 由式(10.21)和式(10.22)给出：

$$\mu = 2\eta - 1 \tag{10.21}$$

和

$$\phi = 2\pi\eta \tag{10.22}$$

10.3.2 蒙特卡罗特征值模拟流程

如前所述，在临界（特征值）问题中，源项（即裂变源的空间分布）是未知的，因此，为了求解特征值问题，必须假设或猜测一种初始裂变源分布及特征值。

表 10.1 展示了一种简单的蒙特卡罗临界计算的幂迭代流程。

表 10.1 蒙特卡罗特征值计算的幂迭代流程

1. 将含有裂变材料（燃料）的区域划分为 I 个子区域。

2. 将共 N_0 个裂变中子分配到各子区域中。例如，可将每个子区域的裂变源密度 F_i 设为 $\dfrac{N_0}{I}$。

3. 对每个裂变中子的能量和方向进行抽样。

4. 对每个裂变中子进行输运模拟，直到中子被吸收或逃逸。

5. 如果一个中子被燃料吸收，则抽样裂变次数、新裂变中子数及它们的方向和能量。这些新的裂变中子就是下一代裂变中子源。

6. 将步骤 4 和步骤 5 重复 n 次，直到满足以下收敛条件：

$$\max \left| \frac{F_i^{(n)} - F_i^{(n-1)}}{F_i^{(n-1)}} \right| < \varepsilon_1$$

$$\left| \frac{K^n - K^{n-1}}{K^{n-1}} \right| < \varepsilon_2$$

续表

其中，$K^{(n)} = \dfrac{\sum\limits_{i=1}^{I} F_{i=1}^{(n)}}{\sum\limits_{i=1}^{I} F_{i=1}^{(n-1)}}$

其中，ε_1 和 ε_2 的典型取值范围分别为 $10^{-4} \sim 10^{-2}$ 和 $10^{-6} \sim 10^{-4}$。

但是，该流程的使用存在一些问题(或者说缺陷)，分别为：

(1) 裂变中子源($F_i^{(n)}$)可能没有收敛，因此必须跳过一些代数(必须进行测试的 n_s)。

(2) K 在两轮迭代间的相对变化可能非常小，进而会被统计不确定度所掩盖。为了解决该问题，可以使用累积平均值 K_c，由式(10.23)求得：

$$K_c^{(n)} = \frac{1}{n - n_s} \sum_{n' = n_s + 1}^{n} K^{(n')} \tag{10.23}$$

(3) 如果系统的期望特征值(K)不等于1，即次临界($K < 1$)或超临界($K > 1$)，则使用表10.1中的简单流程将导致中子数量($N^{(n)}$)呈指数下降或增加。以下两个例子证明了这一点。其中，每代的裂变中子数由式(10.24)估算得出：

$$N^{(n)} = K^n N^{(0)} \tag{10.24}$$

例10.1　超临界系统示例。

设 $k = 1.2$，$N^{(0)} = 1000$，则裂变中子数期望与迭代次数的关系可由式(10.24)计算。表10.2给出了到第30代的中子数。

表10.2　例10.1中裂变中子数期望与裂变迭代次数的关系

代　　数	中　子　数
1	1200
10	6192
20	38 338
30	237 376

超临界系统计算的困难在于，粒子的数量会随迭代次数的增加而显著增加，当源分布尚未收敛时，会耗费大量计算时间。

例10.2　次临界系统示例。

设 $k = 0.8$，$N^{(0)} = 1000$，则裂变中子数期望与迭代次数的关系可由式(10.24)计算。表10.3给出了到第30代的中子数。

表 10.3　例 10.2 中裂变中子数期望与裂变迭代次数的关系

迭 代 次 数	中 子 数
1	800
10	107
20	12
30	1

次临界系统计算的困难在于，粒子在结果收敛之前可能就已耗尽。

为了解决这个问题，在每次迭代后，将裂变中子源归一化为

$$q_i^{(n)} = \left(\frac{F_i^{(n)}}{\sum_{i=1}^{I} F_i^{(n)}} \right) N^{(0)} \tag{10.25}$$

这意味着系统中的裂变中子总数将保持不变。

表 10.4 给出了用于执行蒙特卡罗特征值模拟的标准流程。这个标准流程有效地解决了简单流程的缺点（上述(1)～(3)项）。

表 10.4　蒙特卡罗特征值模拟的标准流程

1. 将含有裂变材料(燃料)的区域划分为 I 个子区域。

2. 设置特征值参数：

N_p，每轮迭代的粒子数；

N_s，非活跃代数；

N_a，活跃代数。

3. 将共 N_p 个裂变中子分配到各区域中。例如，可将每个子区域的裂变源密度 F_i 设为 $\dfrac{N_p}{I}$。

4. 对每个裂变中子的能量和方向进行抽样。

5. 对每个裂变中子进行输运模拟，直到中子被吸收或逃逸。

6. 如果一个中子被燃料吸收，则抽样裂变数、新裂变中子数(下一代裂变中子源)。

7. 使用式(10.25)计算归一化源 $q_i^{(n)}$，并计算源的不确定度。

8. 如果 $n \leqslant N_s$，则重复步骤 4～7，否则转到步骤 9。

9. 使用式(10.23)计算累积平均特征值 k_c，并计算其不确定度。同时进行用户指定的计数器(tally)统计并计算相关的不确定度和品质因子(figure of merit, FOM)。

10. 如果 $n \leqslant N_a$，重复步骤 4～9，否则结束模拟。

请注意，对于固定源蒙特卡罗计算，必须检查结果的可靠性，如第 6 章所讨论的那样。

为了提高特征值蒙特卡罗模拟结果的置信度，通常使用以下 3 种不同的估计器对裂变中子进行抽样。

(1) 碰撞估计器

在每个碰撞位置,使用式(10.26)估算裂变中子的数量:

$$F = w \frac{\sum_k \bar{v}_k f_k \Sigma_{\mathrm{f},k}}{\sum_k f_k \Sigma_{\mathrm{t},k}} \tag{10.26}$$

其中,w 为粒子的统计权重;k 表示第 k 个易裂变同位素;f_k 为第 k 个同位素原子占全部核素的原子份额;$\bar{v}_k$、$\Sigma_{\mathrm{f},k}$ 和 $\Sigma_{\mathrm{t},k}$ 分别为第 k 个易裂变同位素每次裂变的裂变中子数、裂变截面和总截面。

(2) 吸收估计器

如果中子被燃料吸收,则使用式(10.27)估算裂变中子的数量:

$$F = w \frac{\sum_k \bar{v}_k f_k \Sigma_{\mathrm{f},k}}{\sum_k f_k \Sigma_{\mathrm{a},k}} \tag{10.27}$$

其中,$\Sigma_{\mathrm{a},k}$ 为第 k 个易裂变同位素的吸收截面。

(3) 路径长度估计器

如果中子在燃料区运动了距离 d,则使用式(10.28)估算裂变中子的数量:

$$F = wd \sum_k \bar{v}_k f_k \Sigma_{\mathrm{f},k} \tag{10.28}$$

注意,以上 3 种方法的优劣是不确定的,取决于具体的使用情境。例如,在低密度介质中,路径长度估计器是非常有效的,而在高吸收率的致密介质中(如燃料和慢化剂的混合物),碰撞估计器则非常有效。然而,如果能同时使用以上 3 种估计器,则可以有效提高源分布和特征值结果的置信度。10.3.3 节展示了一种将 3 种估计器的结果结合的方法。

10.3.3　组合估计方法

Urbatsch 等[102] 提出了一种估算组合特征值的算法,且该算法已应用于 MCNP(Monte Carlo N-particle)程序中。该组合特征值基于 Halperin[47] 的一篇论文,利用最小二乘法,考虑了 3 种估计器的方差和协方差而得到。文章中分别推导了组合 2 种估计器和 3 种估计器的算法,并对一些算例进行了测试。结果表明,3 种估计器的组合几乎是最优估计器。

下面给出了组合 3 种估计器的特征值及其方差的算式。简化起见,如果用变量 (x) 表示 k_{eff},那么组合 3 种估计器特征值的算式为

$$x = \frac{\sum_{l=1}^{3} f_l x_l}{\sum_{l=1}^{3} f_l} \tag{10.29}$$

其中,$x_l = k_{\mathrm{eff},l}$,l 表示估计器类型,如碰撞、吸收或路径长度。f_l 由式(10.30)给出:

$$f_l = S_{jj}^2 (S_{kk}^2 - S_{ik}^2) - S_{kk}^2 S_{ij}^2 + S_{jk}^2 (S_{ij}^2 + S_{ik}^2 - S_{jk}^2) \tag{10.30}$$

其中,每种估计器 (l) 对应的 i、j、k 值如表 10.5 所示。

表 10.5　l 与 i、j、k 的对应关系

l	i	j	k
1	1	2	3
2	2	3	1
3	3	1	2

方差和协方差分别为

$$S_{ii}^2 = \frac{1}{N-1}\sum_{m=1}^{N}(x_{im}-\bar{x}_i)^2 \tag{10.31}$$

以及

$$S_{ij}^2 = \frac{1}{N-1}\sum_{m=1}^{n}(x_{im}-\bar{x}_i)(x_{jm}-\bar{x}_j) \tag{10.32}$$

其中，N 为迭代次数，式(10.29)分母中的求和结果为

$$f_{\text{sum}} = \sum_{l=1}^{3} f_l = S_{11}^2 S_{22}^2 + S_{11}^2 S_{33}^2 + S_{22}^2 S_{33}^2 +$$

$$2(S_{12}^2 S_{13}^2 + S_{22}^2 S_{13}^2 + S_{33}^2 S_{12}^2) - 2(S_{11}^2 S_{23}^2 + S_{22}^2 S_{13}^2 + S_{33}^2 S_{12}^2) -$$

$$(S_{12}^2 + S_{13}^2 + S_{23}^2) \tag{10.33}$$

3 种 k_{eff} 估计器组合的方差为

$$S_{k_{\text{eff}}}^2 = \frac{s_1}{Nf_{\text{sum}}}\left[1 + N\left(\frac{s_2 - 2s_3}{(N-1)^2 f_{\text{sum}}}\right)\right] \tag{10.34}$$

其中，

$$S_1 = \sum_{l=1}^{3} f_l S_{1l}^2 \,;$$

$$S_2 = \sum_{l=1}^{3}(S_{jj}^2 - S_{kk}^2 - 2S_{jk}^2)\bar{x}_l^2 \,;$$

$$S_3 = \sum_{l=1}^{3}(S_{kk}^2 + S_{ij}^2 - S_{jk}^2 - S_{ik}^2)\bar{x}_l\bar{x}_j \,。$$

关于组合 k_{eff} 不确定性的理论和推导的更多细节，读者可以参考 Urbatsch 等[102]和 Halperin[47]的工作。

10.4　与蒙特卡罗特征值模拟标准流程相关的问题

蒙特卡罗特征值模拟的标准流程（见表 10.4）需要一组特征值参数，包括 N_{p}（每代粒子数）、N_{s}（非活跃代数）和 N_{a}（活跃代数）。这些参数的选取合适与否将直接影响特征值模拟的结果。

选择一组合适的特征值参数并不简单，而且会受具体问题的物理特性和用户

需求的影响。例如,如果 N_p 很小,可能会导致粒子低抽样(undersampling),这可能会得出有偏的(biased)结果,而如果 N_p 很大,则每轮迭代的时间成本很高,进而导致可以执行的活跃代数有限,使得结果的精度受到限制。如果 N_s 较小,则未收敛的源将导致结果不准确。而 N_a 的值则受 N_s 和所需精确度的影响。

如 10.2 节所讨论的那样,幂迭代技术在解决 HDR 或松耦合区域问题时存在困难。对此类问题,几乎不可能在可接受的时间内得到精确的解。此外,幂迭代技术中每轮迭代得到的中子源之间具有相关性,这可能导致结果的不确定度被低估[27]。

为了避免结果出现偏差,用户必须考虑以下措施:

(1) 对裂变源的收敛性进行判断。

(2) 对特征值参数的不同组合进行测试。

(3) 除以上诊断外,还要对源分布进行评估。

总之,在蒙特卡罗特征值模拟中,即使所得的 k_{eff} 和裂变中子源分布(q_i)看起来非常精确,它们的值和不确定度都可能是有偏的,其原因可总结为:

(1) 裂变中子源没有收敛,因此所得的 k_{eff} 是不可靠的。

(2) 迭代轮次之间的相关性(存在于幂迭代技术中)可能导致不确定度被低估。

(3) 低抽样会导致有偏的 k_{eff} 和源分布结果。

本章的剩余部分将讨论上述问题。

10.5 源收敛的判断

本节将介绍两种源收敛判断技术:①香农熵法;②质心技术。

10.5.1 香农熵法

香农熵法已经广泛应用于蒙特卡罗程序中(如 MCNP 和 Serpent)。本节将介绍并讨论其概念和重要性,相关推导详见附录 E。

10.5.1.1 香农熵的概念

为了介绍香农熵,有必要引入时间序列的概念[54]。时间序列是在时间上按同样间隔依次排列的一系列点。每一代的 k_{eff} 值可以看作一个时间序列,所要做的一个重要判断(通常是假设)就是该时间序列是否稳定。如果稳定,则随机过程可以用其均值、方差、协方差和其他相关参数来描述。这一点很重要,因为稳定意味着序列的统计特性不随时间(在此应为"迭代轮次")而改变。从原理上讲,如果序列不稳定,则说明源没有收敛,因此就无法对随机变量(如通量、k_{eff}、中子流等)做出可靠估计。需要注意的是,即使诊断结论为稳定,计数结果及其不确定度中仍可能存在偏差。这一点将在 10.5.2 节进行讨论。

普适的稳定性统计检验很难找到，其主要问题在于如何有效地对比两轮迭代间源分布结果所需的信息量。一种方法是使用香农熵[90]。在信息论中，"熵"是对"计算机储存一个概率密度函数所需的最小比特数"，或者说"模拟一个实验结果所需的信息量"的一种度量。为了说明香农熵为何适用于裂变源分布收敛性判断，本节首先基于文献[21]和文献[93]给出香农熵的公式。

设一个实验有 m 个可能的结果，每个结果的概率为 p_i。则对应的香农熵（H）由式（10.35）给出：

$$H = S(p_1, p_2, \cdots, p_m) = -C \sum_{i=1}^{m} p_i \log_2 p_i \qquad (10.35)$$

其中，C 是一个任意常数。式（10.35）的推导详见附录 E。

10.5.1.2　香农熵在裂变中子源中的应用

香农熵可以直接应用于蒙特卡罗特征值计算中。如果用归一化裂变源代替每个子区域，即将式（10.25）中的 q_i 代入 p_i，并设常系数为 1，则裂变中子密度分布的熵表达式为

$$H_s^{(n)} = -\sum_{i=1}^{m} q_i^{(n)} \log_2 q_i^{(n)} \qquad (10.36)$$

其中，n 为迭代次数。

在模拟中应用式（10.36）的一种方法是检查两轮迭代间 H 的变化。如果源已经收敛，那么预计 H 将在一个平均值附近波动。然而，式（10.36）的求和可能会导致项间发生补偿，在高占优比或松耦合问题中，源分布随迭代次数的变化是缓慢的，这时即使源未收敛，H 也可能保持相对恒定，这就导致了对收敛的误判。Ueki 和 Brown[99-101] 基于其他收敛准则研究了熵的替代公式。

10.5.2　质心技术

为了克服香农熵的缺点，Wenner 和 Haghighat[119] 开发了源质心技术，该技术利用源分布的"质心"来衡量中子源不同代间的行为。假设中子源每个子区域相对于模型几何中心的位置矢量为 $\boldsymbol{r}_i$，则源质心的矢量位置为

$$\boldsymbol{R}^{(n)} = \sum_{i=1}^{N} q_i^{(n)} \boldsymbol{r}_i \qquad (10.37)$$

其中，n 为迭代次数；$\boldsymbol{R}^{(n)}$ 为第 n 次迭代的源质心。

例如，在 Wenner 和 Haghighat 的研究[117,119] 及 Wenner 的研究[116] 中，他们用两种不同的边界条件（boundary condition, BC）研究了具有对称源分布的松耦合问题，分别为：①全反射边界条件（算例2）；②真空边界条件（算例1）。图 10.1 显示了两个算例中源质心的位置与代数（或循环数）的关系。

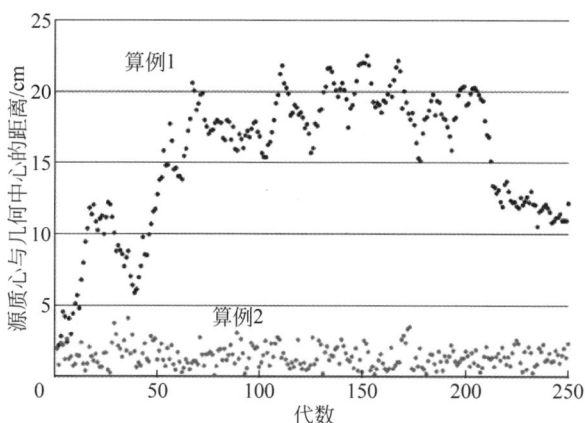

图 10.1 算例 1(真空边界条件)和算例 2(全反射边界条件)中源质心的位置与代数的关系

模型的对称性使源质心应该在模型的几何中心附近波动。这一点对于使用全反射边界条件的算例 2 是成立的,但对于算例 1 则不然。算例 1 未收敛的原因是真空边界条件导致边界处粒子的损失,造成了严重的低抽样,这是标准特征值流程(见表 10.4)无法解决的。注意,香农熵技术也不能识别这个问题。关于该问题的进一步讨论及质心法收敛性判断的发展,读者可以参考文献[118]。

10.6 标准蒙特卡罗特征值计算——性能、分析、缺点

本节讨论了在业界广泛使用的程序(如 MCNP 和 Serpent)中采用的标准特征值计算流程,并以单个燃料组件问题为例,给出了特征值和裂变中子密度的计算方法。此外,该算例还体现了标准蒙特卡罗特征值计算的缺点。

10.6.1 选择适当特征值参数的流程

为了避免在选取特征值参数时使用"遍历所有组合"的暴力破解法,可以尝试以下流程:

(1) 设置每代粒子数(N_p),保证每个计数区域有足够数量的粒子,尤其是可能出现低抽样的模型外围区域。

(2) 设置好 N_p 后,选取一个适中的活跃代数(N_a)值,然后测试非活跃代数(N_s)对结果的影响,用户可以使用香农熵和(或)质心法来检查源收敛性。

(3) 在确定了 N_s 之后,N_a 逐步增大,并观察 k_{eff} 和裂变源分布(以及相应不确定度)的相对变化(可借助范数),来测试 N_a 的影响。

(4) 设置好 N_a 和 N_s 后,通过重复上述步骤(2)和步骤(3)来测试 N_p 数量增减的影响。

10.6.2　标准蒙特卡罗特征值计算缺点的论证

本节以 Mascolino 等的一项研究[71]为例，尝试论证使用标准流程（见表 10.4）的蒙特卡罗特征值计算的缺点。Mascolino 等对一个乏燃料组件和一个包含 32 个组件的完整乏燃料容器（GBC-32 容器基准题）进行了详细研究，展示了蒙特卡罗特征值计算的不足[105]。

10.6.2.1　问题描述

本节选取的算例为一个乏燃料组件[71]，该组件为标准燃料组件（栅元数为 17×17），整体位于水中，四周为吸收体平板，如图 10.2 所示。模型的边界条件为 x 和 y 方向全反射、z 方向真空。值得注意的是，吸收板的存在使组件边界可能出现低抽样，这一特殊性为本问题带来了一定的困难抽样。

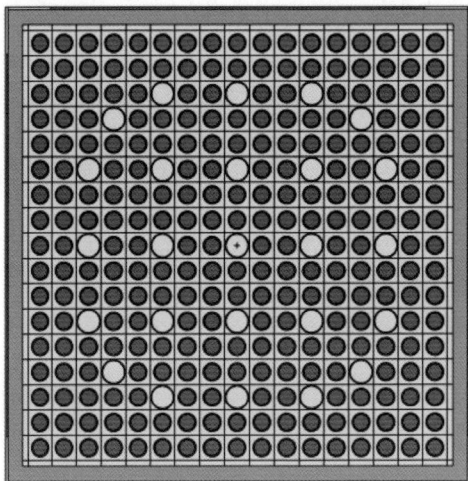

图 10.2　标准 17×17 燃料组件，整体被乏燃料容器包围，组件间存在吸收板

10.6.2.2　结果与分析

为了进行精细化的分析，本节将含有 264 根燃料棒的燃料区域轴向划分为 24 段，形成了 6336 个计数区（I）。考虑到每个计数区的尺寸较小，本节设置了较多的每代粒子数，令 $N_p = 10^6$，使每个计数区约有 158 个粒子。此外，本节还将非活跃代数（N_s）设为较大值 1000，并研究了随活跃代数的增加，特征值和裂变密度的变化。模型的源收敛诊断使用的是香农熵法。

图 10.3 展示了活跃代数（N_a）为 100～3500 时，6336 个子区域中裂变源分布的香农熵的变化。结果表明，当非活跃代数大于 200 时，香农熵就趋于稳定，因此可以认为源已经收敛。此后对 k_{eff} 和裂变源分布的考察进一步证实了这一点。

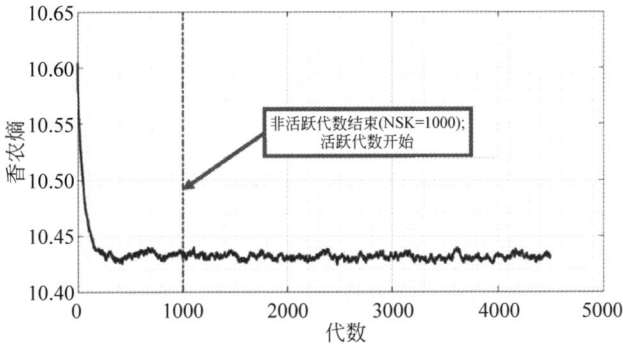

图 10.3　香农熵随代数的变化

图 10.4 和图 10.5 展示了 k_{eff} 及其不确定度随活跃代数的变化。这些结果的变化同样符合预期,即 k_{eff} 保持稳定,其不确定度按 $\dfrac{1}{\sqrt{N_a}}$ 规律下降。根据中心极限定理,可以认为该 k_{eff} 结果是准确的。

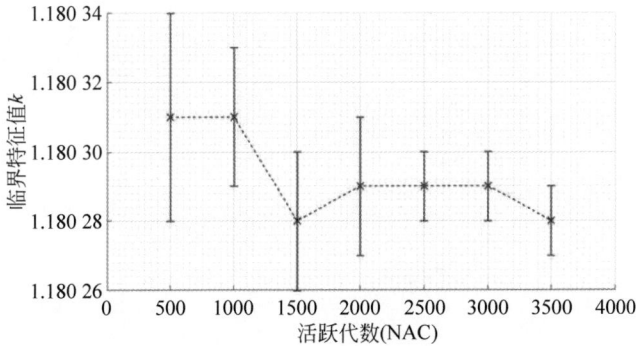

图 10.4　k_{eff} 的变化

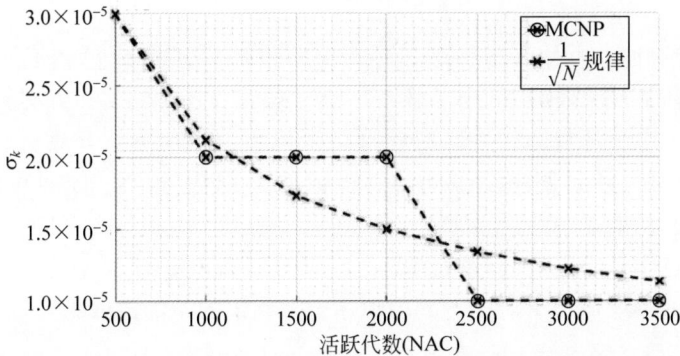

图 10.5　k_{eff} 不确定度的变化(其中 MCNP 结果只有 5 位有效数字)

为了检验源分布的精度，本节首先给出 N_a 轮活跃代的源分布结果与参考解（N_r 轮活跃代）的相对偏差计算式：

$$\mathrm{rd}_i^{(N_a)} = \frac{q_i^{(N_a)} - q_i^{(N_r)}}{q_i^{(N_r)}}, \quad N_a < N_r \tag{10.38}$$

其中，$\mathrm{rd}_i^{(N_a)}$ 为活跃代数为 N_a 时，第 i 个子区域中源的相对偏差；$q_i^{(N_a)}$ 为活跃代数为 N_a 时，第 i 个子区域的裂变源密度；$q_i^{(N_r)}$ 为 N_r 参考解（N_r 轮活跃代）的裂变源密度。本例中 $N_r = 3500$。求得各子区域的相对偏差后，再根据式（10.39）计算相对偏差的 L_1 范数，并将其与程序自身算出的统计不确定度进行比较。

$$L_1^{(N_a)} \text{范数} = \frac{1}{I} \sum_{i=1}^{I} \mathrm{rd}_i^{(N_a)} \tag{10.39}$$

图 10.6 比较了相对偏差与相对不确定度的 L_1 范数，其中相对不确定度定义为

$$R_i^{(N_a)} = \frac{S_i^{(N_a)}}{q_i^{(N_a)}} \tag{10.40}$$

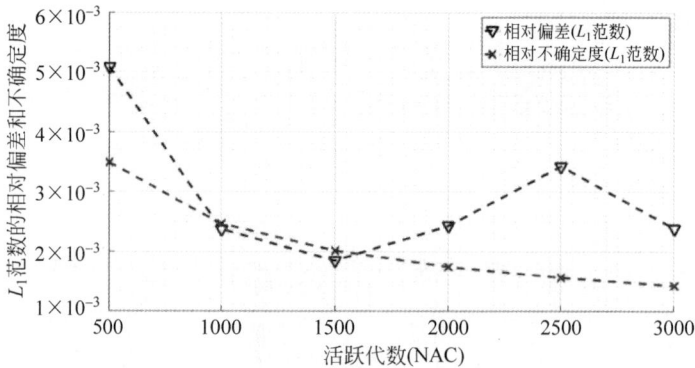

图 10.6　裂变密度分布的相对偏差与其统计不确定度的比较

可见，相对偏差整体大于程序自身算出的相对不确定度，这表明，要么不确定度被程序低估了，要么模拟的中子数（N_a、N_s 或 N_p）还不够多。针对该问题，本节进一步研究了中子源代际相关性的影响。对于同一模型，本节开展了 50 次独立的特征值计算，每次计算使用了不同的随机数种子。N_s 和 N_a 分别减小到 300 和 500 以节省计算时间，而 N_p 保持 10^6 不变。

本节将程序自身（标准幂迭代算法）算出的不确定度与 50 次独立计算统计得出的真实不确定度进行了对比。其中程序自身算出的不确定度为

$$S_{\text{code}} = \frac{1}{N_{\text{rep}}} \sum_{n_r=1}^{N_{\text{rep}}} S_{n_r} \tag{10.41}$$

而真实的不确定度由式（10.42）给出：

$$S_{real} = \sqrt{\frac{1}{N_{rep}-1}\sum_{n_r=1}^{N_{rep}}(x_{n_r} - \overline{x_r})^2} \tag{10.42}$$

其中,$\overline{x_r}$ 是指所有重复计算的平均计数值。为了比较不确定度,需要确定不确定度之比的空间分布,该比值的计算方法为

$$f_s = \frac{S_{real}}{S_{code}} \tag{10.43}$$

由图 10.7 中的结果可见,大部分区域的比值(f_s)都大于 2,说明程序算出的不确定度是明显偏低的,这是标准算法的主要缺点之一。表 10.6 比较了两种不确定度的平均值。以上结果表明,程序算出的不确定度平均值仅为真实值(f_s)的$\frac{1}{2.28}$。了解这一点后,如果将程序算出的不确定度乘以 f_s 值,就可以得到校正后的不确定度分布。

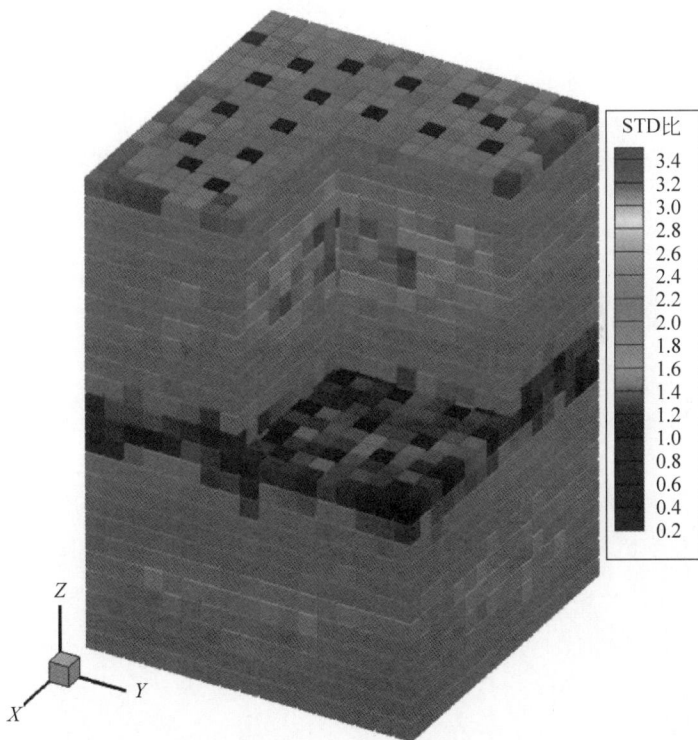

图 10.7 单个组件问题中各裂变子区域的 f_s 分布(见文后彩图)

表 10.6 裂变源分布的真实不确定度与 MCNP 算出的不确定度对比

S_{real}	S_{MCNP}	f_s
0.72	0.35	2.28

图 10.8 清楚地证实了不同迭代次数下，源分布的相对偏差值均处于程序算出的不确定度和真实不确定度之间。这说明对于以上活跃代数，计数结果是精确的，同时代间相关性也确实导致了对不确定度的低估。

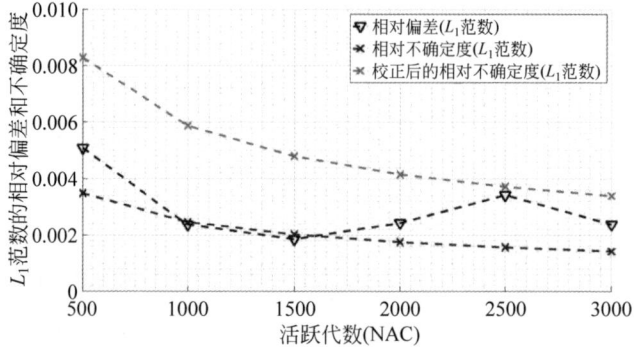

图 10.8　相对偏差与真实不确定度和程序不确定度的比较

本节证明了标准蒙特卡罗特征值计算中存在的困难，并针对其中一些问题给出了分析和解决的方法。然而，这些方法往往需要大量的经验和计算资源，因此对于大多数实际问题可能并不实用。考虑到这点，第 11 章将提出另一种特征值蒙特卡罗技术。

10.7　本章小结

本章介绍了粒子输运的特征值蒙特卡罗方法，系统给出了广泛应用于蒙特卡罗程序的常用标准流程，并详细介绍了不同的估计器及如何将它们有效地组合起来。本章强调了标准蒙特卡罗计算的困难，以及可能用于鉴别它们的技术。本章以实际问题为例，给出了一套评估 k_{eff} 和源分布结果及其不确定度的流程，还给出了一些克服标准流程缺点的方法。尽管如此，作者仍然建议读者使用第 11 章讨论的替代技术。

习题

1. 表 $10.7^{[115]}$ 给出了引发裂变的中子在两种不同能量下，^{235}U 每次裂变产生的裂变中子数量的概率密度分布。

（1）计算两种能量下的平均裂变中子数及其不确定度。

（2）用（1）中得到的平均值和方差，借助正态分布来计算裂变中子数为 0～5 的概率。

（3）将所得结果与表 10.7 进行比较。

表 10.7 每次裂变释放的中子数

每次裂变的中子数	概率	
	$E = 80$ keV	$E = 1.25$ MeV
0	0.02	0.02
1	0.17	0.11
2	0.36	0.30
3	0.31	0.41
4	0.12	0.10
5	0.03	0.06

2. 用数值反演技术(numerical inversion technique)编写一个程序对裂变谱(见式(10.17))进行抽样,比较编写的程序与第 2 章中介绍的程序的性能差异。

3. 将裂变谱作为引发裂变的中子能谱,利用表 10.7 给出的信息编写程序,计算平均裂变中子数。其中当中子能量 $E \leqslant 80$ keV 时,使用 80 keV 的概率分布;当 $E > 80$ keV 时,使用 1.25 MeV 的概率分布。

4. 编写一个程序来计算一个真空中的无限大均匀平板反应堆的特征值和裂变中子分布。其中估计器使用碰撞估计器(见式(10.26))。

(1) 使用表 10.8 中的参数测试程序。

(2) 将裂变率密度分布结果的形状与余弦函数进行比较。

(3) 如果反应堆不是临界的,请为所编写的程序添加临界搜索功能以找出临界尺寸。

表 10.8 习题 4 中的平板反应堆参数

Σ_t/cm^{-1}	Σ_a/cm^{-1}	$\bar{v}\,\Sigma_f$/cm^{-1}	$\bar{v}$	尺寸/cm
3.7	0.6	0.7	2.43	88.83

5. 将习题 4 中程序的估计器分别改为吸收估计器(见式(10.27))和路径长度估计器(见式(10.28))。借助式(10.29)将所得的 3 个特征值结果结合。将结果与三者简单平均的结果进行比较。

6. 借助习题 4 中的程序来观察香农熵和质心随代数的变化。

(1) 将结果画出来,并研究这两种方法分别是如何表示源收敛性的。

(2) 将模型的宽度增大 5 倍,重复此计算,观察收敛速度的变化。

第11章

特征值蒙卡模拟的裂变矩阵方法

11.1 本章引言

第 10 章详细阐述了在大多数公开可用的蒙特卡罗程序中使用的标准特征值蒙特卡罗算法,指出了标准算法的缺点,并提供了诊断伪收敛、有偏计数及其相关统计不确定度的技术。考虑到确定适当特征值参数还需要做进一步的分析,解决高动态范围抽样和低抽样等问题所需的不合理的计算机资源和时间成本,以及解决固有的代间相关性的困难,作者建议使用在本章中所讨论的替代方案。

确定论-蒙特卡罗混合方法在很大程度上避免了标准蒙特卡罗算法面临的所有问题。COMET[84] 和 RAPID[45,112] 等程序将特征值输运方程改写为方程组的形式,并通过执行一系列固定源蒙特卡罗计算来预先计算方程组中的展开系数或矩阵系数。这种方法有两个主要优点:①用一系列固定源蒙特卡罗计算替代特征值问题;②由于采用预先计算的系数,因此可以实时求解方程组。这种方法适合用于进行参数研究,因为通过预先计算不同范围的系统参数下的方程组系数,它可以在很短的时间内并行执行大量分析,这对于设计新的核能系统及优化核能系统尤其重要。

本章将重点介绍在 RAPID 程序中使用的裂变矩阵(fission-matrix,FM)法。这种方法将线性玻耳兹曼方程转换成矩阵形式,可以通过不同的技术来求解。本章将详细阐述裂变矩阵方法、求解裂变矩阵公式的技术及其实现,以及裂变矩阵方法在模拟真实核系统时的准确度和性能。

11.2 裂变矩阵方法公式推导

为推导裂变矩阵(FM)方法,需要将线性玻耳兹曼方程(linear Boltzmann equation,LBE)转换成矩阵形式。由式(10.1)可得

$$H\psi = \frac{1}{k}F\psi \tag{11.1}$$

把裂变算符 F 改写成

$$\begin{cases} F = \chi \widetilde{F} \\ \widetilde{F} = \dfrac{1}{4\pi} \int_0^\infty \mathrm{d}E' \int_{4\pi} \mathrm{d}\boldsymbol{\Omega}' \nu \Sigma_\mathrm{f}(\boldsymbol{r}, E') \end{cases} \qquad (11.2)$$

然后,将式(11.1)乘以 H^{-1} 得到

$$\psi = \frac{1}{k} H^{-1} \chi \widetilde{F} \psi \qquad (11.3)$$

将式(11.3)乘以 $\widetilde{F}$,得到裂变矩阵方法的方程式如下:

$$\boldsymbol{q} = \frac{1}{k} \boldsymbol{A} \bar{q}$$

其中,

$$\begin{cases} \boldsymbol{q} = \widetilde{F} \psi \\ \boldsymbol{A} = F H^{-1} \end{cases} \qquad (11.4)$$

其中,$\boldsymbol{q}$ 为有 I 个计数区的裂变中子源矢量;$\boldsymbol{A}$ 为系数矩阵。

在实际应用中,裂变矩阵方法主要有两种实现方式:①预先计算 $\boldsymbol{A}$ 的元素,并将其用于确定系统特征值和特征函数;②动态计算 $\boldsymbol{A}$ 的元素,并将其用于确定系统特征值和特征函数。

11.2.1 裂变矩阵方法 1

由式(11.4)可知,$\boldsymbol{A}$ 对裂变源进行如下计算,得到下一代裂变源:

$$\boldsymbol{A} q(\boldsymbol{p}) = \int_{p'} \mathrm{d}\boldsymbol{p}' a(\boldsymbol{p}' \to \boldsymbol{p}) q(\boldsymbol{p}') \qquad (11.5)$$

其中,$a(\boldsymbol{p}' \to \boldsymbol{p})$ 给出了由于相空间 $\mathrm{d}\boldsymbol{p}'$ 中的裂变中子而在相空间 $\mathrm{d}\boldsymbol{p}$ 中产生的裂变中子的期望数目。

为了求解式(11.5),需要将相空间离散化,用求和代替积分[112,118]。例如,仅考虑空间变量,离散空间网格 i 中的裂变源密度可由式(11.6)得到:

$$q_i = \frac{1}{k} \sum_{j=1}^I a_{i,j} q_j, \quad i = 1, I \qquad (11.6)$$

其中,q_i 为网格体积 i 中的裂变源;I 为空间网格总数;元素 $a_{i,j}$ 由式(11.7)求得:

$$a_{i,j} = \frac{\displaystyle\int_{v_i} \mathrm{d}^3 \boldsymbol{r} \int_{v_j} \mathrm{d}^3 \boldsymbol{r}' a(\boldsymbol{r}' \to \boldsymbol{r}) q(\boldsymbol{r}')}{\displaystyle\int_{v_j} \mathrm{d}^3 \boldsymbol{r}'(\boldsymbol{r}')} \qquad (11.7)$$

$a_{i,j}$ 系数是指由于在网格体积 v_j 中产生裂变中子而在网格体积 v_i 中产生的

裂变中子的期望数目。注意，除空间变量外，还可以离散相空间的能量和角度等其他变量，并相应地重写式（11.6）和式（11.7）。

在这种方法中，首先需要执行一系列固定源蒙特卡罗模拟来计算 $a_{i,j}$ 系数，其中，中子源被逐个放置在网格体积 v_i 中，并确定因其产生的在包括网格体积（i）在内的所有网格体积（$j=1,I$）中的裂变密度。但是，不应该直接做 $I \times I$ 次计算；相反，应该通过考虑局部耦合、模型对称性和区域相似性等问题的物理特性来避免不必要的计算。Haghighat 等[45]、Walters 等[48,113]、Roskoff 和 Haghighat[86-87]及 Mascolino 等[71,74]的几篇论文，以及本章后面的章节（11.3.1.2 节和 11.3.3 节）都讨论了这些问题。

为了讨论的完整性，还需要介绍次临界系统的裂变矩阵公式。这种系统中存在独立中子源，可在存在易裂变元素的情况下导致次临界增殖。包含乏燃料组件的设施就是一个很好的次临界系统的例子。在这种乏燃料设施中，乏燃料中的放射性物质会直接（如自发裂变）或间接（如（α, n）相互作用）产生中子（以下称其为固有源）。这些固有源又在可裂变元素中引起裂变，这个过程被称为次临界增殖。此时，考虑到固有源，裂变矩阵公式改写为

$$q_i = \sum_{j=1}^{I} (a_{i,j} q_j + b_{i,j} q_j^{\text{in}}) \tag{11.8}$$

其中，q_j^{in} 指的是固有源；$b_{i,j}$ 指的是固有源系数矩阵（B）的元素，固有源（B）的计算过程与裂变中子系数矩阵的计算过程相同。

在次临界系统中，除 k_{eff}（见式（11.4））和源分布外，还应确定如式（11.9）所示的次临界倍增因子（M）：

$$M = \frac{\sum_i q_i + q_i^{\text{in}}}{\sum_i q_i^{\text{in}}} \tag{11.9}$$

这种裂变矩阵方法已在 RAPID 程序中实现，并通过参考蒙特卡罗方法计算证明了其准确度和性能。

11.2.2 裂变矩阵方法 2

这种方法使用动态确定的系数矩阵（A）的元素，来确定系统的特征值和特征函数，称为基于裂变矩阵的蒙特卡罗方法（fission matrix-based Monte Carlo，FMBMC）[28,118]。表 11.1 提供了基于裂变矩阵的蒙特卡罗法方法的实现过程。如表 11.1 所示，这种方法依赖特征值参数的使用，因此受到与标准特征值蒙特卡罗方法相似的问题的影响。

表 11.1　特征值裂变矩阵的蒙特卡罗方法的标准程序

1. 将含有裂变材料(燃料)的区域划分为 I 个子区域。
2. 设置特征值参数：
   N_p，每代粒子数；
   N_s，非活跃代数；
   N_a，活跃代数。
3. 将 N_p 个裂变中子分配到各子区域上，例如，每个子区域的裂变源密度 F_i 设为 $\dfrac{N_p}{I}$。
4. 对于每个裂变中子，抽样中子的能量和方向。
5. 对每个裂变中子在模型中做输运计算，直到中子被吸收或逃逸。
6. 如果一个来自 i 区的中子被 j 燃料区所吸收，则使用 $a_{i,j} = a_{i,j} + w \dfrac{\bar{v}\Sigma_f}{\Sigma_t}$ 计算裂变中子数。
7. 如果 $n > N_s$，则计算 $a_{i,j}$ 的累积平均值，即 $a_{i,j}^{(n)} = \dfrac{1}{n-N_s} \sum_{k=N_s+1}^{n} a_{i,j}^{(k)}$。
8. 计算归一化 $(a_{i,j})$，由 $a_{i,j}^{(n)} = \dfrac{a_{i,j}^{(n)}}{q_i^{(n)}}$ 给出。
9. 利用式(11.4)确定第 n 代的 k_{eff} 和裂变源 (q_i)。
10. 如果 $n \leqslant N_a$，重复步骤 4～9，否则结束模拟。

11.2.3　裂变矩阵方法的缺点讨论

Dufek[28]、Wenner 和 Haghighat[118] 对基于裂变矩阵的蒙特卡罗方法的研究表明，裂变矩阵方法对于求解特征值问题是有效的。该方法的精度取决于裂变矩阵系数的精度，而裂变矩阵系数的精度会受到源分布子区域选择和特征值参数的影响。结果表明，如果子区域足够"小"，则裂变矩阵中的元素不受源分布的影响。然而，使用"小"网格在计算上可能是一项艰巨的任务，此外，还需要验证子区域是否足够"小"。

没有公式可用于选择合适的裂变源子区域，因此有必要研究估计的矩阵元素是否可靠。要做到这一点，必须检查来自不同代间的元素之间是否存在任何相关性，并估计与每个元素相关的不确定度。此外，在了解系数元素的不确定度之后，有必要开发一种误差传递方法，以确定估计裂变源分布和相应的特征值的不确定度。Wenner 等[116,118] 提出了检验随机性和评估不确定度的方法，从而为用户提供了关于裂变矩阵估计元素可靠性的信息。

11.3　裂变矩阵方法 1 的应用

11.2.1 节介绍的方法 1 是首选方法，因为它仅需做固定源计算，不依赖循环迭代计算，因此也不会受到其不足的干扰。这种方法被实现到 RAPID 程序中，并用于模拟各种计算和验证实际问题[48,71,73-74,86,88,112-113]。本节将介绍裂变矩阵方法 1 在乏燃料桶和反应堆堆芯中的应用，并将比较 RAPID 程序（如裂变矩阵技术）和 Serpent 程序系统的准确度及性能。

11.3.1　乏燃料设施建模

乏燃料组件通常放置在池和桶中，由含有中子吸收材料（如硼）的隔板隔开。为了保持乏燃料池和乏燃料桶的临界安全，必须确保系统处于次临界状态。而乏燃料设施可能包含不同燃耗、冷却时间和（或）初始富集度的燃料组件，因此，执行最佳估计计算将需要投入大量人工和计算机资源。RAPID 程序及其裂变矩阵方法（见 11.2.1 节）为乏燃料设施的模拟提供了一种准确、高效的方法。本节将首先讨论乏燃料设施的裂变矩阵系数预计算过程，然后比较 RAPID 程序与参考蒙特卡罗程序 Serpent 计算结果的准确度和效率。

11.3.1.1　问题描述

本节使用 Mascolino 等[74]在基准研究中使用的 GBC-32 乏燃料桶基准模型[105]。本研究中建立的模型如图 11.1 所示，32 个燃料组件被放置在一个罐中，燃料组件之间由硼砂板（包裹在铝包层中）隔开。此外，该罐被放置在一个充满水的不锈钢圆桶中。作为演示案例，假设所有组件都为 4%富集度的新燃料。

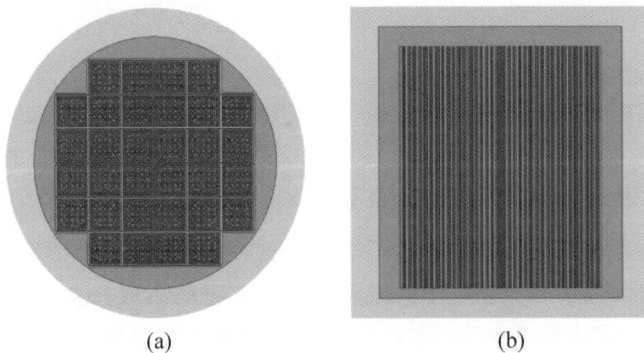

(a)　　　　　　　　　　　　　(b)

图 11.1　Serpent 乏燃料桶模型（见文后彩图）

(a) 径向；(b) 轴向

11.3.1.2　裂变矩阵系数预计算

本节利用 Serpent 蒙特卡罗程序，建立了不同燃耗深度（0(新燃料)、10 000 MW・d/

MTHM、20 000 MW・d/MTHM、30 000 MW・d/MTHM 和 40 000 MW・d/MTHM)下的裂变矩阵系数数据库。由于燃料组件具有八分之一中心对称结构，对于上述 6 个燃耗深度仅计算了 39 根燃料棒的系数，即共执行了 234 个固定源的 Serpent 计算，如图 11.2 所示。每次计算中，中子源被放置在一个燃料棒的 1 in (0.0254 m)轴向段中，然后在相邻两个组件内、轴向距离 32 in 内，即 5×5 的燃料组件阵列空间内计数，计算裂变矩阵系数，接下来利用对称性和相似性条件，对模型的剩余部分设置裂变矩阵系数。本演示算例中，在每个燃料棒的 48 个轴段上计算裂变矩阵系数。有关系数确定的更多细节，可以参考 11.3.1.3 节及 Walters 等[113] 和 Mascolino 等[71] 的文献。

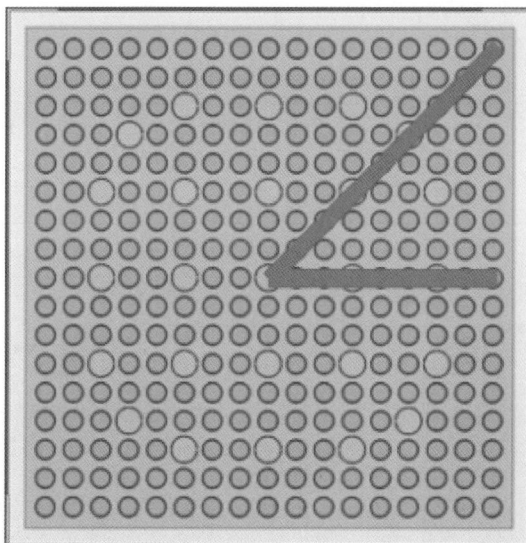

图 11.2　具有八分之一中心对称的燃料组件(17×17 棒束)

表 11.2 给出了在 56 个计算机核心上使用 Serpent 程序系统进行预计算的计算机时间数据。

表 11.2　裂变矩阵系数一次性预计算的计算机时间

计 算 次 数	计算机核心数	时间/min
1	4	45
234	56	478

表 11.2 表明，在 56 个核心的情况下，可以在大约 13 h 内准备一个随燃耗(0～40 000 MW・d/MTHM)变化的裂变矩阵系数数据库。由于系数彼此独立，因此可以并行计算，即所有计算可以使用 936 个核心在 45 min 内完成。此外，由于固定源蒙特卡罗计算具有高度可扩展性，因此预计算的时间可以与计算机核心数量

的增加成比例地减少。第 12 章将进一步讨论蒙特卡罗方法的并行处理。

11.3.1.3　RAPID 与 Serpent 的比较——准确度和性能

为了测量 RAPID 程序的结果准确度，本节使用 Serpent 程序进行了参考特征值计算。对于该计算，本节使用以下特征值参数，包括 $N_p=10^5$，$N_s=250$ 和 $N_a=500$。为了在合理的计算时间内实现合理的精度，仅在每个燃料棒中 12 个轴向段内进行裂变中子源计数。

表 11.3 比较了 RAPID 预估值与参考 Serpent 计算结果的 k_{eff}（有效增殖因数）。Serpent 预估的组件级轴向裂变密度分布及其相关的不确定度如图 11.3 所示。由图 11.3 可以看出，Serpent 计算结果的桶顶、桶底及其周边的裂变密度的相对不确定度明显大于 10%。

表 11.3　Serpent 和 RAPID 预估的 k_{eff} 比较

计 算 程 序	有效增殖因数	相 对 偏 差
Serpent	$1.145\,46 \pm 10$ pcm*	—
RAPID	$1.145\,70$	1 pcm

* 1-σ 统计不确定度，单位为 pcm，即 10^{-5}。

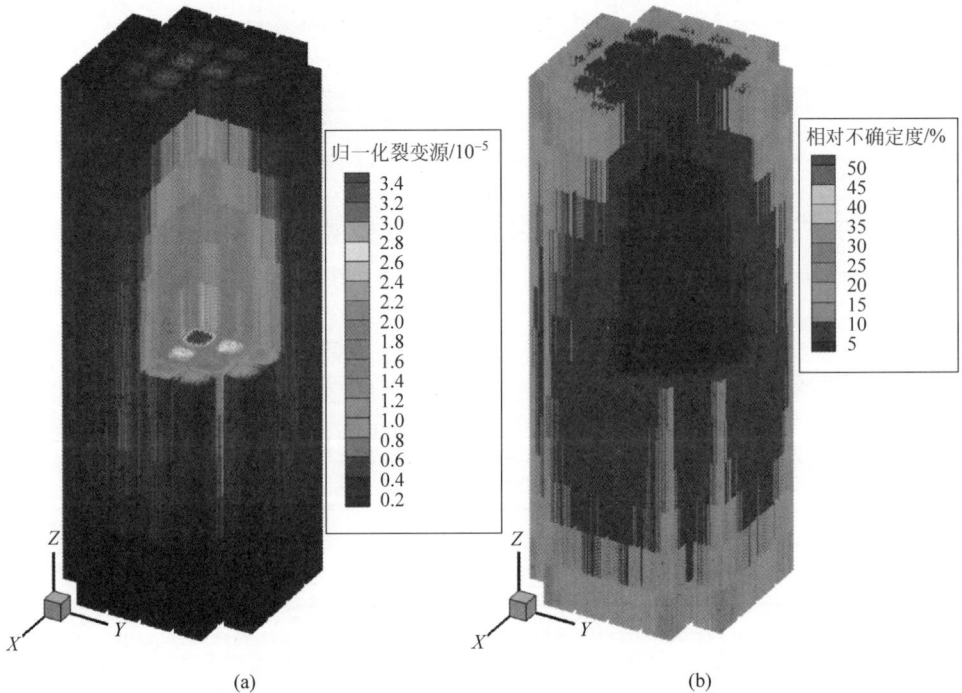

图 11.3　由 Serpent 预估的裂变中子分布及相关统计不确定度（见文后彩图）

（a）归一化裂变源（Serpent）；（b）相对不确定度（Serpent）

图 11.4 显示了使用 RAPID 程序计算的轴向裂变密度分布，以及 RAPID 裂变密度分布与 Serpent 预估的相对偏差。图 11.4(b)所示的相对偏差表明，RAPID 结果与参考 Serpent 预估非常吻合。值得注意的是，桶顶、桶底及其周边的巨大差异可归因于 Serpent 计算结果的统计不确定度。

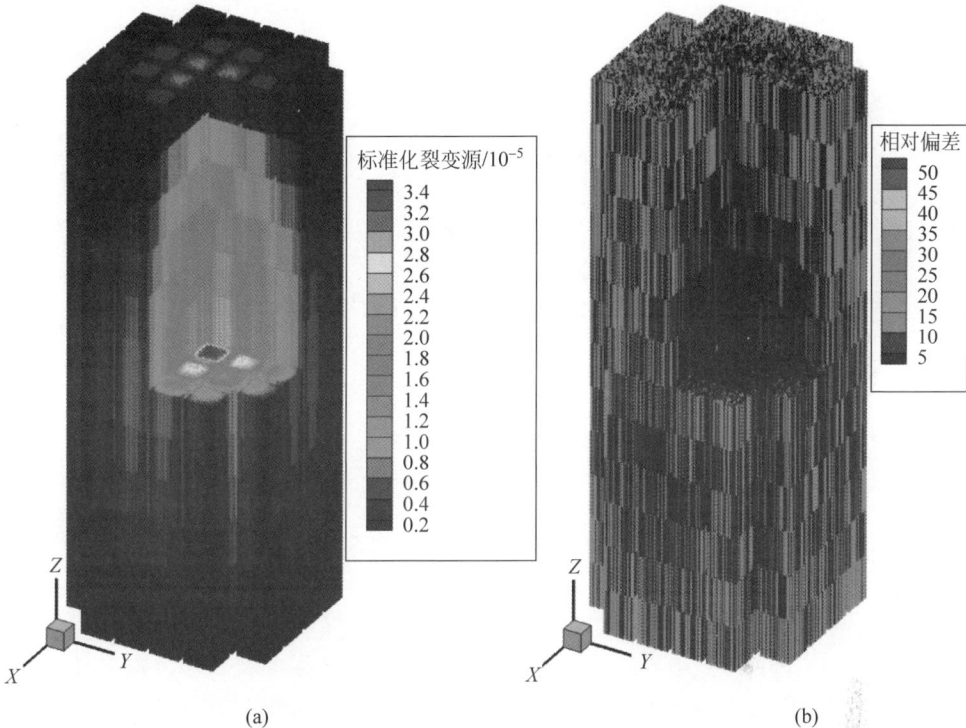

(a)   (b)

图 11.4　RAPID 预估的裂变中子分布及其与 Serpent 相对偏差（见文后彩图）
（a）标准化裂变源（RAPID）；（b）相对偏差（RAPID 与 Serpent）

为了检验这两种程序的性能，表 11.4 比较了模拟一个完整的乏燃料桶所花费的实际时间，显示了 RAPID 的裂变矩阵方法相对于 Serpent 的标准特征值算法的显著优势。值得注意的是，为了在整个桶中实现可接受的不确定度，Serpent 计算将需要更多的每代粒子数（N_p）和更多的活代数数（N_a），即需要更长的计算时间。

表 11.4　Serpent 和 RAPID 的性能——一个完整乏燃料桶的模拟

计算程序	计算机核心数	时　　间	加　速　比
Serpent	16	415 min	——
RAPID*	1	92 s	271

* 在 48 个轴向段中进行 RAPID 计算。

当用户进行参数研究或设计最有效的燃料布置模式时,RAPID 方法的优势更为明显。例如,使用同一数据库,Mascolino 等[71]设计了 3 种棋盘式乏燃料桶布置模式,如图 11.5 所示,包括:①模式 1,40 GW·d/MTHM 新燃料;②模式 2,20 GW·d/MTHM、40 GW·d/MTHM 新燃料;③模式 3,10 GW·d/MTHM、20 GW·d/MTHM、30 GW·d/MTHM 和 40 GW·d/MTHM 新燃料。

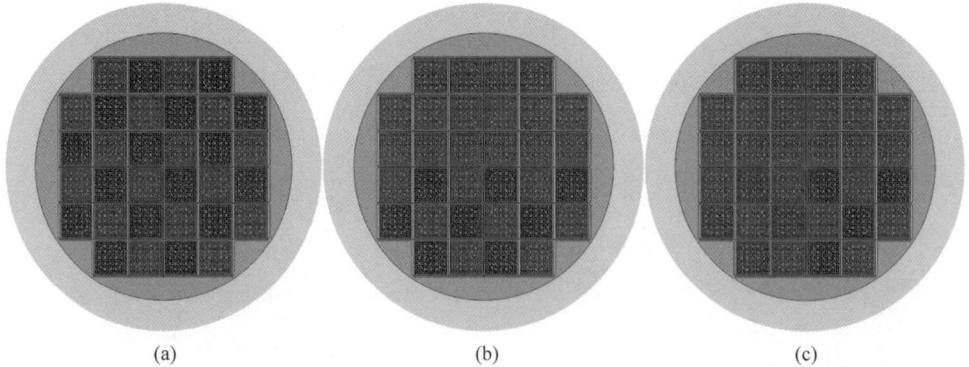

(a)   (b)   (c)

图 11.5　3 种棋盘式乏燃料桶布置模式(见文后彩图)

(a) 模式 1:40 GW·d/MTHM 新燃料; (b) 模式 2:20 GW·d/MTHM、40 GW·d/MTHM 新燃料;
(c) 模式 3:10 GW·d/MTHM、20 GW·d/MTHM、30 GW·d/MTHM 和 40 GW·d/MTHM 新燃料

表 11.5 将 RAPID 计算的 k_{eff} 与参考 Serpent 计算的 k_{eff} 在 3 种布置模式下进行了比较,由表可知,即使桶内包含多种燃耗深度的燃料组件,RAPID 的裂变矩阵方法仍会产生准确的结果。表 11.6 比较了 3 种棋盘式乏燃料桶布置下两种程序的性能。同样,表 11.6 显示了 RAPID 的裂变矩阵方法的计算速度显著提升。值得注意的是,相比于 RAPID 计算考虑的 48 个轴向段,尽管 Serpent 考虑了 12 个轴向段,其结果在桶的顶部、底部和外围区域仍具有显著的不确定度。

表 11.5　RAPID 与 Serpent 棋盘桶的 k_{eff} 比较

算　　例	Serpent/pcm	RAPID	相对偏差/pcm*
1	0.986 79±12	0.986 93	14
2	1.033 36±11	1.033 43	7
3	1.053 11±11	1.053 36	25

* 1-σ 统计不确定度,单位为 pcm,即 10^{-5}。

表 11.6　Serpent 和 RAPID 在乏燃料桶的性能比较

算　　例	Serpent/min	计算机核心数	RAPID*/s	计算机核心数	加　速　比
1	415	16	100	1	249
2	421	16	100	1	250
3	425	16	140	1	182

* 在 48 个轴向段中进行 RAPID 计算。

11.3.2 反应堆堆芯

在乏燃料环境中,由于吸收板的存在,燃料组件的影响范围是有限的,甚至边界墙或反射层对周边组件的影响也可以忽略不计。然而,反应堆堆芯环境的情况是完全不同的,因为组件的影响范围更大且边界效应显著。此外,由于存在控制棒和可燃毒物,反应堆堆芯问题变得更加复杂。为了解决这些问题,有必要开发新的技术来有效地修正裂变矩阵系数,而不是直接产生新的裂变矩阵系数。Walters等[113]、He 和 Walters[48]最近的工作提供了一些创新技术,可用于处理核反应堆堆芯中遇到的各种情况。本节介绍了一系列 RAPID 程序使用的技术[48,113],并基于 OECD/NEA 的蒙特卡罗性能基准题[51]、反应堆模拟评估和验证基准题 BEAVRS[52]或其变体对这些技术进行测试。

11.3.3 裂变矩阵系数生成或修正技术

本节将介绍一些处理几何相似性、边界修正和材料不连续性的技术。

11.3.3.1 几何相似性

在大多数核反应堆或乏燃料系统中,材料的轴向分布和几何形状不会迅速改变。因此,从轴向位置 z 到距离 $d(z \rightarrow z+d)$ 的裂变矩阵系数应该在很大程度上与起始位置 z_1 无关,而仅取决于两点之间的相对距离,即 $(z_1 \rightarrow z_1+d) \approx (z_2 \rightarrow z_2+d)$。这意味着裂变矩阵只取决于距离$(d)$,而不是同时取决于 z_1 和 z_2。因此,固定源计算只需要在单个 z 位置执行,并且结果可以上下转换。

此外,核反应堆堆芯的组件具有重复的几何特性。对于只有一种组件的堆芯,如果已知一个组件中的两个燃料棒之间的裂变矩阵系数,则可以对另一个组件中具有相似相对位置的其他两个燃料棒使用类似的系数。然而,这种假设会在堆芯边界附近失效。这意味着只需要对堆芯内部的一个组件中的燃料棒执行计算,然后可以将其系数应用到其他组件中。此外,标准压水堆燃料组件的八分之一中心对称性将使燃料棒计算的次数减少到一个八分之一分区中,例如,对于 17×17 栅元格,只需计算 39 个燃料棒的裂变矩阵系数。这些措施显著减少了计算次数和所需的计算机内存。

11.3.3.2 边界修正

为了修正轴向和径向边界,RAPID 程序开发并实现了一种比例修正方法[111]。假设轴向和径向修正因子相互独立,则边界修正公式为

$$\tilde{a}_{i,j} = a_{i,j}\,\mathrm{bnd}(x,y)\mathrm{bnd}(z) \tag{11.10}$$

其中，bnd(x,y)为径向边界修正系数，由式（11.11）得到：

$$\text{bnd}(x,y) = \frac{F_{\text{radial}(x,y)}}{F_{\text{infinite}(x,y)}} \tag{11.11}$$

bnd(z)为轴向边界修正系数，由式（11.12）得到：

$$\text{bnd}(z) = \frac{F_{\text{Axial}(z)}}{F_{\text{infinite}(z)}} \tag{11.12}$$

其中，F是指在一个计数区的裂变中子密度。为了确定边界修正因子，需要进行 4 个额外的计算：

（1）全堆标准特征值计算得到整个堆芯的裂变密度分布$（F）$，这个裂变密度用于下面的 3 个模型。

（2）一个没有轴向和径向边界的无限大模型，使用裂变密度$（F）$作为固定源来确定 $F_{\text{infinite}(x,y)}$ 和 $F_{\text{infinite}(z)}$。

（3）一个没有轴向边界的径向半无限大模型，使用裂变密度$（F）$作为固定源来确定 $F_{\text{radial}(x,y)}$。

（4）无径向边界的轴向半无限大模型，使用裂变密度$（F）$作为固定源来确定 $F_{\text{radial}(z)}$。

11.3.3.3 材料不连续性

在核反应堆中，相邻组件的材料组成或燃耗通常是不同的。因此，边界燃料棒的裂变矩阵系数受到相邻不同材料组合的影响。本节介绍了 He 和 Williams[48] 开发的一种技术。考虑两种情况下（例 1 和例 2）的裂变矩阵系数是已知的，其中有两个相同类型的组件，如图 11.6 和图 11.7 所示。

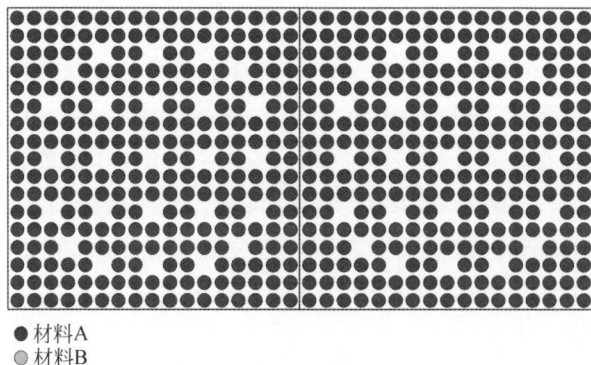

● 材料A
◉ 材料B

图 11.6 例 1 示意图：类型 1 的双组件模型

现在，让我们通过将模型类型 1 的右侧组件替换为类型 2 的组件来创建一个混合模型，如图 11.8 所示。基于 He 和 Williams[48] 开发的方法，混合模型的修正比通过以下步骤确定：

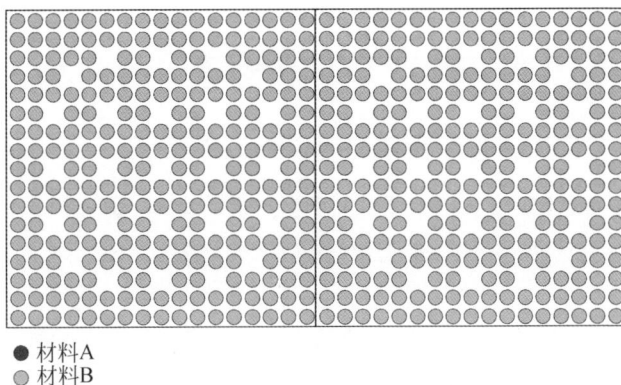

● 材料A
○ 材料B

图 11.7 例 2 示意图：类型 2 的双组件模型

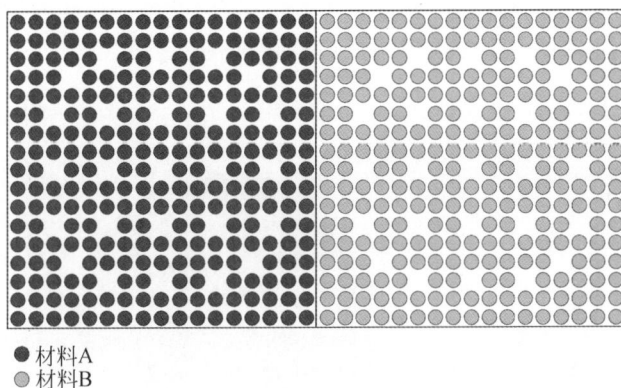

● 材料A
○ 材料B

图 11.8 例 3 示意图：类型 1 和类型 2 混合的双装配模型

（1）通过使用均匀源分布进行固定源计算，确定 3 个模型中的裂变中子密度。

（2）确定燃料棒间比例，定义如下：

$$R_i = \frac{F_i(\text{real})}{F_i(\text{uniform})} \tag{11.13}$$

此处应保证燃料棒 i 在真实和均匀两种情况下都处于同类型燃料组件中。

（3）例如，对于当前的模型，必须确定以下比例：

$$R_i(\text{left}) = \frac{F_i(\text{case3})}{F_i(\text{case1})} \tag{11.14}$$

其中，left 表示左侧组件；

$$R_i(\text{right}) = \frac{F_i(\text{case3})}{F_i(\text{case2})} \tag{11.15}$$

其中，right 表示右侧组件。

然后，将计算出的 R_i 乘以原始 **A** 矩阵每行 i 的元素，以获得修正系数。该公式已被成功证明[48]可用于解决 BEAVRS 基准问题。

11.3.4　OCED/NEA 基准的模拟结果

本节提供了 RAPID 的裂变矩阵的矩阵公式的结果，用于模拟经合组织/国家能源局标准的蒙特卡罗方法性能基准题（OECD/NEA Monte Carlo Performance benchmark）[51,113]。

基准模型包含由 241 个相同的燃料组件组成的反应堆堆芯，燃料组件具有 17×17 的栅格。堆芯的径向截面如图 11.9 所示。每个燃料组件包含 264 根燃料棒和 25 根导向管。轴向上，除了 366 cm 的燃料有效长度外，模型还对底部燃料组件区域、喷嘴区域和堆芯板区域进行了建模。此外，基准模型还考虑了：①轴向的"高""低"两种慢化剂温度，分别用于反应堆模型的上下两半部分；②径向的"高""低"两种燃料富集度。

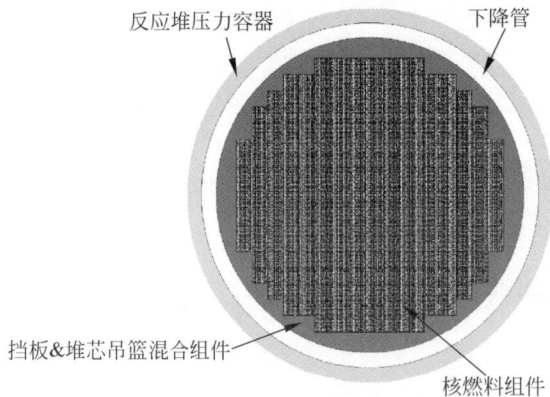

图 11.9　OECD 基准例题径向投影

为了能够模拟具有温度和富集变化的基准题，本节计算了 3 种组件类型（常温、低温和低温富集度）的裂变矩阵系数。考虑到八分之一中心对称，只需计算 39 个燃料棒束，在 105.3 核时内使用 3×10^7 个粒子数执行了共 117 个固定源 Serpent 蒙特卡罗计算。对于边界修正因子，只执行了两个（无限大堆芯情况和有反射层堆芯情况）Serpent 计算来确定 $bnd(x, y)$ 和 $bnd(z)$ 因子。这些计算需要 599 核时。这意味着所有的预计算共需要大约 700 核时。

本节给出了不考虑燃料富集度和慢化剂温度变化的均匀情况下的结果。感兴趣的读者可以参考文献[113]，该文献考察了各种反应堆条件。

表 11.7 比较了由 RAPID 计算与参考 Serpent 计算预估的 k_{eff}，该结果再次表明，RAPID 结果与参考 Serpent 的预测值吻合良好。

表 11.7　RAPID 与 Serpent 的比较

计 算 程 序	有效增殖因数/pcm	相对偏差/pcm
Serpent	1.000 855±1.0	—
RAPID	1.000 912±1.4	5.3

图 11.10 显示了 RAPID 预估的径向裂变密度，图 11.11 显示了 RAPID 裂变密度与 Serpent 预估的裂变密度的相对偏差。数据表明，RAPID 的结果与 Serpent 的结果非常一致。最后，表 11.8 比较了这两组程序所消耗的计算机资源。

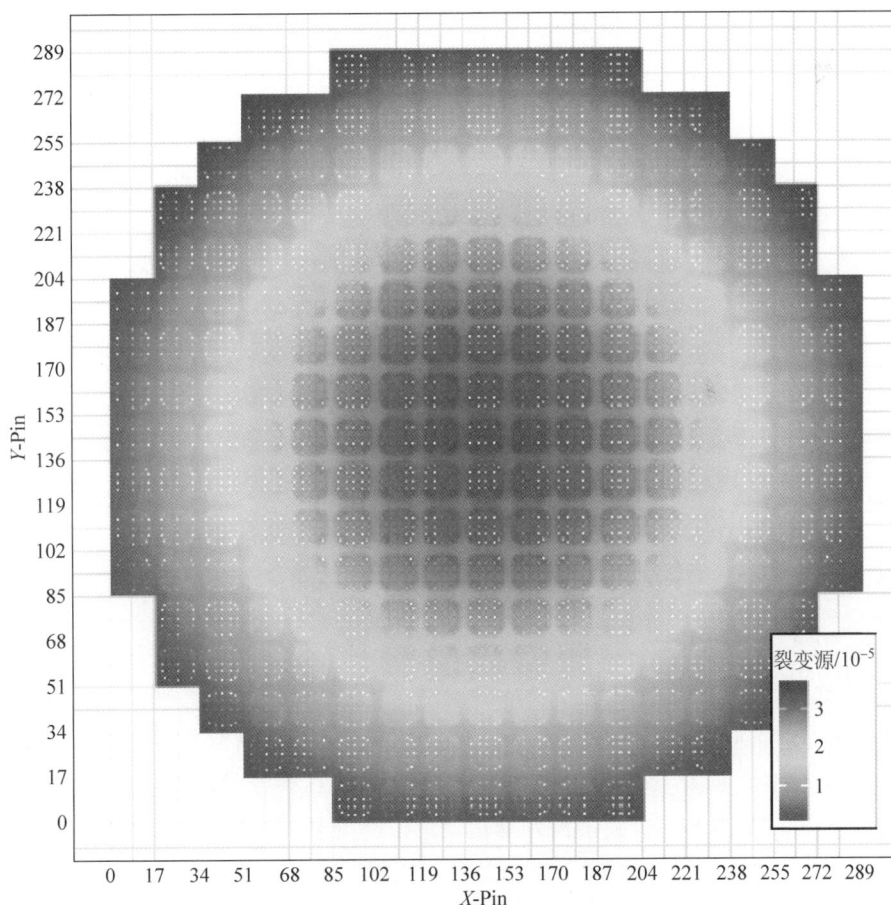

图 11.10　RAPID 计算的径向投影的径向裂变密度（见文后彩图）

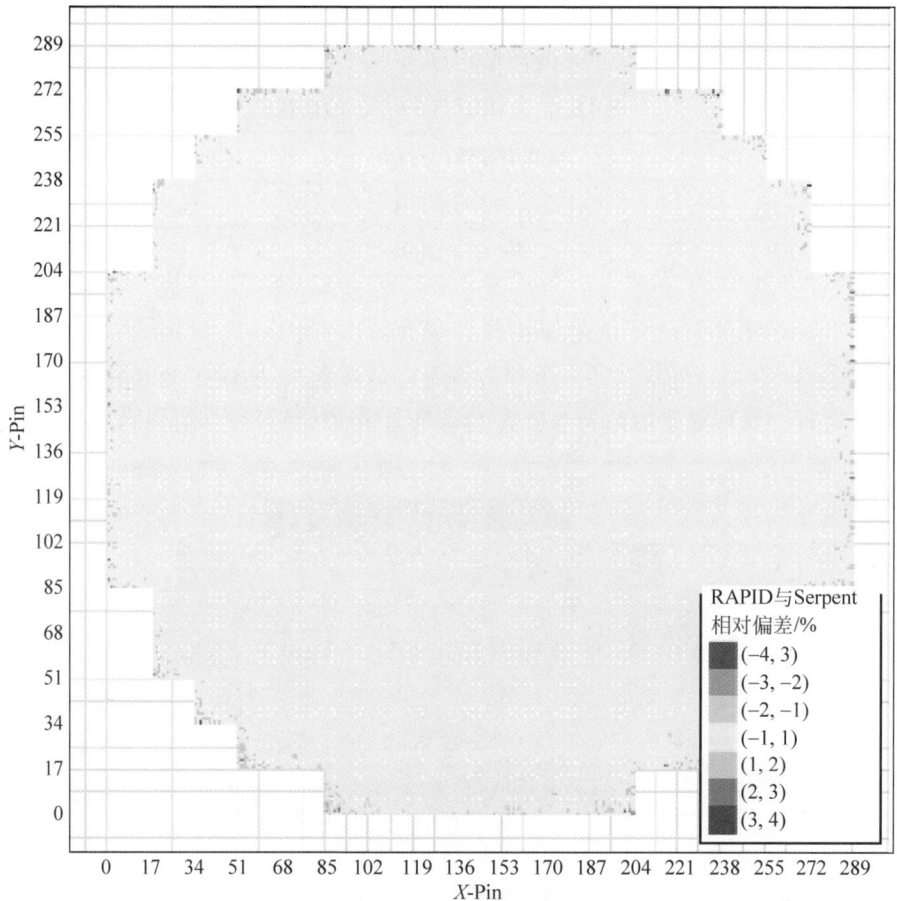

图 11.11　径向裂变密度 RAPID 与 Serpent 的相对偏差（见文后彩图）

表 11.8　**RAPID 与 Serpent 的计算机核心数和计算时间的比较**

计 算 程 序	计算机核心数	CPU 运行时长	加　速　比
Serpent	20	1000	—
RAPID	1	0.23	4348

　　这项研究清晰地展示了使用 RAPID 的裂变矩阵算法进行反应堆堆芯分析的显著优势。同样，感兴趣的读者可以参考文献[48]和文献[113]，以及 Mascolino 和 Haghighat[73]最近一篇关于控制棒运动的研究堆基准题文章。

11.4　裂变矩阵法相关研究

　　11.3 节清楚地展示了裂变矩阵方法与标准特征值蒙特卡罗方法相比的优点。因此，许多研究人员开始研究控制棒运动的影响[73,97]、温度反馈效应[85]、三维燃料燃耗含时计算[87]和反应堆动力学模拟[61,72]等,这些工作可以显著提高反应堆的性能、效率和安全性,因为它们可以在相对较短的时间内提供高保真度的精确解决方案。

11.5　本章小结

本章介绍了不同形式的可替代标准特征值蒙特卡罗技术的裂变矩阵方法。裂变矩阵方法不需要使用特征值参数(每代粒子数、非活跃代数和活跃代数),也不需要通过实验来选择一组适当的参数。因此,裂变矩阵方法不受高动态数据抽样或低抽样的影响。本章提出了一种基于裂变矩阵法的确定论-蒙特卡罗混合方法。该方法通过一系列固定源蒙特卡罗计算预先计算裂变矩阵系数,并通过迭代求解线性方程组计算系统的特征值(临界)和特征函数(裂变密度分布)。为了有效地将裂变矩阵方法应用于实际反应堆问题,本章开发了新的修正技术来修正裂变系数,以允许模拟装载各种燃料设计的堆芯,而无须进行更多的预计算。基于裂变矩阵方法的混合方法已被纳入 RAPID 程序系统,并用于乏燃料设施和反应堆堆芯的模拟。实验证明,RAPID 能够成功地对乏燃料设施和堆芯进行实时模拟。

习题

1. 考虑一个包含两个燃料组件并置于真空中的乏燃料池,如图 11.12 所示,燃料区的宽度为 15 cm,水区的宽度为 2 cm,使用表 11.9 中的参数。

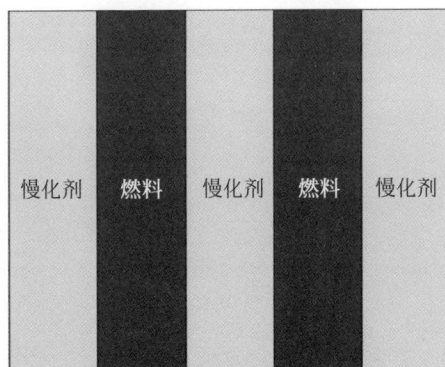

图 11.12　习题 1 的乏燃料池平面示意图

表 11.9　习题 1 的乏燃料池参数

材　　料	Σ_t/cm^{-1}	Σ_a/cm^{-1}	$\bar{v}\,\Sigma_f/cm^{-1}$	$\bar{v}$	尺寸/cm
燃料	0.264	0.082	0.214	2.98	5
慢化剂	3.45	0.022	—	—	5

（1）使用在第 10 章习题 4 中开发的程序模拟问题。

（2）确定每个区域的裂变矩阵系数。

（3）根据式（11.6）编写程序，确定裂变密度和 k_{eff}。

（4）比较（1）和（3）部分的结果。

2. 修改第 10 章习题 4 中的程序，实现标准的裂变矩阵方法（方法 2）。使用特征值求解器（如 Matlab 函数），获得本征特征值和特征向量。比较两种方法的收敛速度。（使用习题 1 中的材料和几何数据。）

3. 使用习题 2 中的数据，利用特征值求解器获得前两个特征值并计算矩阵的谱半径 $\left(\dfrac{k_1}{k_0}\right)$。将系统尺寸翻倍，比较谱半径结果。

4. 参照 11.4 节，推导公式确定：①多群裂变密度分布；②总通量分布；③多群通量分布。

5. 在裂变矩阵方法中，须考虑材料和几何的对称性与相似性以减少所需系数、计算数量。大多数核反应堆存在几何对称性。例如，燃料组件往往具有八分之一中心对称。确定矩阵系数的数目：

（1）17×17 栅元排布、带有 25 个导向管的燃料组件（见图 11.2）。

（2）任意 $n \times n$ 栅格排布的组件。

第12章

蒙卡粒子输运的向量与并行化

12.1 本章引言

自 20 世纪 80 年代初以来,计算机硬件设计取得了显著进展。不仅计算机芯片的运行速度不断提升,供应商还引入了向量与并行硬件,使计算机性能(以GFLOPS 计,即千兆浮点运算每秒)提高了多个数量级。然而,向量或并行处理的性能提升高度依赖算法设计,即算法能否适应向量和并行架构。

计算机芯片的发展趋势遵循摩尔定律。摩尔定律由英特尔联合创始人戈登·E. 摩尔(Gordon E. Moore)提出,他通过观察和总结指出:在计算机硬件的发展历史上,集成电路的晶体管数量大约每 2 年翻一番。不过,未来这一增长周期可能会逐渐从 2 年减缓到 3 年。

评估并行计算机性能的一种方法是使用 LINPACK 软件求解包含 1000 个方程的测试系统。截至 2019 年 11 月,由 IBM 为美国橡树岭国家实验室开发的Summit 超级计算机(拥有 16.4 万个核)以 200 千万亿次浮点运算每秒问鼎全球最快的超级计算机,其 LINPACK 基准计算速度达 148.6 千万亿次每秒。

与传统计算机相比,并行和向量超级计算机的性能显著提升。1995—2019年,计算机性能提升超过 87 万倍。不过,这一性能提升只有在新设计的软件能够利用超级计算机的向量和并行处理能力时才能实现。为了有效满足不同工程和科学问题对新型软件的需求,一个新的多学科领域——科学计算、高性能计算或并行计算由此产生。本章将首先介绍向量和并行处理的基本概念,然后探讨蒙特卡罗方法中各类向量和并行算法。

12.2 向量处理

向量处理是指对数组(或向量)的所有元素或元素组同时执行操作。这可以通过将 DO 循环在传统("标量")计算机与向量计算机上的处理方式进行对比来进一步说明。

12.2.1 标量计算机

为解释标量计算机的工作方式，可以参考如下一个 DO 循环：

```
DO I = 1,128
C(I) = A(I) + B(I)
ENDDO
```

在标量计算机上，用低级语言（如汇编语言）处理这个 DO 循环时，CPU 与内存的交互过程如表 12.1 所示。

表 12.1 在标量计算机上处理 DO-LOOP

	指　　令	描　　述
步骤 10	LOAD R1,1	加载 1 到寄存器 1
	LOAD R2,A(R1)	加载 A(R1)到寄存器 2
	LOAD R3,B(R1)	加载 B(R1)到寄存器 3，并将其存储在寄存器 4 中
	STORE C(R1),R4	将寄存器 4 的内容移至内存
	R1＝R1＋1	增加 DO 循环的索引 R1
	JUMP 10 IF R1≤128	如果 R1≤128，则跳转到步骤 10

表 12.1 表明，对于 DO 循环的每一个索引，数组 A 和 B 的对应元素都会被传输到寄存器中并相加，随后结果被传输到另一个寄存器，再写入一个新的内存位置。然后，循环索引递增 1，并与其最大值进行比较。如果条件满足，则继续处理下一组元素；否则，终止 DO 循环。需要注意的是，对于 DO 循环的每个索引，计算机周期（时间）被用来完成以下操作：加载（LOAD）、相加（ADD）、存储（STORE）和检查（CHECK）。

12.2.2 向量计算机

与标量计算机不同，向量计算机会将所有（或一组）元素同时从内存传输到寄存器中。例如，向量计算机会以如下方式处理前述 DO 循环：

```
LOAD V1,A(1:128)
LOAD V2,B(1:128)
```

由于向量操作一次处理所有元素，并且不需要依次检查索引，因此预期向量处理会显著快于标量方法。不过，向量寄存器初始化时会有一定的开销。因此当数组元素少于 4 个时，标量操作的效率将更高。

对软件进行向量化的主要困难在于同时进行向量化的元素必须相互独立。例如，由于数组 A 中的元素存在相互依赖的关系，下面的 DO-LOOP 不能向量化。

```
A(1) = 1.0
DO I = 2,128
A(I) = A(I-1) + B(I)
ENDDO
```

为此,向量计算机供应商开发了带有向量选项的新编译器,用户可以启用该选项以自动向量化所有"干净"的 DO 循环。此外,这些编译器通常还提供了"指令"功能,允许用户根据需要自定义覆盖编译器决策。

12.2.3　向量性能

向量化代码的性能通常通过代码加速比来评估,其定义如下:

$$加速比 = \frac{CPU\ 时间(标量)}{CPU\ 时间(向量)} \tag{12.1}$$

向量化的理论加速比,即阿姆达尔(Amdahl)定律(Amdahl's law)[2],由式(12.2)给出:

$$加速比(理论) = \frac{T_s}{(1-f_v)T_s + f_v T_v} \tag{12.2}$$

其中,T_s 表示标量程序的 CPU 计算耗时;f_v 表示程序的可向量化部分;T_v 表示向量程序的 CPU 计算耗时。如果将上述方程的分子和分母除以 T_s,则理论加速比的公式可被化简为式(12.3):

$$加速比(理论) = \frac{T_s}{(1-f_v)T_s + f_v \dfrac{T_v}{T_s}} \tag{12.3}$$

如果已知或可估算 T_v/T_s 和 f_v,则可以通过式(12.3)估计向量算法的效率。

为了获得显著的向量加速,必须根据计算机的向量长度来调整 DO 循环的长度。不同的向量计算机具有不同的向量长度。例如,第一代 CRAY 计算机的向量长度为 64,而 CRAY C90 的向量长度为 128。

12.3　并行处理

并行处理是指同时在多个 CPU 上处理不同的数据和(或)指令。这可以在两种环境中实现:①通过网络(本地和(或)远程)连接的多台计算机;②由多个 CPU 组成的并行计算机。如果并行处理是通过网络实现的,则称为分布式计算;如果并行处理是在并行计算机上实现的,则称为并行计算。

一些通用库,如并行虚拟机(PVM)[37]和消息传递接口(MPI)[42],支持在多台计算机或分布式内存并行计算机上进行分布式计算。而像 CRAY 的 Autotasking 和 IBM 的 Parallel FORTRAN (PF)等软件则专门用于在特定的并行计算机上执行并行计算。

自从计算机诞生以来,多种体系结构已经被提出和研究。根据 Flynn 的分类法[34]，这些架构可以按指令和数据流的数量划分为 4 类。

（1）SISD（单指令单数据）：一种串行计算机，指令和数据流都没有并行性。

（2）SIMD（单指令多数据）：一种并行计算机，通过单一指令处理多条数据流。

（3）MISD（多指令单数据）：这种分类未被广泛采用。

（4）MIMD（多指令多数据）：一种允许在多个数据流上执行多条指令的计算机环境。

基于 SIMD 和 MIMD 分类法，许多并行计算机架构被设计和使用来满足各种应用需求。相比之下，MIMD 更加灵活，因此当前的大多数并行计算机都基于这种分类。MIMD 架构分为两类。

（1）共享内存 MIMD：处理器共享相同的内存或一组内存模块。如 CRAY Y-MP、CRAY C90/J90 和 IBM 3090/600。

（2）分布式内存 MIMD：每个处理器拥有本地内存，信息通过网络进行交换，即消息传递。如 Intel Paragon、IBM Blue Gene、Beowulf 集群和 Cray。

为了开发并行算法，需要在"标准"FORTRAN 或 C 代码中加入新的并行化指令。要在并行算法中实现高性能，通常需要彻底重构旧代码或开发新算法。

12.3.1 并行性能

并行算法的性能通过以下因素来衡量。

（1）加速比，定义如下：

$$加速比 = \frac{总时间（串行）}{总时间（并行）} \tag{12.4}$$

（2）效率（%），定义如下：

$$效率 = 100 \times \frac{加速比}{P} \tag{12.5}$$

其中，P 表示使用的处理器数量。

上述因素可以与 Amdahl 定律预测的理论值进行比较。并行处理的理论加速比为

$$加速比（理论） = \frac{T_{sw}}{(1-f_p)T_{sw} + f_p \dfrac{T_{sw}}{P}} \tag{12.6}$$

其中，T_{sw} 是串行程序运行的实际时间；f_p 是程序的可并行化部分。将式（12.6）的分子和分母分别除以 T_{sw}，则理论并行加速比的表达式为

$$加速比（理论） = \frac{1}{(1-f_p) + f_p \dfrac{1}{P}} \tag{12.7}$$

式（12.7）非常有用，若已知并行占比（f_p），则它分别给出了加速比和效率的上限，如图 12.1 和图 12.2 所示。

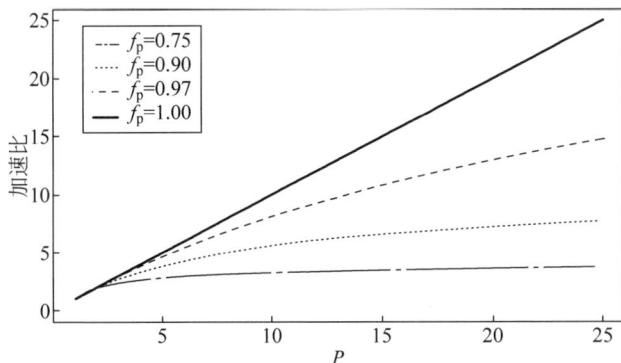

图 12.1　Amdahl 定律下的加速比

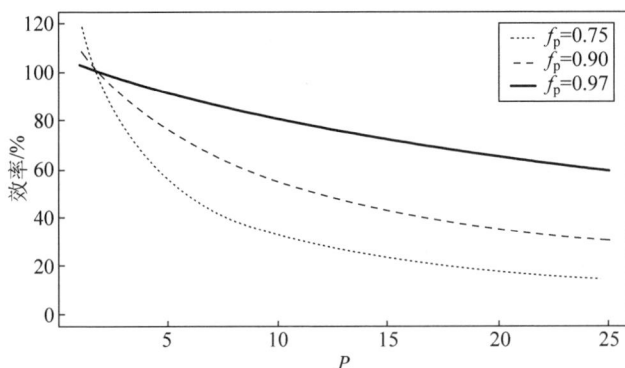

图 12.2　Amdahl 定律下的并行效率

此外，理论加速比可以与测量的加速比（见式（12.4））结合使用以估计程序的并行比（f_v），从而评估给定架构下并行程序的效率。

12.3.2　影响并行性能的因素

并行算法的并行性能受以下因素影响。

（1）负载均衡：不同处理器上的操作数量（或负载）必须得到平衡。不平衡的处理器空闲时，类似于悬空转动的轮子，无法贡献任何工作或推动力。

（2）粒度：每次通信（分布式内存）或同步（共享内存）时执行的操作数量称为粒度。当算法分配给每个处理器的计算量相对于其容量较少，且处理器需要大量通信时，并行性能会下降。

（3）信息传递：在分布式内存 MIMD 或 SIMD 计算机及分布式计算环境中，处理器之间通过网络交换信息，这称为信息传递。信息的数量、大小及其与网络带宽的关系会影响并行性能。

（4）内存竞争：在共享内存的 MIMD 计算机上，如果不同的处理器访问（读/写）相同的内存位置，就会发生内存竞争。这可能导致多个处理器在等待访问数据时处于空闲状态。

12.4 蒙卡粒子输运的向量化

传统的基于历史（history-based）的蒙特卡罗方法无法被向量化，因为每个历史都是由随机的事件或结果组成的。因此，在模拟第一步之后，不同的历史很可能需要明显不同的操作或计算。由于历史向量中的元素必须通过不同的算术运算来处理，因此基于历史的向量化无法实现。

为了克服基于历史算法的局限性，本节提出了事件驱动的替代方法。在该方法中，历史被划分为一系列相似的事件，如自由飞行、碰撞、边界穿越等，这些事件可以通过向量操作来处理。该新方法称为事件驱动算法（event-based）。

事件驱动蒙特卡罗算法包括以下四种事件。

（1）事件 A：自由飞行（Free-flight）。

① 提取所有粒子的属性。

② 执行自由飞行抽样。

③ 对粒子分配事件类型：碰撞、穿面或终止。

（2）事件 B：碰撞。

① 提取所有粒子的属性。

② 执行碰撞抽样。

③ 对粒子分配事件类型：终止或自由飞行。

（3）事件 C：穿面。

① 提取所有粒子的属性。

② 执行穿面计算。

③ 对粒子分配事件类型：终止或自由飞行。

（4）事件 D：终止。

这些事件的处理顺序没有特定要求，而是在模拟过程中，处理具有最大向量长度的事件。为了实现显著的向量加速，事件向量长度需接近机器的向量长度。

事件驱动方法的难点在于需要开发新软件，换句话说，将基于历史的代码改为事件驱动算法是不可行的。Brown 和 Martin[18] 开发了一种新的程序，并实现了很大的加速比；对于临界计算，该程序将加速比提升了 1～2 个数量级。这类算法的主要难点之一是设计精巧的记录方法，以确保所有事件都能得到有效处理和计算。

12.5 蒙卡粒子输运的并行化

由于所有历史和事件都是相互独立的，基于历史的蒙特卡罗算法和基于事件的蒙特卡罗算法均有天然的并行特性。因此，它们可以在不同的处理器上进行处理。这意味着开发并行蒙特卡罗代码相对简单,尤其是在分布式计算环境或分布式内存 MIMD 机器上。

任何基于历史的蒙特卡罗代码都可以通过以下 3 个主要步骤轻松并行化:

(1) 初始化所有处理器。

(2) 将粒子源,即历史,均匀分配给各处理器,并设置计数器及不确定度的通信间隔。

(3) 如果达到收敛条件,终止所有处理器。

通常,可以开发一个软件框架来执行上述 3 个步骤。其中,需要注意如何确定处理器之间的通信频率。对于特征值问题,这个问题更为复杂。通常,固定源蒙特卡罗模拟可以实现接近线性的加速,而特征值问题的计算效率则会由于需要在每个循环(每代)之后进行通信和同步而降低。

如前所述,基于不同处理器处理历史或事件的并行蒙特卡罗算法相对简单,但它们需要将所有的几何和材料数据传输到每一个处理器。如果可用的处理器没有足够的内存,这可能会限制该方法的应用。

为了解决这个问题,可开发区域分解算法。例如,可以将空间域划分为多个子域,并在不同的处理器上处理一个或一组子域。每个处理器只需要存储与其分配的子域相关联的数据。这种方法将会更有助于特征值(临界)计算,但由于增加了CPU 之间的通信,可能会在一定程度上影响性能。此外,它的实现比基于历史的并行化要更为复杂。

12.6　基于 MPI 的并行算法开发

前面提到,目前已经发展出不同类型的并行架构,其中分布式内存架构最常见。要为分布式内存计算机开发并行算法,通常使用两个函数/例程库,即并行虚拟机(PVM)和消息传递接口(MPI)。本节重点介绍 MPI 库;PVM 库的实现与MPI 非常相似。

一个并行算法需要完成 5 个主要功能:

(1) 初始化(initialization)。

(2) 通信(communication)。

(3) 计算(computation)。

(4) 同步(synchronization)。

(5) 终止(termination)。

为了完成这些功能,必须通过包含 use mpi 指令来提前声明 MPI 的保留参数,并且需要调用几个子程序来开发并行算法。感兴趣的读者可以参考文献[42]了解MPI 函数或子程序。

如前所述，基于历史的蒙特卡罗模拟具有固有的并行特性，可以开发一个简单的框架来实现对任何现有蒙卡程序的简单并行化。图 12.3 展示了 mpitest 程序：mpitest 是一个用于并行化任何蒙特卡罗程序的框架，它包括并行算法的所有 5 个组成部分。需要注意的是，通信和同步是由聚合函数执行的，该函数可统计所有处理器上的粒子数。此外，程序设置编号零处理器为主处理器，用于为每个处理器分配粒子历史数量，确定计数不确定度，决定是否终止模拟，并打印输入和输出。

在执行并行蒙特卡罗计算时，每个处理器必须使用独特的随机数生成器种子。为了获得最佳性能，应该使用专用的并行系统。为了检验并行性能，可先评估预期性能；一个好的量化指标是使用 Amdahl 定律估算代码的并行化占比。

```
program mpitest
*********************************************************************
*Developed by Katherine Royston, PhD Candidate in Nuclear Eng. At VT, 2014
*********************************************************************
*Declaration of mpi-specific parameters
*********************************************************************
use mpi
use transportData
IMPLICIT NONE
integer :: ierr, my_rank, num_proc, seed
integer, parameter :: nMax = 10000000
integer, parameter :: nInc = 1000000
real :: t_start, t_finish
integer :: totTrans, totRefl, totAbs, numTot
integer :: tmpTrans, tmpRefl, tmpAbs
real :: R(3)
*********************************************************************
*Initialization
*********************************************************************
 call mpi_init(ierr)
call mpi_comm_size(MPI_COMM_WORLD,num_proc,ierr)
call mpi_comm_rank(MPI_COMM_WORLD,my_rank,ierr)
*********************************************************************
* Master processor starts the timer and prints the parameters
if(my_rank .EQ. 0) then
   call cpu_time(t_start)
   write(*,*) 'An MPI example of Monte Carlo particle transport.'
   write(*,*) 'A particle is transported through a 1-D shield.'
   write(*,*) ' '
   write(*,*) 'The number of processes: ', num_proc
   write(*,*) ' '
endif
* Make a seed for random number generator on each processor using processor ID
seed = 123456789 + my_rank*10000
call srand(seed)
R(:) = 1.0
numTot = 0
totTrans = 0
totRefl = 0
totAbs = 0
do while (maxval(R) .GT. 0.1 .AND. numTot .LT. nMax)
   numTot = numTot+nInc
*********************************************************************
*Computation – call a Monte Carlo code
*********************************************************************
call transport(nInc/num_proc)
```

图 12.3　使用 MPI 并行化蒙特卡罗程序的框架

```
*********************************************************************
*Communication & Synchronization
*********************************************************************
    call MPI_Reduce(numTrans, tmpTrans, 1, MPI_INTEGER, MPI_SUM, 0,
MPI_COMM_WORLD, ierr)
    call MPI_Reduce(numRefl, tmpRefl, 1, MPI_INTEGER, MPI_SUM, 0,
MPI_COMM_WORLD, ierr)
    call MPI_Reduce(numAbs, tmpAbs, 1, MPI_INTEGER, MPI_SUM, 0,
MPI_COMM_WORLD, ierr)
*********************************************************************
    totTrans=totTrans+tmpTrans
    totRefl=totRefl+tmpRefl
    totAbs=totAbs+tmpAbs
    R(1)=sqrt((1/real(totTrans))-(1/real(numTot)))
    R(2)=sqrt((1/real(totRefl))-(1/real(numTot)))
    R(3)=sqrt((1/real(totAbs))-(1/real(numTot)))
    if(my_rank .EQ. 0) then
       write(*,*) 'R:', R
       write(*,*) 'Total histories simulated:', numTot
    endif
enddo
if(my_rank .EQ. 0) then
    write(*,'(a)') ' Transmitted Reflected Absorbed'
    write(*,'(a,i13,i13,i13)') 'Number of particles: ', totTrans, totRefl, totAbs
    write(*,'(a,e14.5,e14.5,e14.5)') 'Percent of particles: ', 100.0*
           real(totTrans)/real(numTot), &
           100.0*real(totRefl)/real(numTot), 100.0*real(totAbs)/
           real(numTot)
    write(*,'(a,e14.5,e14.5,e14.5)') 'Relative error: ', R(1), R(2), R(3)
    call cpu_time(t_finish)
    write(*,'(a,f10.5,a)') 'Computation time:', t_finish-t_start, 'sec'
endif
*********************************************************************
*Termination
*********************************************************************
call mpi_finalize(ierr)
end program
```

图 12.3　（续）

12.7　本章小结

本章讨论了向量和并行处理的概念,首先介绍了事件驱动的向量蒙特卡罗算法,探讨了传统基于历史的向量化算法的难点,然后讨论了基于历史和基于事件的并行蒙特卡罗算法的实现,特别是它们在分布式计算和分布式内存 MIMD 环境中的应用。要有效利用蒙特卡罗方法解决复杂的物理问题,例如,核反应堆物理模拟问题,必须充分利用可用的并行处理能力。最后,本章提供了一个示例,可用于并行化任何串行蒙特卡罗程序的框架。

习题

1. 表 12.2 给出了不同数量的处理器的并行程序所实现的加速。使用式(12.7)确定此程序的并行化占比。

表 12.2　不同处理器数量的加速速度

核　　数	加　速　比
2	1.90
3	2.64
4	3.26
6	4.78
8	4.30
9	5.49
12	6.24
16	6.14
18	8.74
24	7.26
27	8.74

2. 编写一个简单的并行程序。

（1）在 fortran 中使用以下一组指令：

```
program hello
    include 'mpif.h'
    integer rank,size,ierror,tag,
    status(MPI $ _STATUS_SIZE)
    call MPI_INIT(ierror)
    call MPI_COMM_SIZE(MPI_COMM_WORLD,size,ierror)
    call MPI_COMM_RANK(MPI_COMM_WORLD,rank,ierror)
    print * ,'node',rank,': Hello world'
    call MPI_FINALIZE(ierror)
end
```

（2）修改程序，使每个处理器都对其他处理器说"hello"。（提示：使用 MPI_send 和 MPI_receive 子例程。）

3. 编写一个并行程序来求解积分：

$$I = \int_1^2 \mathrm{d}x \ln(x)$$

使用确定论的辛普森法则，方法如下：设 $f(x) = \ln(x)$，N 是位于积分区间 $[a,b]$ 上的分区数量，每个分区的大小为 $h = \dfrac{b-a}{N}$，则以上积分可通过下式求解：

$$I = \sum_{i=1}^N \frac{h}{3}\left[\left(x_i + \frac{h}{2}\right) + 4f(x_i) + f\left(x_i - \frac{h}{2}\right)\right]$$

注意：需要从某个初始猜测值 N 开始，并将计算解与解析解进行比较。如果相对偏差大于 0.01%，则增加 N，直到满足误差容限。

4. 编写一个并行蒙特卡罗程序来求解习题 3 中的积分，使用两种方法：

（1）使用均匀概率密度函数（pdf）。

（2）使用重要性采样方法（见第 5 章）。

与第 10 章习题 3 中的结果进行性能比较。

5. 编写一个并行蒙特卡罗程序来求解以下积分：

$$I = \int_{-3}^{3} \mathrm{d}x \, (1 + \tanh x)$$

（1）采用分层抽样法。

（2）使用习题 2 和习题 3 中的程序来求解积分。

（3）对比（1）和（2）的结果。

6. 使用 MPI，并行化第 7 章习题 1 中的程序。在不同数量的处理器上运行并行程序，并通过使用式（12.7）估算程序的并行化占比，讨论结果。

7. 编写一个针对一维、多区域板的基于事件的并行蒙特卡罗程序。按照第 6 章习题 4 测试程序。

二进制计算机上的整数运算

在诸如 Matlab 与 MS-Excel 这样的程序中,程序往往默认假设所有变量为浮点类型。在随机数生成器中使用浮点数会导致误差,因为同余生成器理论上是基于整数运算的。标准的 32 位单精度浮点数通常使用 23 位来表示有效数字,8 位用于指数,1 位用于符号。而标准的 32 位整数用 31 位存储数字,1 位表示符号。因此,在处理较大的整数时,浮点表示法"缺失"最低有效位的信息。这可能会在使用模函数时造成有效数字的错误。为了编写基于整型数据的同余生成器,用户有必要将变量类型声明为整数,否则生成器有可能会产生一个有偏的序列。

下面的例子展示了整数在数字计算机上的二进制表示方法。假设有一台可以存储 8 位整数的计算机,则这台计算机能存储的最大十进制数字是 2^8-1。在二进制表示法中,这个数字可

1	1	1	1	1	1	1	1

MSB

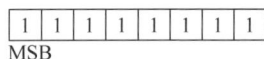

图 A.1　8 位整数的二进制表示法

以用图 A.1 的形式表示,图中 MSB 表示最高有效位(most significant bit)。

如果对前面的数字进行二进制数加法运算,则会得到图 A.2 的加法公式。在图 A.3 的结果中,可以观察到数字向左移动了 1 位,表示数字所需的位数从 8 增加到 9。

7	6	5	4	3	2	1	0	bit#
1	1	1	1	1	1	1	1	
0	0	0	0	0	0	0	1	+

图 A.2　二进制相加

8	7	6	5	4	3	2	1	0	bit#
1	0	0	0	0	0	0	0	0	

图 A.3　二进制加法运算结果

但是,如果计算机不能存储此位,则会发生整数溢出,溢出后果取决于特定的系统和软件对错误的处理方式。如果变量是一个无符号整型,那么一般这个额外的位会被直接丢弃,在这种情况下,对于上面的 8 位运算的示例,结果却产生数字 0。本质上,每次二进制运算后面都有一个隐表达式 $(\bmod\ 2^8)$。如果变量是一个有符号整数,则可能发生数字变为负数的其他情况。因此了解具体的整数实现方式及其属性是非常重要的。在创建同余随机数生成器时,许多操作都有可能导致整

数溢出。

例如,考虑一个 8 位整数,我们希望使用 $M = 2^8 - 1$ 作为同余生成器,如式(A.1)所示:

$$x_{k+1} = (ax_k + b) \bmod M \tag{A.1}$$

在执行该运算过程中,一般先执行运算 $(ax_k + 1)$。这可能导致整数溢出,但由于结果必须存储在 8 位计算机上,因此计算结果依旧被限制在 $[0, 2^8]$ 的范围内。于是,在执行取模 $(2^8 - 1)$ 运算时,结果与预期不同,这是因为这个数已经被 2^8 模运算处理过了。

为了避免在执行整数运算时发生溢出,文献[15]开发了以下算法。首先,通过整数运算获得新的变量 q 和 r:

$$q = m \div a \tag{A.2}$$

$$r = (m) \bmod a \tag{A.3}$$

然后,将式(A.1)替换为式(A.4),其中式(A.1)使用整数运算求值:

$$X_{k+1} = a[(x_k) \bmod q] - r(x_k \div q) \tag{A.4}$$

式(A.4)中,若 $X_{k+1} \leqslant 0$,则有

$$X_{k+1} = x_{k+1} + m \tag{A.5}$$

最后,通过浮点运算得到一个新的随机数:

$$\eta = \frac{x_{k+1}}{m-1} \tag{A.6}$$

附录B

三维区域散射方向公式的推导

在发生弹性散射相互作用之后,粒子将其飞行方向($\boldsymbol{\Omega}$)改变为新飞行方向($\boldsymbol{\Omega}'$),范围为 d$\boldsymbol{\Omega}'$。如 6.3.3 节所讨论的,通过对微分散射截面进行抽样,可以确定散射角 θ_0,然后,利用新方向的方向余弦与原始方向和散射角的关系式来确定新方向。本附录将对这些公式进行推导。

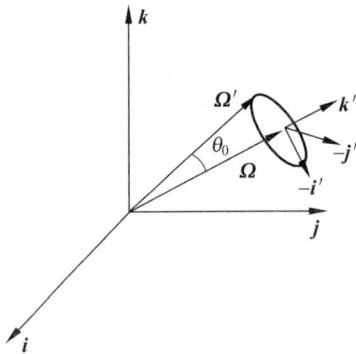

图 B.1 描述了在以单位向量 $\boldsymbol{i}$、$\boldsymbol{j}$、$\boldsymbol{k}$ 构成的坐标系下,散射前后的散射角和粒子方向。

考虑原始方向为

$$\boldsymbol{\Omega} = u\boldsymbol{i} + v\boldsymbol{j} + w\boldsymbol{k} \tag{B.1}$$

其中,

$$u = \sin\theta\cos\phi$$
$$v = \sin\theta\cos\phi$$
$$w = \cos\theta$$

其中,θ 为极角;ϕ 为方位角。散射后的方向为

$$\boldsymbol{\Omega}' = u'\boldsymbol{i} + v'\boldsymbol{j} + w'\boldsymbol{k} \tag{B.2}$$

图 B.1　散射前后方向示意图

现在要推导如何用 u、v、w 和散射角(θ_0, ϕ_0)来表示 u'、v'、w'。定义一个新的坐标系($\boldsymbol{i}'$,$\boldsymbol{j}'$,$\boldsymbol{k}'$),其中 $\boldsymbol{k}'$ 沿着散射之前的方向($\boldsymbol{\Omega}$)飞行,因此,有

$$\boldsymbol{k}' = \boldsymbol{\Omega} \tag{B.3}$$

$$\boldsymbol{j}' = \frac{\boldsymbol{\Omega} \times \boldsymbol{k}}{|\boldsymbol{\Omega} \times \boldsymbol{k}|} \tag{B.4}$$

$$\boldsymbol{i}' = \boldsymbol{j}' \times \boldsymbol{k}' \tag{B.5}$$

接着,推导单位向量 $\boldsymbol{i}'$、$\boldsymbol{j}'$、$\boldsymbol{k}'$ 的表达式,如下所示:

$$\boldsymbol{j}' = \frac{\boldsymbol{\Omega} \times \boldsymbol{k}}{|\boldsymbol{\Omega} \times \boldsymbol{k}|} = \left(\frac{v}{s}\right)\boldsymbol{i} - \left(\frac{u}{s}\right)\boldsymbol{j} \tag{B.6}$$

其中,$s = \sqrt{1-w^2}$ $(u^2+v^2+w^2=1)$;

$$\boldsymbol{i}' = \left(\frac{-uw}{s}\right)\boldsymbol{i} + \left(\frac{-uw}{s}\right)\boldsymbol{j} + s\boldsymbol{k} \tag{B.7}$$

然后根据新的系统坐标，$\boldsymbol{\Omega}'$由式(B.8)定义：

$$\boldsymbol{\Omega}' = (\sin\theta_0\cos\phi_0)\boldsymbol{i}' + (\sin\theta_0\sin\phi_0)\boldsymbol{j}' + (\cos\theta_0)\boldsymbol{k}' \tag{B.8}$$

$\boldsymbol{\Omega}'$相对于原坐标系的方向余弦如下：

$$u' = \boldsymbol{i}\cdot\boldsymbol{\Omega}' = (\sin\theta_0\cos\phi_0)\boldsymbol{i}\cdot\boldsymbol{i}' + (\sin\theta_0\sin\phi_0)\boldsymbol{j}\cdot\boldsymbol{j}' + (\cos\theta_0)\boldsymbol{i}\cdot\boldsymbol{k}' \tag{B.9}$$

$$v' = \boldsymbol{j}\cdot\boldsymbol{\Omega}' = (\sin\theta_0\cos\phi_0)\boldsymbol{j}\cdot\boldsymbol{i}' + (\sin\theta_0\sin\phi_0)\boldsymbol{j}\cdot\boldsymbol{j}' + (\cos\theta_0)\boldsymbol{j}\cdot\boldsymbol{k}' \tag{B.10}$$

$$w' = \boldsymbol{k}\cdot\boldsymbol{\Omega}' = (\sin\theta_0\cos\phi_0)\boldsymbol{k}\cdot\boldsymbol{i}' + (\sin\theta_0\sin\phi_0)\boldsymbol{k}\cdot\boldsymbol{j}' + (\cos\theta_0)\boldsymbol{k}\cdot\boldsymbol{k}' \tag{B.11}$$

为了完成推导，必须找到两个坐标系的单位向量的 9 个标量积的公式。这些乘积的计算方法如下：

$$\boldsymbol{i}\cdot\boldsymbol{i}' = \left(\frac{-uw}{s}\right), \quad \boldsymbol{i}\cdot\boldsymbol{j}' = \left(\frac{v}{s}\right), \quad \boldsymbol{i}\cdot\boldsymbol{k}' = u \tag{B.12}$$

$$\boldsymbol{J}\cdot\boldsymbol{i}' = \left(\frac{-vw}{s}\right), \quad \boldsymbol{J}\cdot\boldsymbol{j}' = \left(\frac{-u}{s}\right), \quad \boldsymbol{J}\cdot\boldsymbol{k}' = v \tag{B.13}$$

$$\boldsymbol{k}\cdot\boldsymbol{i}' = s, \quad \boldsymbol{k}\cdot\boldsymbol{j}' = 0, \quad \boldsymbol{k}\cdot\boldsymbol{k}' = w \tag{B.14}$$

现在，如果将上述 9 个乘积代入方向余弦公式中，则散射后方向的方向余弦如下：

$$u' = \boldsymbol{i}'\cdot\boldsymbol{\Omega}' = -\left(\frac{uw}{s}\cos\phi_0 - \frac{v}{s}\right)\sin\theta_0 + u\cos\theta_0 \tag{B.15}$$

$$v' = \boldsymbol{j}'\cdot\boldsymbol{\Omega}' = -\left(\frac{vw}{s}\cos\phi_0 + \frac{u}{s}\right)\sin\theta_0 + v\cos\theta_0 \tag{B.16}$$

$$w' = \boldsymbol{i}\cdot\boldsymbol{\Omega}' = s(\sin\theta_0\cos\phi_0) + w\cos\theta_0 \tag{B.17}$$

其中，$s = \sqrt{1-w^2}$。

请注意，在一维模拟中，通常沿着 1D 模型对齐 z 轴，任何方向都可以通过其与 z 轴的方向余弦来识别，即简单的式(B.17)。可以将式(B.17)改写如下：

$$w' = wu_0 + \sqrt{1-w^2}\sqrt{1-\mu_0^2}\cos\phi_0 \tag{B.18}$$

其中，$\mu_0 = \cos\theta_0$。

通常对于 w 和 w'，使用 μ 和 μ' 表示，式(B.18)化简为

$$\mu' = \mu\mu_0 + \sqrt{1-\mu^2}\sqrt{1-\mu_0^2}\cos\phi_0 \tag{B.19}$$

注意，式(B.19)与第 6 章介绍的式(6.2)相同。

立体角公式

立体角（dΩ）是指如图 C.1 中所示的面积元 dA_r（垂直于半径 r）所对应的角度，并除以半径的平方，如下所示：

$$d\Omega = \frac{dA_r}{r^2} \tag{C.1}$$

如图 C.1 所示，球形坐标系中的 dA_r 为

$$dA_r = r^2 \sin\theta d\theta d\phi, \quad 0 \leqslant \theta \leqslant \pi, 0 \leqslant \phi \leqslant 2\pi \tag{C.2}$$

然后立体角由式(C.3)给出：

$$d\Omega = \frac{r^2 \sin\theta d\theta d\phi}{r^2} = \sin\theta d\theta d\phi \tag{C.3}$$

现在考虑变量 $\zeta = -\cos\theta$，使

$$d\zeta = -\sin\theta d\theta \tag{C.4}$$

因此 dΩ 化简为

$$d\Omega = -d\mu d\phi \tag{C.5}$$

因为 θ 在$[0,\pi]$上变化，μ 在$[-1,1]$上变化，如果假设 $\mu = -\zeta$，那么 d$\mu = -$dζ，并且 μ 在$[-1,1]$上变化，因此 dΩ 化简为

$$d\Omega = d\mu d\phi, \quad -1 \leqslant \mu \leqslant 1, \quad 0 \leqslant \phi \leqslant 2\pi \tag{C.6}$$

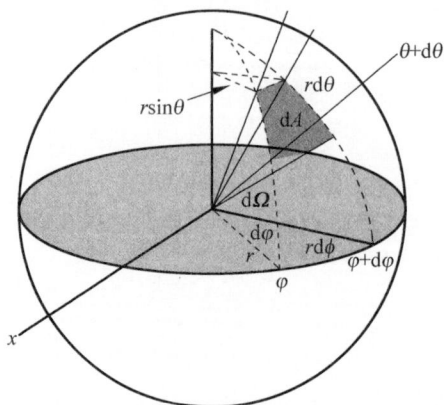

图 C.1　球坐标系中的立体角

附录D

蒙特卡罗模拟与能量相关的中子核反应

D.1 本附录引言

简单起见,本书假设中子在介质中与原子核相互作用后不会改变能量。此外,尽管一般可能发生多种不同类型的中子核反应,但本节只考虑两种类型的相互作用,即散射和吸收(俘获)。为了提高完整性,本附录简要地处理了这些问题。读者可参考 MCNP5 手册[67,94,96]了解更详细的内容。

主要的中子核反应如下所示。

(1) 散射:

① 弹性散射(n,n)。

② 非弹性散射(n,n')。

(2) 吸收:

① 俘获(n,γ)。

② $(n,2n)$。

③ 产生带电粒子(n,p),(n,α)。

④ 裂变(n,f)。

为了考虑到截面随能量的变化,蒙特卡罗程序被设计为使用多群和(或)连续能量截面库。在美国,最精细的连续能量截面库是评价核数据库 ENDF/B-Ⅷ[16]。

第 6 章讨论了如何在弹性散射中抽样散射角。本节将研究在发生各类反应后中子能量和角度的抽样公式。注意,在此不讨论$(n,2n)$反应,因为其在反应堆应用中的截面非常小,因此该反应与非弹性散射合并讨论。

D.2 弹性散射

为了确定中子在弹性散射后的能量和运动方向,可以利用不同形式的微分散射截面来抽样散射角和中子能量。

在质心系中，散射角（μ_{cm}）可通过数据库中微观散射截面（$\sigma_a(E,\mu_{cm})$）查表确定。蒙特卡罗基本公式（FFMC）式（2.15）可改写成如下形式：

$$P(E_k,\mu_{cm})=\eta$$

$$2\pi\int_{-1}^{\mu_c}\mathrm{d}\mu_c\frac{\sigma_s(E_k,\mu_{cm})}{\sigma_s(E_k)}=\eta \tag{D.1}$$

其中，E_k 指的是第 k 个能量区间中的一个离散能量值。而 μ_c 可通过求解式（D.1）得出。在 ENDF 库中，当 μ_{cm} 多项式的阶数大于 3 时，通常采用牛顿-拉夫逊方法。然而，在蒙卡计算的一般情况下，通常不会求解式（D.1），而是使用 $P(E_k,\mu_{cm})$ 参数表，对于有 J 项的表，采用如下步骤：

（1）生成随机数 η；

（2）利用 $j=\mathrm{INT}(J\eta)$ 来对散射表抽样；

（3）利用 $d=\eta J-j$ 来确定与实际表项的偏差；

（4）计算 $\mu_c=\mu(k,j)+\mathrm{d}(\mu(k,j+1)-\mu(k,j))$。

弹性散射后的中子能量由中子动力学公式确定。在实验室坐标系中，散射角由式（D.2）给出：

$$\mu_0=\frac{1}{2}\left[(A+1)\sqrt{\frac{E'}{E}}-(A-1)\sqrt{\frac{E}{E'}}\right] \tag{D.2}$$

其中，E 和 E' 是散射前后的粒子能量；A 为原子核质量与中子质量之比。

散射后的中子能量由式（D.3）给出：

$$E'=\frac{E}{(A+1)^2}\left[\mu_0+\sqrt{\mu_0^2+A^2-1}\right]^2 \tag{D.3}$$

D.3　非弹性散射

在非弹性散射中，除粒子方向和动能会发生变化外，在抽样散射中子的方向和能量之前，还会考虑部分中子能量转换为原子核激发能。如果粒子的能量大于靶原子核的第一激发能级，就可能发生非弹性散射。确定非弹性散射后的粒子能量和方向的步骤如下。

激发态由式（D.4）确定：

$$\eta=\sum_i^\infty p(E_k,E_i) \tag{D.4}$$

其中，k 表示第 k 个激发态；$p(E_k,E_i)$ 由式（D.5）给出：

$$p_k(E_k,E_i)=\frac{\Sigma_{s,n'}(E_k,E_i)}{\Sigma_{s,n'}(E_k)} \tag{D.5}$$

其中，$\Sigma_{s,n'}(E_k)$ 是非弹性散射的概率；$\Sigma_{s,n'}(E_k,E_i)$ 是原子核被激发到第 i 个能级的概率，在质心系中，散射角（μ_{cm}）的抽样与弹性散射相同，通过从 $p(E_k,\mu_{cm})$

中抽样得到。

实验室系中的散射角（μ_0）由式（D.6）决定：

$$\mu_0 = \frac{1}{2}\left[(A+1)\sqrt{\frac{E'}{E}} - (A-1)\sqrt{\frac{E}{E'}} - \frac{QA}{\sqrt{EE'}}\right] \tag{D.6}$$

且散射后的粒子能量由式（D.7）决定：

$$E' = \frac{E}{(A+1)^2}\left[\mu_0\sqrt{E} + \sqrt{E(\mu_0^2 + A^2 - 1) + A(A+1)Q}\right]^2 \tag{D.7}$$

其中，Q 为靶核的动能。注意，如果 Q 设为 0，那么式（D.6）和式（D.7）将分别被化简为式（D.4）和式（D.5）。

如想进一步了解散射过程的抽样公式，读者可参考文献[67]和文献[96]。

D.4 热化区散射

在低于几电子伏特的热化区，中子核反应变得更为复杂，因为中子可以与整个原子发生相互作用。在这种情况下，中子核反应取决于中子的能量、靶核的运动、核自旋等因素。在此能量范围内，热中子能量与介质中原子（或分子）的热运动能量相当，化学结合效应不能被忽视。中子可以通过与原子或分子的非弹性散射（由原子/分子的激发或退激引起）而获得或失去能量。由于这种复杂性，双微分热散射截面被写成一个单函数或散射律，称为 $S(\alpha,\beta)$，其中，α 和 β 对应于中子和原子核之间的动量和能量转移。

"自由气体"模型是一种简化方法，它忽略了靶原子之间的相干或化学键效应，采用麦克斯韦分布处理靶核运动：

$$f(E) = \left[\frac{2}{\sqrt{\pi}}\frac{\sqrt{E}}{(KT)^{\frac{3}{2}}}\right]e^{-\frac{E}{KT}} \tag{D.8}$$

其中，T 是介质开尔文温度；K 是玻耳兹曼常数。

香 农 熵

本附录将采取两种方式推导香农熵公式。

E.1 香农熵公式推导——方法 1

假设有一个实验,我们从 N 个对象中随机选择一个对象,其概率为均匀分布 $\left(\dfrac{1}{N}\right)$。与这个实验相关的信息量或熵值取决于所有可能的结果,即

$$S\left[\frac{1}{N},\frac{1}{N},\cdots,\frac{1}{N}\right] \equiv f(N) \tag{E.1}$$

现在,如果改变实验,将 N 个对象分成 m 个组,每一组都包含 n_k 个对象,那么将分两步进行随机选择。在第一步中,随机选择其中一组的概率为

$$p_k = \frac{n_k}{N}, \quad k = 1, m \tag{E.2}$$

在第二步中,从选择的第 k 组中随机选择一个对象,其概率为 $\widetilde{p}_k = \dfrac{1}{n_k}$。现在,用组合律来进行组合实验,如下所示:

$$S(A \mid B) = S(A) + \sum_{k=1}^{m} p_k S(B \mid A) \tag{E.3}$$

其中,A 为第一次实验;B 为第二次实验。因此对于目前的分组,组成表达式如下:

$$f(N) = S(p_1, p_2, \cdots, p_m) + \sum_{k=1}^{m} p_k f(n_k) \tag{E.4}$$

其中,

$$f(n_k) = S\left(\frac{1}{n_1}, \frac{1}{n_2}, \cdots, \frac{1}{n_m}\right) \tag{E.5}$$

为了确定 f 函数,考虑特例情况,即所有的分组都有相同数量的对象:

$$n_1 = n_2 = \cdots = n_m = n \tag{E.6}$$

这意味着 $N = mn$,因此 p_k(见式(E.2))被化简为 $\dfrac{1}{m}$,因此式(E.4)化简为

$$f(N) = S\left(\frac{1}{m}, \frac{1}{m}, \cdots, \frac{1}{m}\right) + \sum_{k=1}^{m} \frac{1}{m} f(n)$$

$$f(N) = f(m) + f(n) \sum_{k=1}^{m} \frac{1}{m}$$

$$f(nm) = f(m) + f(n) \tag{E.7}$$

现在求解 $f(m)$:

$$f(m) = f(nm) - f(n) \tag{E.8}$$

如果式(E.8)右边的 f 函数是对数函数,即

$$f(r) = C\log_2 r \tag{E.9}$$

其中,C 是一个任意常数;r 是一个虚拟变量。然后得到了 $f(m)$ 的一个表达式如下:

$$f(m) = C[\log_2(nm) - \log_2 n] = C[\log_2 n + \log_2 m - \log_2 n]$$

$$f(m) = C\log_2 m \tag{E.10}$$

这意味着对数函数适用于这种情形。现在,利用式(E.10)中的对数表达式,可以得到一个群熵的表达式如下:

$$C\log_2 N = S(p_1, p_2, \cdots, p_n) + \sum_{k=1}^{m} p_k C\log_2 n_k$$

$$S(p_1, p_2, \cdots, p_n) = C\log_2 N - \sum_{k=1}^{m} p_k C\log_2 n_k \tag{E.11}$$

如果用式(E.2)代替 n_k,则式(E.11)化简为

$$S(p_1, p_2, \cdots, p_n) = C\log_2 N - \sum_{k=1}^{m} p_k C\log_2 N - \sum_{k=1}^{m} p_k C\log_2 p_k$$

$$S(p_1, p_2, \cdots, p_n) = -C \sum_{k=1}^{m} p_k \log_2 p_k \tag{E.12}$$

鉴于在信息理论中,计算机比特常用于存储信息,因此使用基底为 2 的对数函数是合适的。这意味着式(E.12)可以写成

$$H(p) = -K \sum_{k=1}^{m} p_k \log_2 p_k \tag{E.13}$$

其中,$H(p)$是与一个概率密度函数(p)相关的香农熵,它是由一个离散的概率集(p_k)组成的。最后,从香农熵推导出熵的玻耳兹曼公式很有指导意义。假设所有的分组都是等概率的,即考虑到分组的数量为 Ω,然后 $p_k = \dfrac{1}{\Omega}$,因此式(E.13)化简为

$$H = -K \sum_{k=1}^{\Omega} \frac{1}{\Omega} \log_2 \frac{1}{\Omega} = K \log_2 \Omega \qquad (E.14)$$

如果用玻耳兹曼常数（K_B）代替 c，则上面的公式类似于玻耳兹曼公式。因此在信息论中，玻耳兹曼公式被视作香农熵的一种特例。

E.2 香农熵公式推导——方法 2

前述例子的目标是求得一组结果的联合概率，即

$$p \equiv p(n_1, n_2, \cdots, n_m) = ? \qquad (E.15)$$

其中，

$$N = \sum_{i=1}^{m} n_i \qquad (E.16)$$

这个多项式概率分布由式（E.17）给出：

$$p = \frac{\Gamma}{T} = \frac{\text{每个结果的组合}, n_i's}{\text{一系列事件总组合}} \qquad (E.17)$$

或

$$p = \frac{\dfrac{N!}{n_1! n_2! \cdots n_m!}}{m^n} \qquad (E.18)$$

或

$$p = \left[\frac{N!}{n_1! n_2! \cdots n_m!} \right] \left(\frac{1}{m} \right)^N \qquad (E.19)$$

基于上述讨论，可以得出结论，熵与结果数量的对数有关，即

$$H = \log_2 \Gamma = \log_2 \left[\frac{N!}{n_1! n_2! \cdots n_m!} \right] \qquad (E.20)$$

为了便于推导，简写 $\log_2 \equiv \log$，并且扩充了式（E.20）的右半部分如下：

$$H = \log(N!) - \log(n_1!) - \log(n_2!) - \cdots - \log(n_m!)$$

$$H = \sum_{i=1}^{N} \log i - \sum_{i=1}^{n_1} \log i - \sum_{i=1}^{n_2} \log i - \cdots - \sum_{i=1}^{n_m} \log i \qquad (E.21)$$

如果使用斯特林近似用一个积分替换每个和，即

$$\sum_{i=1}^{k} \log i = \int_{1}^{k} dx \log x = K \log k - K + 1 \qquad (E.22)$$

然后式（E.21）可化简为

$$H = (N \log N - N + 1) - (n_1 \log n_1 - n_1 + 1) - \cdots - (n_m \log n_m - n_m + 1)$$

$$H = N \log N - \sum_{x=1}^{m} n_x \log n_x + (1 - m) \qquad (E.23)$$

现在考虑 $n_x = N p_x$，那么式（E.23）可化简为

$$H = N\log N - \sum_{x=1}^{m} Np_x \log Np_x + (1-m)$$

$$H = N\log N - \sum_{x=1}^{m} n_x(\log N + \log p_x) + (1-m)$$

$$H = N\log N - N\log N \sum_{x=1}^{m} p_x - N\sum_{x=1}^{m} p_x \log p_x + (1-m)$$

$$H = -N\sum_{x=1}^{m} p_x \log p_x + (1-m) \tag{E.24}$$

注意,在式(E.24)中,我们用$\log_2$替换了$\log$。

式(E.24)与式(E.13)相似,但其常数不同。原则上,这两个公式是等价的,因为式(E.13)中的常数K是一个任意参数。香农熵可用于表征上下代裂变中子密度分布的相对变化。与上述实验类似,相关量的定义如下。

(1)N是裂变中子的总数。

(2)m是在反应堆堆芯中含有可裂变材料的子区域数。

(3)$p_i = p_k$,p_i为某代裂变密度分布。

(4)关注的是前后代熵的相对变化,因此可以舍弃常数项,使用式(E.25)替代:

$$H(p) = -\sum_{i=1}^{m} p_i \log_2 p_i \tag{E.25}$$

参 考 文 献

[1] John Allison, Katsuya Amako, J E A Apostolakis, HAAH Araujo, P Arce Dubois, MAAM Asai, GABG Barrand, RACR Capra, SACS Chauvie, and RACR Chytracek. Geant4 developments and applications. *IEEE Transactions on nuclear science*, 53(1):270–278, 2006.

[2] Gene M Amdahl. Validity of the single processor approach to achieving large scale computing capabilities. In *Proceedings of the April 18-20, 1967, spring joint computer conference*, pages 483–485, 1967.

[3] George B Arfken and Hans J Weber. Mathematical methods for physicists, 1999.

[4] George I Bell and Samuel Glasstone. *Nuclear reactor theory*. US Atomic Energy Commission, Washington, DC (United States), 1970.

[5] R N Blomquist. The OECD/NEA source convergence benchmark program. Technical report, 2002.

[6] Roger N Blomquist, Malcolm Armishaw, David Hanlon, Nigel Smith, Yoshitaka Naito, Jinan Yang, Yoshinori Mioshi, Toshihiro Yamamoto, Olivier Jacquet, and Joachim Miss. Source convergence in criticality safety analyses. *NEA Report ISBN 92-64-02304*, 6, 2006.

[7] Roger N Blomquist and Ely M Gelbard. Fission source algorithms and Monte Carlo variances. In *Transactions of the American Nuclear Society*, 2000.

[8] T E Booth. Automatic importance estimation in forward Monte Carlo calculations. *Transactions of the American Nuclear Society*, 41, 1982.

[9] T E Booth. A caution on reliability using optimal variance reduction parameters. *Transactions of the American Nuclear Society*, 66:278–280, 1992.

[10] Thomas E Booth. Weight window/importance generator for Monte Carlo streaming problems. Technical report, 1983.

[11] Thomas E Booth. Monte Carlo variance comparison for expected-value versus sampled splitting. *Nuclear Science and Engineering*, 89(4):305–309, 1985.

[12] Thomas Edward Booth. Sample problem for variance reduction in MCNP. Technical report, 1985.

[13] J P Both, J C Nimal, and T Vergnaud. Automated importance generation and biasing techniques for Monte Carlo shielding techniques by the TRIPOLI-3 code. *Progress in Nuclear Energy*, 24(1-3):273–281, 1990.

[14] G E P Box and Mervin E Muller. A Note on the Generation of Random Normal Deviates, The Annals of Mathematical Statistics, 1958.

[15] Paul Bratley, Bennet L Fox, and Linus E Schrage. *A guide to simulation*. Springer Science & Business Media, 2011.

[16] David A Brown, M B Chadwick, R Capote, A C Kahler, A Trkov, M W Herman, A A Sonzogni, Y Danon, A D Carlson, and M Dunn. ENDF/B-VIII. 0: The 8th major release of the nuclear reaction data library with CIELO-project cross sections, new standards and thermal scattering data. *Nuclear Data Sheets*, 148:1–142, 2018.

[17] Forrest B Brown. A review of Monte Carlo criticality calculations-convergence, bias, statistics. Technical report, 2008.

[18] Forrest B Brown and William R Martin. Monte Carlo methods for radiation transport analysis on vector computers. 1984.

[19] Richard Stevens Burington and Donald Curtis May Jr. *Handbook of probability and statistics, with tables*, volume 77. LWW, 1954.

[20] P. J. Burns. Unpublished notes on random number generators, 2004.

[21] W Cai. Unpublished lecture notes for ME346A Introduction to Statistical Mechanics, 2011.

[22] Edmond D Cashwell and Cornelius Joseph Everett. A practical manual on the Monte Carlo method for random walk problems, 1959.

[23] Steve Chucas, Ian Curl, T Shuttleworth, and Gillian Morrell. PREPARING THE MONTE CARLO CODE MCBEND FOR THE 21ST CENTURY. 1994.

[24] Roger R Coveyou, V R Cain, and K J Yost. Adjoint and importance in Monte Carlo application. *Nuclear Science and Engineering*, 27(2):219–234, 1967.

[25] S N Cramer and J S Tang. Variance reduction methods applied to deep-penetration Monte Carlo problems. Technical report, 1986.

[26] Jack J Dongarra, Cleve Barry Moler, James R Bunch, and Gilbert W Stewart. *LINPACK users' guide*. SIAM, 1979.

[27] Jan Dufek. Accelerated monte carlo eigenvalue calculations. In *XIII Meeting on Reactor Physics Calculations in the Nordic Countries Västers, Sweden*, volume 29, page 30, 2007.

[28] Jan Dufek. Development of new monte carlo methods in reactor physics. *KTH Royal Institute of Technology*, 2009.

[29] William L Dunn and J Kenneth Shultis. *Exploring monte carlo methods*. Elsevier, 2011.

[30] S R Dwivedi. A new importance biasing scheme for deep-penetration Monte Carlo. *Annals of Nuclear Energy*, 9(7):359–368, 1982.

[31] M B Emmett. MORSE Monte Carlo radiation transport code system. Technical report, 1975.

[32] C J Everett and E D Cashwell. A third Monte Carlo sampler. *Los Alamos Report LA-9721-MS*, 1983.

[33] C J Everett, E D Cashwell, and G D Turner. Method of sampling certain probability densities without inversion of their distribution functions. Technical report, 1973.

[34] Michael J Flynn. Some computer organizations and their effectiveness. *IEEE transactions on computers*, 100(9):948–960, 1972.

[35] A. H. Foderaro. A Monte Carlo primer. (Unpublished notes), 1986.

[36] N A Frigerio and N A Clark. Random number set for Monte Carlo computations. Technical report, 1975.

[37] Al Geist, Adam Beguelin, Jack Dongarra, Weicheng Jiang, Robert Manchek, and Vaidyalingam S Sunderam. *PVM: Parallel virtual machine: a users' guide and tutorial for networked parallel computing.* MIT press, 1994.

[38] Eo Mo Gelbard and R E Prael. Monte Carlo Work at Argonne National Laboratory. Technical report, 1974.

[39] James E Gentle. Monte carlo methods. *Random number generation and Monte Carlo methods*, pages 229–281, 2003.

[40] Paul Glasserman. *Monte Carlo methods in financial engineering*, volume 53. Springer Science & Business Media, 2013.

[41] Harold Greenspan, C N Kelber, and David Okrent. Computing methods in reactor physics. 1972.

[42] William Gropp, Ewing Lusk, and Anthony Skjellum. Portable Parallel Programming with the Message-Passing Interface, 1994.

[43] A Haghighat, H Hiruta, B Petrovic, and J C Wagner. Performance of the Automated Adjoint Accelerated MCNP (A3MCNP) for Simulation of a BWR Core Shroud Problem. In *Proceedings of the International Conference on Mathematics and Computation, Reactor Physics, and Environmental Analysis in Nuclear Applications*, page 1381, 1999.

[44] A Haghighat and John C Wagner. Application of A 3 MCNP™ to Radiation Shielding Problems. In *Advanced Monte Carlo for Radiation Physics, Particle Transport Simulation and Applications*, pages 619–624. Springer, 2001.

[45] Alireza Haghighat, Katherine Royston, and William Walters. MRT methodologies for real-time simulation of nonproliferation and safeguards problems. *Annals of Nuclear Energy*, 87:61–67, 2016.

[46] Alireza Haghighat and John C Wagner. Monte Carlo variance reduction with deterministic importance functions. *Progress in Nuclear Energy*, 42(1):25–53, 2003.

[47] Max Halperin. Almost linearly-optimum combination of unbiased estimates. *Journal of the American Statistical Association*, 56(293):36–43, 1961.

[48] Donghao He and William J Walters. A local fission matrix correction method for heterogeneous whole core transport with RAPID. *Annals of Nuclear Energy*, 134:263–272, 2019.

[49] J S Hendricks. A code-generated Monte Carlo importance function. *Transactions of the American Nuclear Society*, 41, 1982.

[50] Hideo Hirayama, Yoshihito Namito, Walter R Nelson, Alex F Bielajew, and Scott J Wilderman. The EGS5 code system. Technical report, 2005.

[51] J Eduard Hoogenboom, William R Martin, and Bojan Petrovic. The Monte Carlo performance benchmark test-aims, specifications and first results. In *International Conference on Mathematics and Computational Methods Applied to*, volume 2, page 15, 2011.

[52] Nicholas Horelik, Bryan Herman, Benoit Forget, and Kord Smith. Benchmark for evaluation and validation of reactor simulations (BEAVRS), v1. 0.1. In *Proc. Int. Conf. Mathematics and Computational Methods Applied to Nuc. Sci. & Eng*, pages 5–9, 2013.

[53] Thomas E Hull and Alan R Dobell. Random number generators. *SIAM review*, 4(3):230–254, 1962.

[54] Gwilym M Jenkins and D G Watts. Spectral Analysis and its Applications Holden-Day, San Francisco. *Spectral analysis and its application. Holden-Day, San Francisco*, 1968.

[55] David Kahaner, Cleve Moler, and Stephen Nash. Numerical methods and software. *Englewood Cliffs: Prentice Hall, 1989*, 1989.

[56] Herman Kahn. Applications of Monte Carlo. Technical report, 1954.

[57] Herman Kahn and Theodore E Harris. Estimation of particle transmission by random sampling. *National Bureau of Standards applied mathematics series*, 12:27–30, 1951.

[58] M H Kalos and P A Whitlock. Monte Carlo Methods: Basics, vol. 1, 1986.

[59] Donald Ervin Knuth. *The art of computer programming*, volume 3. Pearson Education, 1997.

[60] A L'Abbate, T Courau, and E Dumonteil. Monte Carlo Criticality Calculations: Source Convergence and Dominance Ratio in an Infinite Lattice Using MCNP and TRIPOLI4. In *PHYTRA1 Conference, Marrakech, Morocco*, 2007.

[61] A Laureau, M Aufiero, P R Rubiolo, E Merle-Lucotte, and D Heuer. Transient Fission Matrix: Kinetic calculation and kinetic parameters βeff and Λeff calculation. *Annals of Nuclear Energy*, 85:1035–1044, 2015.

[62] Pierre L'Ecuyer. Random numbers for simulation. *Communications of the ACM*, 33(10):85–97, 1990.

[63] Pierre L'Ecuyer. Good parameters and implementations for combined multiple recursive random number generators. *Operations Research*, 47(1):159–164, 1999.

[64] Derrick H Lehmer. Mathematical methods in large-scale computing units. *Annu. Comput. Lab. Harvard Univ.*, 26:141–146, 1951.

[65] Elmer Eugene Lewis and Warren F Miller. Computational methods of neutron transport, 1984.

[66] Jun S Liu. *Monte Carlo strategies in scientific computing*. Springer Science & Business Media, 2008.

[67] I Lux and L Koblinger. Monte Carlo Particle Transport Methods: Neutron and Photon Calculations, 1991.

[68] George Marsaglia. DIEHARD: a battery of tests of randomness. *http://stat.fsu.edu/geo,*1996.

[69] George Marsaglia. Xorshiftrngs. *Journal of Statistical Software*, 8(14):1–6, 2003.

[70] George Marsaglia, Arif Zaman, and Wai Wan Tsang. Toward a universal random number generator. *Stat. Prob. Lett.*, 9(1):35–39, 1990.

[71] V Mascolino, A Haghighat, and N J Roskoff. Evaluation of RAPID for a UNF cask benchmark problem. *EPJ Web of Conferences*, 153:5025, 2017.

[72] Valerio Mascolino and Alireza Haghighat. Validation of the Transient Fission Matrix Code tRAPID against the Flattop-Pu Benchmark. In *Proceedings of the International Conference on Mathematics and Computational Methods applied to Nuclear Science and Engineering (M&C 2019)*, pages 1338–1347, Portland, OR, 2019.

[73] Valerio Mascolino, Anze Pungercic, Alireza Haghighat, and Luka Snoj. Experimental and Computational Benchmarking of RAPID using the JSI TRIGA MARK-II Reactor. In *Proceedings of the International Conference on Mathematics and Computational Methods applied to Nuclear Science and Engineering (M&C 2019)*, pages 1328–1337, Portland, OR, 2019.

[74] Valerio Mascolino, Nathan J Roskoff, and Alireza Haghighat. Benchmarking of the Rapid Code System Using the GBC-32 Cask With Variable Burnups. In *PHYSOR 2018: Reactor Physics Paving The Way Towards More Efficient Systems*, pages 697–708, Cancun, Mexico, 2018.

[75] N Metropolis. The beginning of the Monte Carlo Method. *Los Alamos Science*, 15:125–130, 1987.

[76] Gordon E Moore. Cramming more components onto integrated circuits. *Proceedings of the IEEE*, 86(1):82–85, 1998.

[77] Richard L Morin. *Monte Carlo simulation in the radiological sciences*. CRC Press, 2019.

[78] Scott W Mosher, Aaron M Bevill, Seth R Johnson, Ahmad M Ibrahim, Charles R Daily, Thomas M Evans, John C Wagner, Jeffrey O Johnson, and Robert E Grove. ADVANTG - an automated variance reduction parameter generator. *ORNL/TM-2013/416, Oak Ridge National Laboratory*, 2013.

[79] Stephen K Park and Keith W Miller. Random number generators: good ones are hard to find. *Communications of the ACM*, 31(10):1192–1201, 1988.

[80] Denise B Pelowitz. MCNP6 user's manual version 1.0. *Los Alamos National Security, USA*, 2013.

[81] Douglas E Peplow, Stephen M Bowman, James E Horwedel, and John C Wagner. Monaco/MAVRIC: Computational Resources for Radiation Protection and Shielding in SCALE. *TRANSACTIONS-AMERICAN NUCLEAR SOCIETY*, 95:669, 2006.

[82] L M Petrie and N F Cross. KENO IV: An improved Monte Carlo criticality program. Technical report, 1975.

[83] Lennart Rade and Bertil Westergren. *BETA mathematics handbook*, 1990.

[84] Farzad Rahnema and Dingkang Zhang. Continuous energy coarse mesh transport (COMET) method. *Annals of Nuclear Energy*, 115:601–610, 2018.

[85] Adam Rau and William J Walters. Validation of coupled fission matrix–TRACE methods for thermal-hydraulic and control feedback on the Penn State Breazeale Reactor. *Progress in Nuclear Energy*, 123:103273, 2020.

[86] N Roskoff, A Haghighat, and V Mascolino. Analysis of RAPID Accuracy for a Spent Fuel Pool with Variable Burnups and Cooling Times. In *Proceedings of Advances in Nuclear Nonproliferation Technology and Policy Conference, Santa Fe, NM*, 2016.

[87] N J Roskoff and A Haghighat. Development of a novel fuel burnup methodology using the rapid particle transport code system. In *PHYSOR 2018: reactor physics paving the way towards more efficient systems*, Mexico, 2018. Sociedad Nuclear Mexicana.

[88] Nathan J Roskoff, Alireza Haghighat, and Valerio Mascolino. Experimental and Computational Validation of RAPID. In *Proc. 16th Int. Symp. Reactor Dosimetry*, pages 7–12, 2017.

[89] Francesc Salvat, Jose M Fernandez-Varea, and Josep Sempau. PENELOPE-2006: A code system for Monte Carlo simulation of electron and photon transport. In *Workshop proceedings*, volume 4, page 7. Nuclear Energy Agency, Organization for Economic Co-operation and . . . , 2006.

[90] Claude E Shannon. A mathematical theory of communication. *Bell system technical journal*, 27(3):379–423, 1948.

[91] Samuel Sanford Shapiro and Martin B Wilk. An analysis of variance test for normality (complete samples). *Biometrika*, 52(3/4):591–611, 1965.

[92] Hyung Jin Shim and Chang Hyo Kim. Stopping criteria of inactive cycle Monte Carlo calculations. *Nuclear science and engineering*, 157(2):132–141, 2007.

[93] Jonathon Shlens. A light discussion and derivation of entropy. *arXiv preprint arXiv:1404.1998*, 2014.

[94] Jerome Spanier and Ely M Gelbard. *Monte Carlo principles and neutron transport problems*. Courier Corporation, 2008.

[95] Student. The probable error of a mean. *Biometrika*, pages 1–25, 1908.

[96] X-5 Monte Carlo Team. MCNP-A General Monte Carlo N-Particle Transport Code, Version 5, 2003.

[97] Tyler J Topham, Adam Rau, and William J Walters. An iterative fission matrix scheme for calculating steady-state power and critical control rod position in a TRIGA reactor. *Annals of Nuclear Energy*, 135:106984, 2020.

[98] Scott A Turner and Edward W Larsen. Automatic variance reduction for three-dimensional Monte Carlo simulations by the local importance function transform—II: numerical results. *Nuclear science and engineering*, 127(1):36–53, 1997.

[99] Taro Ueki. Information theory and undersampling diagnostics for Monte Carlo simulation of nuclear criticality. *Nuclear science and engineering*, 151(3):283–292, 2005.

[100] Taro Ueki and Forrest B. Brown. Stationarity diagnostics using Shannon entropy in monte carlo criticality calculation I: F test. In *American Nuclear Society 2002 Winter Meeting*, pages 17–21, 2002.

[101] Taro Ueki and Forrest B Brown. Informatics approach to stationarity diagnostics of the Monte Carlo fission source distribution. *Transactions of the American Nuclear Society*, pages 458–461, 2003.

[102] Todd J Urbatsch, R Arthur Forster, Richard E Prael, and Richard J Beckman. Estimation and Interpretation of keff Confidence Intervals in MCNP. *Nuclear technology*, 111(2):169–182, 1995.

[103] Eric Veach and Leonidas J Guibas. Optimally combining sampling techniques for Monte Carlo rendering. In *Proceedings of the 22nd annual conference on Computer graphics and interactive techniques*, pages 419–428, 1995.

[104] John Von Neumann. 13. various techniques used in connection with random digits. *Appl. Math Ser*, 12(36-38):5, 1951.

[105] J C Wagner. *Computational Benchmark for Estimation of Reactivity Margin from Fission Products and Minor Actinides in PWR Burnup Credit Prepared by*. 2000.

[106] John C Wagner. Acceleration of Monte Carlo shielding calculations with an automated variance reduction technique and parallel processing, 1997.

[107] John C Wagner. An automated deterministic variance reduction generator for Monte Carlo shielding applications. In *Proceedings of the American Nuclear Society 12th Biennial RPSD Topical Meeting*, pages 14–18. Citeseer, 2002.

[108] John C Wagner and Alireza Haghighat. Automated variance reduction of Monte Carlo shielding calculations using the discrete ordinates adjoint function. *Nuclear Science and Engineering*, 128(2):186–208, 1998.

[109] John C Wagner, Douglas E Peplow, and Scott W Mosher. FW-CADIS method for global and regional variance reduction of Monte Carlo radiation transport calculations. *Nuclear Science and Engineering*, 176(1):37–57, 2014.

[110] John C Wagner, Douglas E Peplow, Scott W Mosher, and Thomas M Evans. Review of hybrid (deterministic/Monte Carlo) radiation transport methods, codes, and applications at Oak Ridge National Laboratory. *Progress in nuclear science and technology*, 2:808–814, 2011.

[111] W J Walters. Application of the RAPID Fission Matrix Methodology to 3-D Whole-Core Reactor Transport. In *Proc. Int. Conf. Mathematics and Computational Methods Applied to Nuclear Science and Engineering (M&C 2017)*, pages 16–20, 2017.

[112] William Walters, Nathan J. Roskoff, and Alireza Haghighat. A Fission Matrix Approach to Calculate Pin-wise 3D Fission Density Distribution. In *Proc. M&C 2015*, Nashville, Tennesse, 2015.

[113] William J Walters, Nathan J Roskoff, and Alireza Haghighat. The RAPID Fission Matrix Approach to Reactor Core Criticality Calculations. *Nuclear Science and Engineering*, pages 1–19, Aug 2018.

[114] Mengkuo Wang. *CAD Based Monte Carlo Method: Algorithms for Geometric Evaluation in Support of Monte Carlo Raditation Transport Calculation*. University of Wisconsin–Madison, 2006.

[115] Alvin M Weinberg and Eugene Paul Wigner. The physical theory of neutron chain reactors, 1958.

[116] Michael Wenner. *Development and analysis of new Monte Carlo stationary source diagnostics and source acceleration for Monte Carlo eigenvalue problems with a focus on high dominance ratio problems. PhD diss.* PhD thesis, University of Florida, Gainesville, 2010.

[117] Michael Wenner and Alireza Haghighat. A generalized KPSS test for stationarity detection in Monte Carlo eigenvalue problems, 2008.

[118] Michael Wenner and Alireza Haghighat. A Fission Matrix Based Methodology for Achieving an Unbiased Solution for Eigenvalue Monte Carlo Simulations. *Progress in Nuclear Science and Technology*, 2:886–892, 2010.

[119] Michael T Wenner and Alireza Haghighat. Study of Methods of Stationarity Detection for Monte Carlo Criticality Analysis with KENO Va. *Transactions*, 97(1):647–650, 2007.

[120] G A Wright, E Shuttleworth, M J Grimstone, and A J Bird. The status of the general radiation transport code MCBEND. *Nuclear Instruments and Methods in Physics Research Section B: Beam Interactions with Materials and Atoms*, 213:162–166, 2004.

[121] Charles N Zeeb and Patrick J Burns. Random number generator recommendation. *Report prepared for Sandia National Laboratories, Albuquerque, NM. Available as a WWW document., URL= http://www. colostate. edu/ pburns/monte/documents. html*, 1997.

致 谢

本书第 2 版比第 1 版有了重大改进,因为它包括对我在过去 5 年中从学生、从业者和评论家那里收到的反馈的更改和补充。此外,在课堂上使用这本书的第 1 版时,我意识到需要对其进行修改和补充。第 2 版包括重组章节,添加了新章节,特别是删除了第 4 章和第 10 章中的冗余内容,并添加了关于替代特征值蒙特卡罗技术的第 11 章,以弥补标准技术的不足。我希望新版本将使学生和从业者受益,并促进对基于蒙特卡罗的先进技术的进一步研究和开发,这些技术不仅准确,而且提供了实时仿真功能。

如果没有我的学生、同事和家人的帮助,这个新版本是不可能完成的。我特别要向我们小组的博士研究生 Valerio Mascolino 表示最衷心的感谢,他对第 2 版进行了非常有价值和仔细的审查。更具体地说,他提供了建设性的建议,指出了需澄清的技术内容,识别了拼写错误和排版问题,协助习题集的录入整理,修正了整本书的参考文献,并补充了图书索引。此外,我还要感谢宾夕法尼亚州立大学的 William Walters 教授,他对第 10 章和第 11 章提出了建设性和非常有价值的意见。最后,我应该承认,这本书受到了我的研究生和本领域研究人员 30 多年的研究成果积淀,以及学生提出的深刻问题和建设性意见的极大影响。

重要的是要承认,第 1 版是一个长达 20 年的项目,可以追溯到我在宾夕法尼亚州立大学任教的时期。作为一名新上任的助理教授,我在 1989 年接手了已故安东尼·福德拉罗博士教授的粒子输运蒙特卡罗方法实验课程。1991 年,该课程被批准为宾夕法尼亚州立大学核工程课程的永久组成部分。1994 年,在我教授这门课程的第 5 年,我第一次将我的教学笔记装订成册。这些笔记的最初版本在很大程度上依赖 Foderaro 博士未出版的笔记,以及其他一些书籍和计算机代码手册。

在这本书的第 1 版中,当时我的 3 位研究生,William Walters 教授、Katherine Royston 博士和 Nathan Roskoff 博士,对本书的各个方面都付出了宝贵贡献。我衷心感谢他们的帮助和对编写本书的真诚态度。我感谢我的同事和朋友 Bojan Petrovic 教授、Farzad Rahnem 教授、Glenn Sjoden 教授、Gianluca Longoni 博士和 John Wagner 博士对第 1 版的各个部分给予的宝贵评论。

我的研究小组参与了各种研究项目,涉及核反应堆建模和模拟、核不扩散和保障探测系统,以及放射治疗和诊断系统的粒子输运方法和代码的开发。具体来说,我和我的学生参与了中性粒子和带电粒子输运的自动减方差技术的开发,以及最近用于特征值、辐射检测和屏蔽计算的混合方法的开发。

最后，我非常感谢我的妻子 Mastaneh 的无私付出和始终如一的关心、支持与鼓励；我的儿子 Aarash 始终对我的研究表现出兴趣和好奇心，一直是我的骄傲和灵感源泉；还有我的母亲 Pari，她赋予了我追求卓越的信念与恪守诚信的品格。

Alireza Haghighat

关 于 作 者

Alireza Haghighat 于 1986 年获得西雅图华盛顿大学核工程博士学位。

1986—2001 年,他在宾夕法尼亚州立大学帕克分校担任核工程教授。2001 年 7 月—2009 年 9 月,他担任佛罗里达大学盖恩斯维尔分校核与放射工程系主任兼教授。Haghighat 是佛罗里达电力与照明学院的终身教授,曾兼职担任佛罗里达大学训练反应堆项目的主任。

2011 年 1 月,他加入了弗吉尼亚理工大学(VT)大华盛顿特区(GWDC)校区的机械工程系,帮助在 Blacksbirg 和 GWDC 校区建立 VT 核工程项目(VT-NEP)。目前,他是 NEP 的主任,也是 GWDC 机械工程研究生课程的主任。

Haghighat 教授是美国核学会(ANS)会员。他领导着先进反应堆模拟多物理中心(MARS)和弗吉尼亚理工大学理论输运小组(VT^3G)。在过去的 34 年里,Haghighat 教授一直致力于开发新的粒子输运方法和大型计算机代码,用于核系统的建模和仿真,包括反应堆、核安全和保障系统及医疗设备。他的努力促成了几个先进计算机程序的开发,包括 PENTRAN、A3MCNP、TITAN、INSPCT-s、AIMS、TITAN-IR 和 RAPID。后四种代码系统是基于新颖的多级响应函数传输(MRT)方法开发的,该方法可以在一个计算机核心上实时模拟核系统。此外,对于 RAPID 代码系统,一个虚拟现实系统(VRS)web 应用程序已经被开发出来。

他发表了 250 多篇论文,获得了多项最佳论文奖,并在国内外学术会议上主持许多受邀研讨会、专题讲座及成果报告。

他是 2011 年辐射防护屏蔽部门专业卓越奖的获得者,并因其在 2009 年佛罗里达大学训练反应堆高浓缩铀(HEU)到低浓缩铀(LEU)燃料转换的设计和分析方面的领导和贡献而获得了全球减少威胁办公室的表彰奖。

Haghighat 教授是 ANS 的活跃成员,曾担任过各种领导职务,如反应堆物理部主席、数学与计算部主席、计算医学物理工作组联合创始人和 NEDHO(核工程系主任组织)主席。此外,他还是弗吉尼亚核能联盟(VNEC)非营利组织的创始主席。

索　引

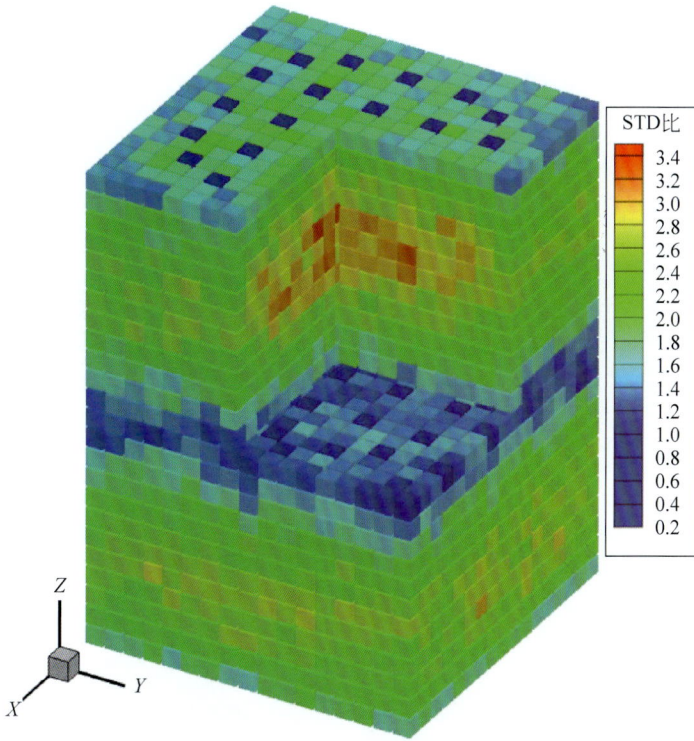

图 10.7　单个组件问题中各裂变子区域的 f_s 分布

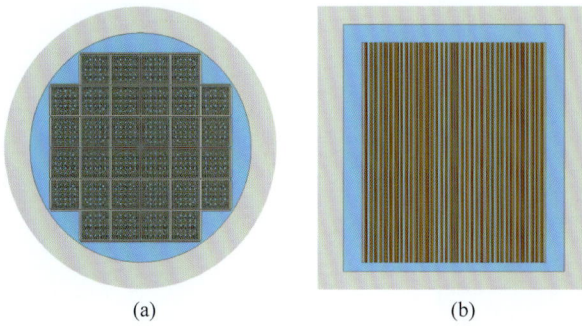

(a)　　　　　　　　(b)

图 11.1　Serpent 乏燃料桶模型

（a）径向；（b）轴向

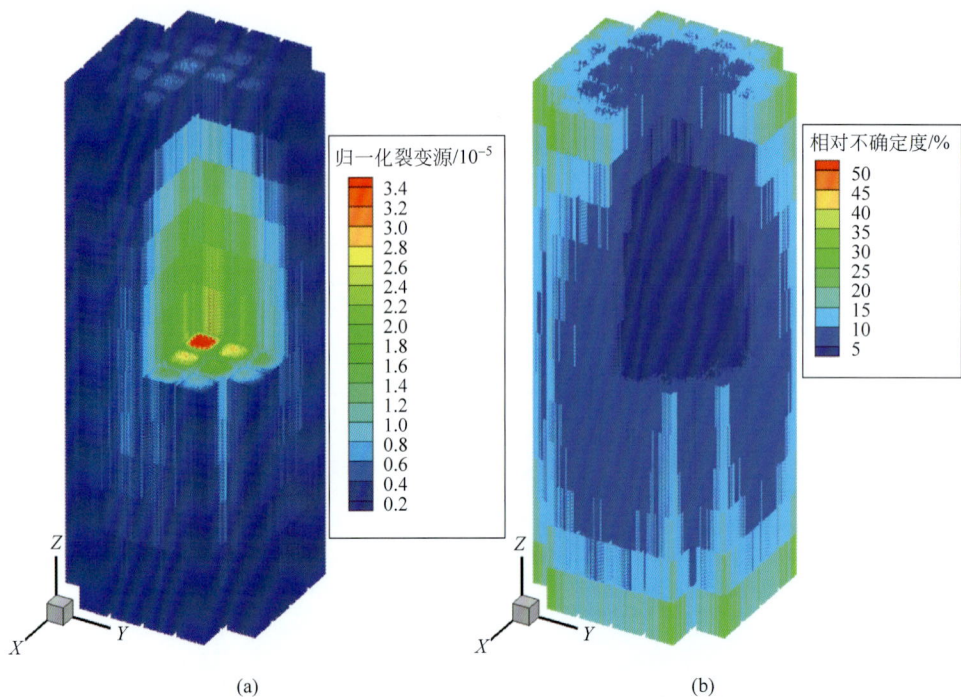

图 11.3　由 Serpent 预估的裂变中子分布及相关统计不确定度

（a）归一化裂变源（Serpent）；（b）相对不确定度（Serpent）

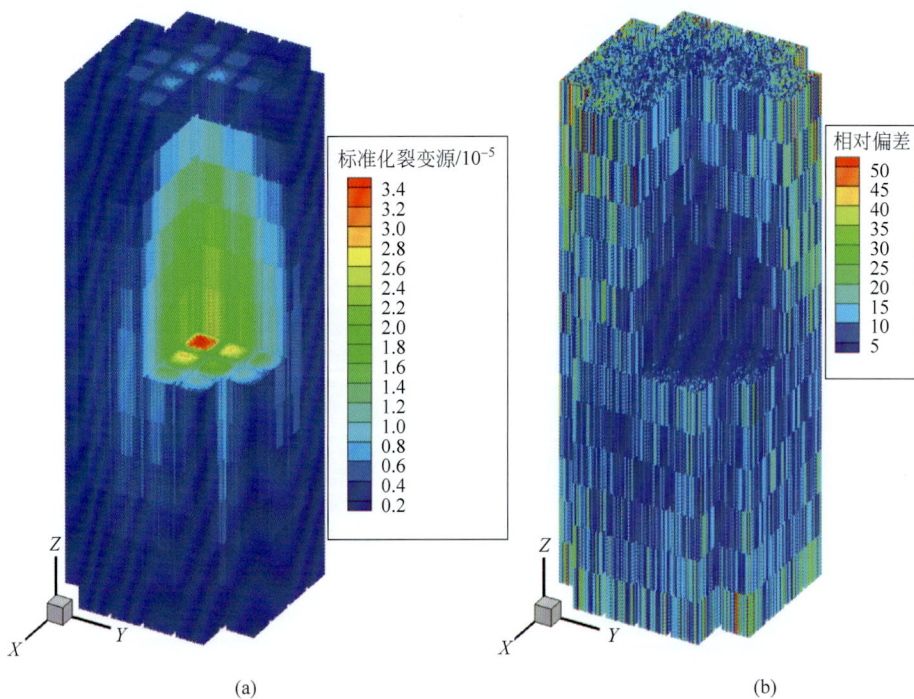

图 11.4　RAPID 预估的裂变中子分布及其与 Serpent 相对偏差

（a）标准化裂变源（RAPID）；（b）相对偏差（RAPID 与 Serpent）

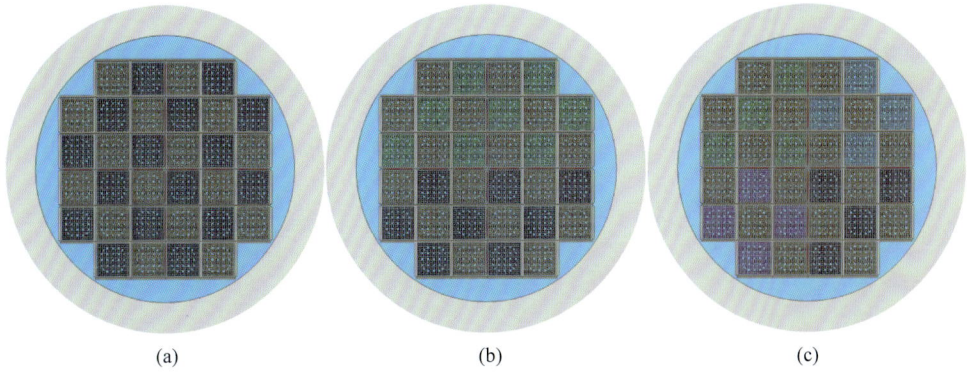

图 11.5　3 种棋盘式乏燃料桶布置模式

(a) 模式 1：40 GW·d/MTHM 新燃料；(b) 模式 2：20 GW·d/MTHM、40 GW·d/MTHM 新燃料；
(c) 模式 3：10 GW·d/MTHM、20 GW·d/MTHM、30 GW·d/MTHM 和 40 GW·d/MTHM 新燃料

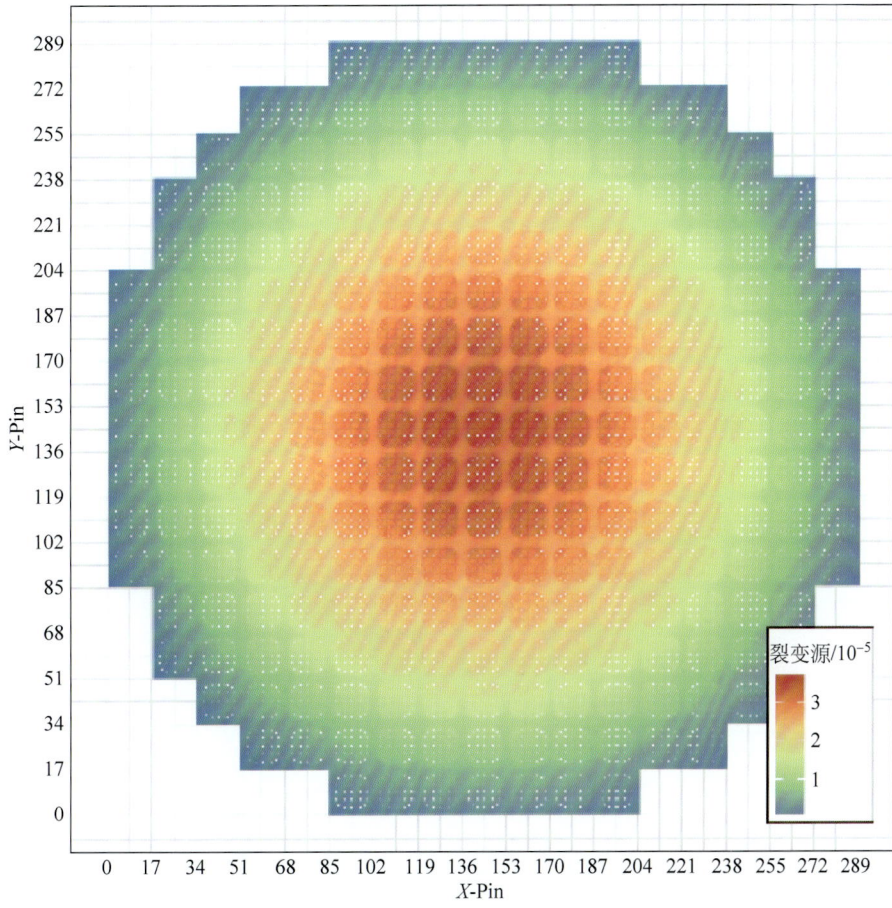

图 11.10　RAPID 计算的径向投影的径向裂变密度

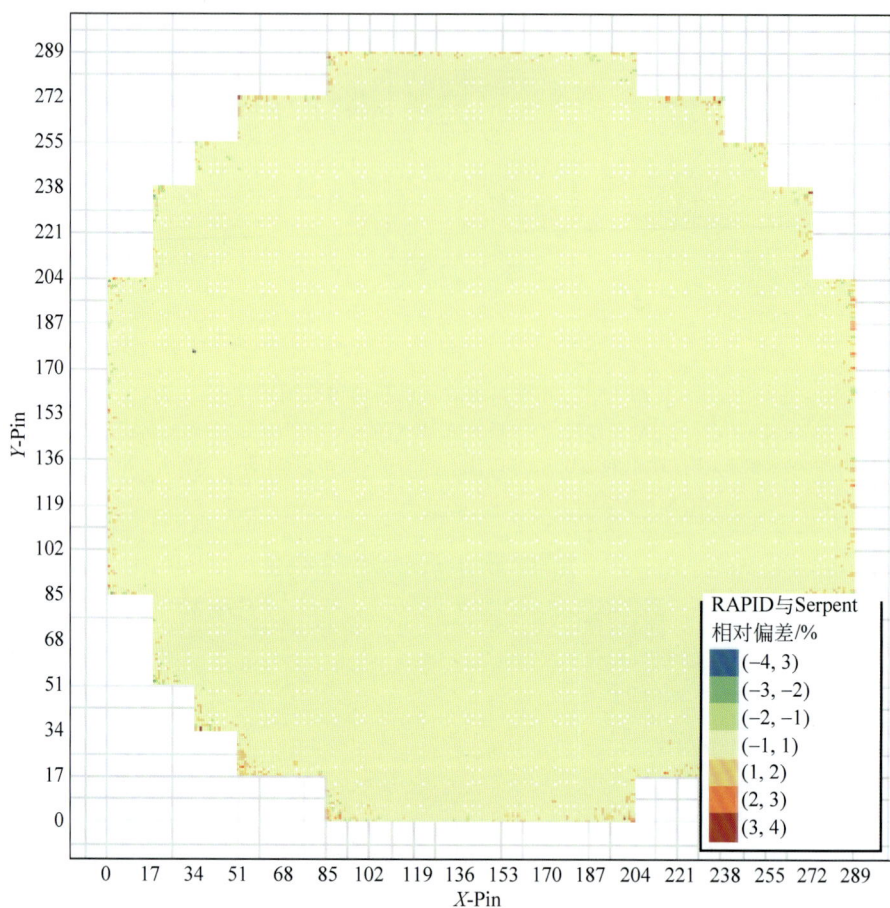

图 11.11　径向裂变密度 RAPID 与 Serpent 的相对偏差